高含量10-DAB红豆杉新品种
云曼红豆杉选育及应用研究

王刚　蒲尚饶　王勇·等/著

中国林业出版社
China Forestry Publishing House

图书在版编目（CIP）数据

高含量10-DAB红豆杉新品种：云曼红豆杉选育及应用研究／王刚等著.
--北京：中国林业出版社，2022.5
　ISBN 978-7-5219-1598-3

　Ⅰ.①高…　Ⅱ.①王…　Ⅲ.①红豆杉属–选择育种
Ⅳ.①S791.490.4

　中国版本图书馆CIP数据核字（2022）第041458号

责任编辑：洪　蓉　　　　　电话：（010）83143564

出版 中国林业出版社（100009　北京西城区刘海胡同7号）
发行 中国林业出版社
电话 010-83143564
印刷 北京中科印刷有限公司
版次 2022年5月第1版
印次 2022年5月第1次
开本 787mm×1092mm，1/16
印张 14.25
字数 350千字
定价 68.00元

本书著者

王　刚	蒲尚饶	王　勇	孙志鹏
蒲擎宇	卢昌泰	魏俊益	刘　诚
罗傲雪	范益军	罗建勋	王　刚(研究生)
李亚平	唐淑琴	曾小珂	詹秀文
余雨红	刘　茜	尚鹏程	金玉莲
郭　骐	王嘉琪	倪婷婷	赵　盼
宋宇灏	阳　琴	陶　婷	孙丽梅
何林钧	毛　毛	苏春英	郑志萍
樊建霞	张建设	朱育旗	范江涛
沈金亮			

参编单位

四川农业大学

四川省林业科学研究院

四川省农业技术推广总站

四川省林业和草原调查规划院

四川省剑阁县林业局

四川林业集团有限公司

重庆三峡学院

前　言

　　癌症已严重威胁到人类健康，预防癌症、治愈癌症是全人类的共同心愿。紫杉醇及其衍生物多西他赛和卡巴他赛就是通过大量试验得到的目前疗效最好的抗癌新药，已获得美国 FDA、日本、欧洲等国家和地区批准用于治疗乳腺癌、卵巢癌、肺癌、食管癌、鼻咽癌、前列腺癌、白血病等多种癌症，并由此掀起了世界性的研究开发热潮。

　　10-DAB，中文名为 10-去乙酰基巴卡亭Ⅲ（10-Deacetylbaccatin Ⅲ），是一种二萜类紫杉烷类化合物，是人工半合成抗癌药物紫杉醇及紫杉醇衍生物多西他赛和卡巴他赛等的主要原料，10-DAB 主要存在于红豆杉的枝叶中，其中以欧洲红豆杉枝叶中的含量较高，达 0.15% 以上。红豆杉是红豆杉科（Taxaceae）红豆杉属（*Taxus*）植物，又名紫杉、赤柏松，全世界共分布有 11 种，主要分布于北半球的温带至热带地区，是第四纪冰川遗留下来的古老子遗树种，世界公认的濒临灭绝的天然珍稀抗癌植物，是当今工业化生产抗癌药物紫杉醇及紫杉醇衍生物的唯一原料，是集药用、材用、防护、观赏、康养于一体的多功能树种。中国是红豆杉属植物的主要分布区之一，共有 4 种、1 个变种和 1 个引进品种，即云南红豆杉、西藏红豆杉、东北红豆杉、中国红豆杉、南方红豆杉（变种）和曼地亚红豆杉（引进品种）。我国乡土红豆杉均为喜荫乔木树种，生长非常缓慢，其树皮、根、枝叶中均含 10-DAB，其中以枝叶中 10-DAB 的含量最高，但相较欧洲红豆杉其 10-DAB 含量依然偏低，几乎无商业生产价值，只能从国外进口欧洲红豆杉枝叶，提取分离 10-DAB，再人工半合成紫杉醇及其衍生物。由于欧洲红豆杉枝叶进口数量受限，供需矛盾突出，严重制约国内抗癌新药紫杉醇及其衍生物的生产。为此，开展以国内红豆杉种质资源为材料，选择培育生长快、适应性强，枝叶 10-DAB 含量高的红豆杉新品种，并以此营建红豆杉 10-DAB 优质原料林，生产高产优质的 10-DAB 枝叶原料替代进口，就成为从源头解决我国 10-DAB 生产原料短缺的最好方法。高含量 10-DAB 新材料选育成功，必将打破 10-DAB 原料完全依赖进口的局面，满足市场对 10-DAB 的需求，获得巨大的经济效益。

自 1998 年起，研究团队先后与四川天元红豆杉有限公司、西昌市凯源康药业有限公司、重庆臻源红豆杉发展有限公司、上海龙翔生物医药开发有限公司等多家有市场影响力的规模化红豆杉种植加工企业开展深度合作，不断探索红豆杉的产业化开发与推广问题。历经 20 年，对高含量 10-DAB 红豆杉良种选育技术、苗木繁育技术、10-DAB 药用原料林基地建设技术和产业化开发系列技术等进行了系统深入的研究，先后承担了国家星火计划、国家自然科学基金等国家、省、市级多项相关研究课题，获得了红豆杉新品种选育、良种繁育、高效栽培技术、红豆杉枝叶中有效成分的 HPLC 检测技术、10-DAB 产品工业化制备等一系列科研成果。其中高含量 10-DAB 红豆杉新品种选育、10-DAB 药用原料林营建技术、红豆杉枝叶中 10-DAB 有效成分的 HPLC 检测技术、10-DAB 提取分离技术等都有创新，并有重大突破。

本专著集 20 年红豆杉 10-DAB 产业化之研究成果，倾注了国家林业草原西南红豆杉工程技术研究中心科研工作者的辛勤劳动和科研智慧，是工业化生产经验的结晶。书中主要论述了 10-DAB 高效液相色谱测定方法、红豆杉中的 10-DAB 累积变化规律、高含量 10-DAB 红豆杉选育及原料林培育、10-DAB 提取分离技术及工业化生产、10-DAB 人工半合成紫杉醇和多西他赛工艺等，是一本有重要学术价值和实用性极强的专著。对从事红豆杉产业研究开发的相关人员、林业及天然产物工作者等都具有参考价值。

本书参考了大量文献资料，限于篇幅与时间，没有对所有参考文献一一列出，在此对所有从事红豆杉产业化开发的工作者致以敬意和感谢。由于作者研究实践的局限性和撰写时间仓促，其中可能有不妥，甚至错误之处，敬请同行指正。

本书受四川省科技厅重点研发项目"高含量 10-DAB 红豆杉新品种选育及其产业化开发"资助，由四川农业大学王刚、蒲尚饶、王勇等人编写。同时，本书得到了四川省农业农村厅、四川省林业和草原局、四川农业大学罗承德、唐纯科、李晓东等专家、学者们的支持和帮助，在此致以最衷心的谢意！

著者
于四川都江堰
2021 年 11 月

目 录

第一章

绪　论

1.1　红豆杉属植物概述

红豆杉是红豆杉科红豆杉属植物总称，是第四纪冰川遗留下来的古老孑遗树种，是世界公认的濒临灭绝的天然珍稀抗癌植物。红豆杉是当今工业化生产抗癌药物紫杉醇及紫杉醇衍生物的唯一原料，也是集药用、材用、防护、园林绿化、康养于一体的多功能树种。红豆杉植物为常绿乔木或灌木，雌雄异株、异花授粉，典型的喜荫树种，处于林冠下乔木第二、三层，散生，生长十分缓慢。它的天然繁殖方式有两种：种子繁殖和无性系萌芽繁殖。红豆杉在全世界共有 11 种，主要分布于北半球的温带至热带地区。自 20 世纪 60 年代以来，美国科学家在短叶红豆杉（*Taxus brevifolia*）树皮中分离得到紫杉醇，发现紫杉醇是一种对多种癌症有明显疗效、作用机理独特的天然二路类抗癌活性物质，四十多年来红豆杉一直就是抗癌药的研究热点。到目前为止，科学家发现紫杉醇只存在于裸子植物红豆杉科的澳洲红豆杉属和红豆杉属中，红豆杉类植物生长十分缓慢，植物中的紫杉醇含量很低，仅为干质量的 0.005%~0.03%，平均含量为 0.015%，提取收率 0.01%。紫杉醇在红豆杉树皮中含量比其它部位高，生产 1kg 的紫杉醇还是需要 7000kg 树皮，相当于砍倒 2000~2500 棵树龄为百年以上的红豆杉，治疗一个癌症病人所需的紫杉醇需要提取 3~6 棵 100 年左右的红豆杉树皮。

红豆杉属植物为红豆杉科裸子植物，它的生境独特，散生于常绿阔叶林或针阔叶混交林，分布虽广，但数量稀少，种群密度小，自身繁殖力弱，生长速度极慢。红豆杉属植物为针叶树类植物，乔木或灌木。全世界红豆杉科红豆杉属植物共有 11 种，我国有 4 种 1 变种。它们是云南红豆杉（*Taxus yunnanensis*）、东北红豆杉（*T. cuspidata*）、西藏红豆杉（*T. wallichian*）、中国红豆杉（*T. chinensis*）和南方红豆杉（*T. chinensis* var. *mairei*）。

南方红豆杉为红豆杉属在中国分布较广的一种，为中国红豆杉变种。主要分布于长江流域、南岭山脉山区及河南、陕西（秦岭）、甘肃和台湾等地的山地或溪谷，是亚热带常绿阔叶林、常绿与落叶阔叶混交林的特征种，常与其它阔叶树、竹类以及针叶树混生，分布在海拔 800~1600m 的山地。红豆杉属植物的提取物中含有抗癌物质紫杉

1

醇，有很高的药用价值，因长期以来的过度砍伐和利用，资源锐减。20 世纪 90 年代初以来，由于对"紫杉醇"的需求增大，在资源最为集中的南岭山地，大量的红豆杉树皮被采割，使分布区的红豆杉资源遭到毁灭性的破坏。该种现存资源已非常少，处于濒危状态，1992 年国家已将南方红豆杉列为一级珍稀保护树种。

中国红豆杉分布较广，主要分布于甘肃南部、陕西南部、湖北西部、四川等地。华中区多见于海拔在 1000m 以上的山地上部，华南、西南区多见于海拔在 1500～3000m 的山地落叶阔叶林中。相对集中分布于横断山和四川盆地周边山地，现有资源破坏较小，蕴藏量较大。

云南红豆杉集中分布于云南西北部及西藏东南部和四川西南部，在滇东、滇东南、滇西南也有间断分布。该种常分布在海拔 2000～3500m 针阔混交林中，沟边阔叶林内。资源蕴藏量较大，据调查，云南红豆杉仅滇西北 16 个县存有一百多万株，小枝叶鲜生物量约有 $4×10^4$t。近年来，仅云南省已有数以万计云南红豆杉被剥皮，砍掉枝叶，仅志奔山一地就毁损达 9 万株以上，由于过度砍伐和剥皮使该地区红豆杉资源濒临灭绝。

东北红豆杉仅在东北地区存在，分布于黑龙江东南部、吉林东部和辽宁东部。多生于红松、鱼鳞云杉、白桦、紫椴和山杨等为主的针阔混交林内，海拔 600～1200m 的山地林中，生长很慢，资源储量(鲜重)不足 300t，其中枝叶、树皮采量极为有限，采收量稍多便会造成植株第二年死亡。

西藏红豆杉主要分布在云南西北部、西藏南部和东南部。生长在海拔 2500～3400m 的山地林中。该种是中国分布区最小，也是资源蕴藏量最小的种类，目前该种基本未遭破坏。

由中国境内红豆杉属的五个种的天然分布可以看出，除东北红豆杉外，其余 4 个种均在四川省有分布，可见四川省的自然环境很适宜红豆杉属植物的生长。

红豆杉属植物在国内已成为濒危植物，主要有以下几个原因：地理分布的局限性、竞争能力的弱质性、天然生长的缓慢性、生境变化的无限性及粗放经营的掠夺性。

2002 年 12 月 18 日，国家林业局将我国红豆杉属所有种列为国家一级保护野生植物，禁止采集野生红豆杉枝条或采伐野生红豆杉直接用于商业生产，要求各地进一步加强野生红豆杉资源保护和规范红豆杉资源经营利用管理工作，促进红豆杉资源保护、发展和可持续利用。

野生红豆杉中紫杉醇的含量低，分离提取困难。目前，人们主要通过以下几种方法获取紫杉醇。①人工培育。②化学合成，主要分为全合成和半合成。③生物合成主要有细胞培养、组织培养和真菌合成等方法。野生红豆杉资源已受到国家的保护，要想大量获取红豆杉原料就要发展红豆杉人工林。

1.2 紫杉醇和 10-DAB 概述

紫杉醇(Pactlitaxel，商品名为：Taxol)又名红豆杉醇、泰素、紫素、特素，是一种从裸子植物红豆杉中分离提纯的天然次生代谢产物，属四环二萜类化合物。紫杉醇化学名称为 $5\beta,20$-环氧-$1,2\alpha,4,7\beta,10\beta,13\alpha$-六羟基紫杉烷-11-蒎-9-酮-4,10-二乙酸酯-2-苯甲酸酯-13-[$(2R,3S)$-苯甲酰-3-苯基异丝氨酸]。分子式 $C_{47}H_{51}NO_{14}$，相对分子质量 853.91。紫杉醇为白色结晶体粉末，无臭，无味，难溶于水，易溶于甲醇、乙腈、氯仿、丙酮等有机溶剂。1963 年由美国化学家瓦尼和沃尔首次从一种生长在美国西部大森林中称为太平洋杉(Pacific yew)的树皮和木材中分离得到了紫杉醇的粗提物。在筛选实验中，Wani 和 Wall 发现紫杉醇粗提物对离体培养的鼠肿瘤细胞有很高活性，并开始分离这种活性成分。由于该活性成分在植物中含量极低，直到 1971 年，他们才同杜克大学的化学教授 Andre 合作，通过 X-射线分析确定了该活性成分的化学结构，一种四环二萜化合物，并把它命名为紫杉醇。历经多年临床药理及毒理试验证明紫杉醇具有良好的抗肿瘤作用，特别是对癌症发病率较高的卵巢癌、子宫癌和乳腺癌等有特效。1992 年 12 月 29 日紫杉醇在美国首次由 FDA 批准上市，这是世界范围内的第一个市场，到目前为止，紫杉醇已被 40 多个国家作为抗癌药物，主要治疗卵巢癌、乳腺癌、食管癌、头颈部癌等癌症。是近年国际市场上最热门的抗癌药物，被认为是人类未来 20 年间最有效的抗癌药物之一。目前紫杉醇已成为当今疗效最好的一线广谱抗癌药物。

1988 年法国化学家 Lean-Noel Denis 等报道了以 10-deacetyl-baccatin Ⅲ(10-DAB)为原料半合成紫杉醇工艺，但该原料也要从红豆杉属植物中提取。1995 年，相关学者虽然完成了紫杉醇全合成工作的研究，但合成路线复杂，反应条件难以控制，合成率低，至今仍无商业应用的价值。因此，在后续的紫杉醇合成研究中多集中于紫杉醇的半合成法，即首先从紫杉枝叶里提取出紫杉烷类中间产物，如 10-去乙酰巴卡亭 Ⅲ(10-DAB)和巴卡亭 Ⅲ(baccatin Ⅲ)，然后经过化学合成得到紫杉醇。

目前，国际上工业化生产紫杉醇主要有两大途径：一是用人工栽培的红豆杉枝叶提取分离天然紫杉醇；二是近年来用红豆杉枝叶提取一种比天然紫杉醇含量更高的另一种化合物 10-DAB，再人工半合成紫杉醇。红豆杉中除含有紫杉醇及 10-DAB 外，还有巴卡亭 Ⅲ、9-DHB 和三尖杉宁碱等其他紫杉烷类化合物，各紫杉烷类化合物含量随树种不同存在较大差异(表 1-1)，其他紫杉烷类化合物也能人工半合成紫杉醇，但因含量低或合成难度大，而难以工业化生产。从表 1-1 中可见，欧洲红豆杉中 10-DAB 含量是紫杉醇及其他紫杉烷类化合物 10 倍以上，且易分离，加之半合成紫杉醇技术成熟，转化率高达 85% 以上。故以 10-DAB 为原料，人工半合成紫杉醇与人工提取天然紫杉醇一样，成为当今全球工业化制备紫杉醇的主要途径。10-DAB 主要存在于欧洲红豆杉（*Taxus baccata*）枝叶中，达 0.15% 以上。国内红豆杉中 10-DAB 含量偏低，仅 0.01% 左右，相较欧洲红豆杉几乎无商业生产价值。

表 1-1　五种紫杉烷类化合物含量比较　　　　　　　　　　　　　　%

化合物	南方红豆杉	云南红豆杉	东北红豆杉	西藏红豆杉	欧洲红豆杉	加拿大东北红豆杉	曼地亚红豆杉
紫杉醇	0.01~0.02	0.01~0.02	0.01~0.03	0.01~0.02	0.01~0.015	0.02~0.025	0.02~0.04
10-DAB	0.005~0.01	0.01~0.02	0.01~0.02	0.03~0.05	0.15~0.20	0.01~0.02	0.04~0.06
巴卡亭Ⅲ	未检出	未检出	未检出	未检出	0.01~0.02	0.01~0.02	0.005~0.01
9-DHB	未检出	未检出	未检出	未检出	未检出	0.06~0.08	<0.01
三尖杉宁碱	0.01~0.02	0.01~0.02	0.01~0.02	0.01~0.02	0.01~0.015	0.02~0.03	0.01~0.015

注：以上红豆杉树种均为成年大树，曼地亚红豆杉为扦插繁育苗。

10-DAB 中文名为 10-去乙酰基巴卡亭Ⅲ，又名 10-去乙酰基浆果赤霉素；10-DAB 与紫杉醇结构式较为相近（图 1-1、图 1-2），分子式为 $C_{29}H_{36}O_{10}$，相对分子质量 544.59，元素百分比（%）为 C：63.96，H：6.66，O：29.38；是一种二萜类紫杉烷类化合物，化学结构式与抗癌药物紫杉醇的母核非常相近。10-DAB 为弱极性白色固状物，易溶于甲醇、乙醇、丙酮、氯仿等有机溶剂，是紫杉烷家族中一个极为重要的成员，与紫杉醇和多西紫杉醇相比，几乎没有细胞毒性，是紫杉醇生物合成，人工半合成紫杉醇、多西紫杉醇和卡巴他赛的一个重要前体，也是当今工业化人工半合成紫杉醇及其紫杉醇衍生物的最好原料。紫杉醇生物合成途径见图 1-3，10-DAB 人工半合成紫杉醇途径见图 1-4。

10-DAB 主要存在于红豆杉枝叶中，在欧洲红豆杉枝叶中 10-DAB 含量达 0.15% 以上；国内红豆杉树种的大树以及无性繁殖苗木枝叶中均含 10-DAB，但含量普遍偏低，一般在 0.01%~0.03% 之间，无商业生产价值，但国内红豆杉树种的实生幼苗中 10-DAB 含量较高，部分红豆杉树种的实生幼苗甚至超过欧洲红豆杉枝叶中 10-DAB 含量，达到 0.04%~1.00%。因此，培育国内红豆杉树种的实生幼苗作为生产 10-DAB 的原料，可以完全替代进口的欧洲红豆杉枝叶，具有很高的经济价值。

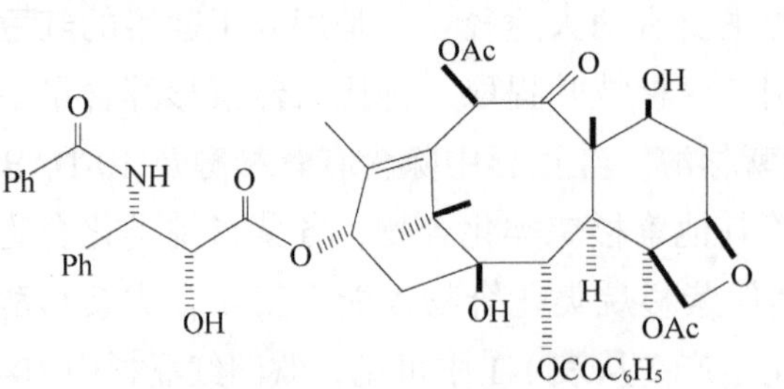

图 1-1　紫杉醇化学结构 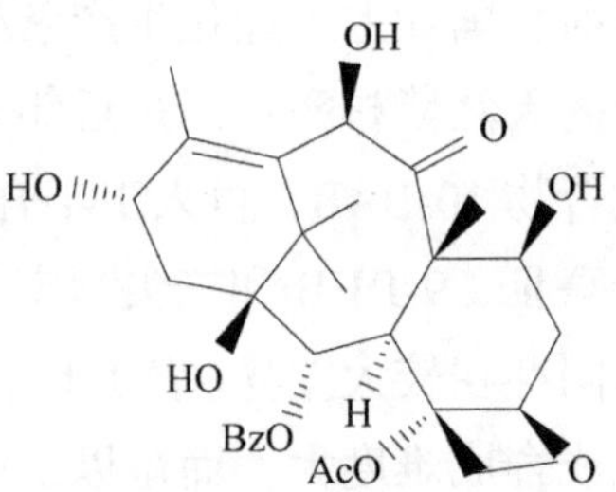　　　　　　图 1-2　10-DAB 化学结构

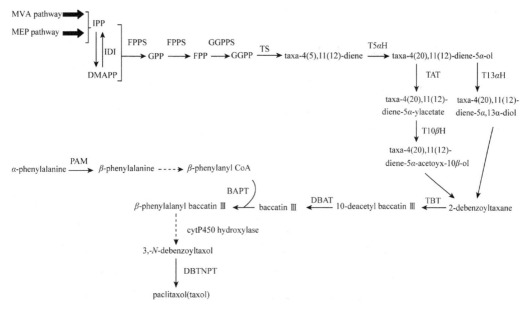

图 1-3 紫杉醇的生物合成途径

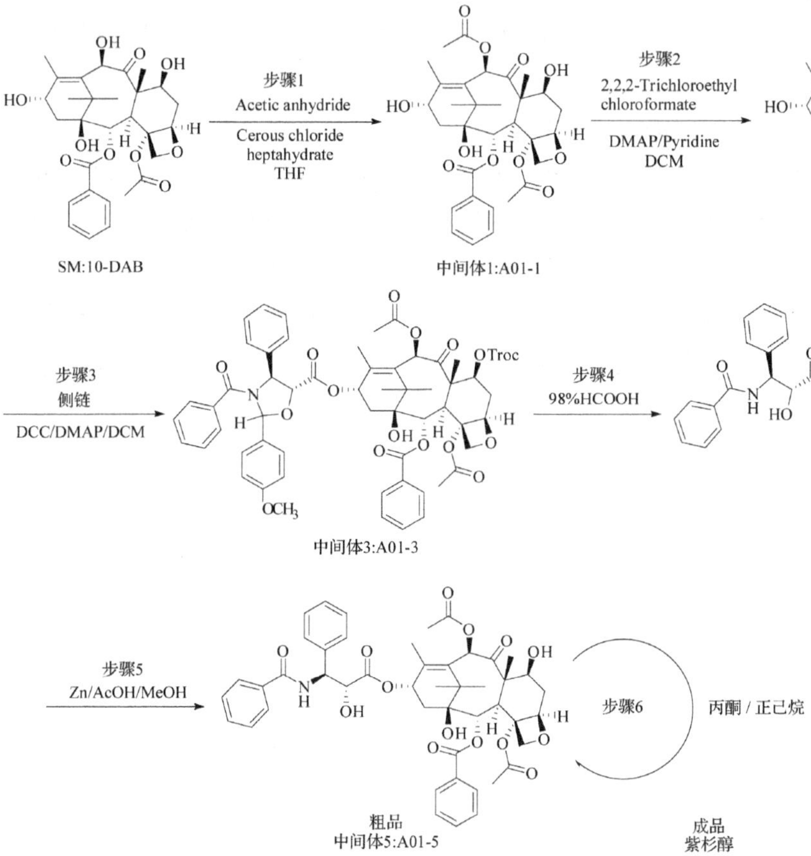

图 1-4 人工半合成紫杉醇途径

1.3　红豆杉新品种选育概述

常规育种是当今林木育种的主要方法，也是获得林木优良品种的重要手段。目前，在红豆杉新品种选育上，应用的育种方法有引种、杂交等。具体如下：

林木引种是当前林木生产上常用的方法，我国成功引种的外来树种已达上千种，包括杨树（*Populus*）、桉树（*Eucalyptus*）、松树（*Pinus*）、刺槐（*Robinia pseudoacacia*）、落叶松（*Larix*）等，在我国林业建设方面发挥着重要作用。在红豆杉引种方面，四川省林业科学研究院于 1996 年从加拿大引入曼地亚红豆杉 6 个无性系，其中 4 个雌性无性系，2 个雄性无性系，共 2 万余株苗木。曼地亚红豆杉的成功引种，缓解了我国紫杉醇生产原料紧缺的现状，同时，利用树皮提取变为枝叶提取紫杉醇，有效地保护了国内珍稀野生红豆杉，丰富了我国红豆杉树种资源。但是，并未改变我国红豆杉枝叶中 10-DAB 含量偏低的现状。欧洲红豆杉是目前世界上公认的 10-DAB 含量最高的树种，是 10-DAB 主要的生产原料。但是，因其为外来物种，为了防止生物入侵，加之其他原因，国家明令禁止引种。为此，我们只能依赖进口欧洲红豆杉干枝叶解决我国 10-DAB 生产原料短缺的问题。由于进口数量受限，严重制约我国抗癌新药紫杉醇的生产。

杂交历来就是育种学家创造变异和培育新品种的重要手段。目前，有关红豆杉人工杂交选育新品种未见报道，仅见其天然杂交种——曼地亚红豆杉，一种以加拿大产东北红豆杉为母本，欧洲红豆杉为父本的天然杂交种，分布于北美洲太平洋沿岸。曼地亚红豆杉在紫杉醇含量方面表现出极强的杂种优势，其枝叶中紫杉醇含量可达 0.02%~0.04%，是其亲本枝叶中紫杉醇含量的 2~3 倍，且侧枝发达，枝叶生物量较大，对环境具有较强的适应性，但枝叶中 10-DAB 含量相较欧洲红豆杉仍然偏低。

第二章

红豆杉种质资源

2.1 红豆杉资源

红豆杉是典型的喜荫树种，对温度、水分、光照、森林类型、层间植物种类等要求十分严苛，因而使得红豆杉在全球地理分布上受到极大的限制，在很大程度上制约着种群在空间上的拓展。

2.1.1 红豆杉属植物在中国的分布

红豆杉属植物主要分布于北半球温带至中亚热带地区，全世界有 11 种，变种丰富。我国共有 4 种 1 变种，分别为东北红豆杉、西藏红豆杉、云南红豆杉、中国红豆杉和南方红豆杉。东北红豆杉，第三纪孑遗树种，国家一级保护植物、极小种群物种，主要分布于欧亚大陆板块主体及其邻近各岛屿，在我国主要分布于长白山脉地区，张广才岭东南部、老爷岭山区、龙岗山和千山部分山区，垂直分布于海拔 250~1200m 酸性土地带。西藏红豆杉，又称喜马拉雅红豆杉，为喜马拉雅山特有种，已被列为我国珍稀濒危植物。仅分布于西藏吉隆县吉隆村和鲁嘎村，海拔 2500~3000m 地带，呈隔离状态，且数量稀少，呈濒危状态；云南红豆杉，分布于滇西北高黎贡山西坡、怒江中上游流域、澜沧江上游、金沙江上游、雅鲁藏布江下游、滇西北和川西南横断山区。常见于云南西北部及西部、四川西南部与西藏东南部，多生于海拔 2000~3500m 高山地带。红豆杉，又称中国红豆杉，为我国特有种，分布较广泛，种群密度低，多生长于针阔混交林，呈零星分布，主要分布于甘肃南部、陕西南部、四川西部、重庆南部、云南东北部及东南部、贵州西部及东南部、湖北西部、湖南东北部、广西北部、安徽南部和浙江北部，常生于海拔 1000m 以上的高山上部。南方红豆杉，又称美丽红豆杉，国家 I 级重点保护植物，我国亚热带常绿阔叶林、常绿与落叶阔叶林混交林中分布的特有种，同时也是非常重要的濒危孑遗树种之一。南方红豆杉属变种，是我国分布最为广泛的红豆杉属树种，喜湿耐荫，生于海拔 1200m 以下的山地或溪谷处，主要分布于我国长江流域、南岭山脉、陕西、甘肃和台湾等地，此外，安徽南部、浙江、福建、江西、广东北部、广西北部及东北部、湖南、湖北西部、河南西部、陕西南部、甘肃南部、四川、贵州及云南东北部等也可见南方红豆杉生长。

2.1.2　红豆杉属植物在全球的分布

　　红豆杉属主要分布在北美洲的温带至中美洲的亚热带及欧亚大陆的温带和东南亚的亚热带地区。欧洲红豆杉，主要分布于欧洲，北起挪威、瑞典，南到葡萄牙、西班牙、希腊、克里米亚半岛至高加索地区的山脉以及北非的阿尔及利亚，东至波罗的海、喀尔巴阡山脉，西到英格兰、爱尔兰均有分布；短叶红豆杉，又称太平洋红豆杉，从美国阿拉斯加东南部，向南沿加拿大海岸穿过温哥华、夏洛特皇后群岛、奥林匹亚半岛，向南延伸至克拉马斯山脉，向东南至内华达山脉，最南可至卡拉维拉县，内陆分布最西至落基山脉西部；加拿大红豆杉，主要分布于北美地区，东起加拿大纽芬兰岛及美国弗吉尼亚州，西到加拿大马尼托巴省及美国艾奥瓦州；佛罗里达红豆杉，主要分布于佛罗里达西部、阿巴拉契科拉河东岸岸边及溪谷间；球果红豆杉，主要分布于墨西哥瓦哈卡省、新莱昂州和塔毛利巴斯州；曼地亚红豆杉，是天然的杂交品种，父本为欧洲红豆杉，母本为东北红豆杉，原产于美国和加拿大，生长速度较快，树皮中含有紫杉醇，枝叶中也含有紫杉醇，其含有量明显高于国内红豆杉，达 0.017% ~ 0.052%。20 世纪末引入我国，在世界范围内均有广泛分布。

　　除加拿大红豆杉是雌雄同株外，绝大多数都是雌雄异株。大部分红豆杉侧枝丰富，小枝不规则互生，基部有多数或少数宿存的芽鳞，容易全部脱落。种子单生，种子在自然条件和栽培条件下发芽率都很低，且繁殖周期长。红豆杉通常喜欢潮湿的栖息地，极耐荫，喜肥沃、潮湿且排水性好的土壤，所以该属在生态系统中一般都是林下乔木或灌木。由于红豆杉属植物的枝叶中能提取紫杉醇，木材可以加工成高质量的家具和工艺品，再加上实生苗木具有较高的观赏价值，使其野生资源在十年内被过度砍伐，现在已经处于濒危状态，其遗传多样性很大程度上被破坏。1999 年，经国务院批准国家林业局将红豆杉列入国家 I 级重点保护野生植物名录。2004 年，第 13 届《濒危野生动植物种国际贸易公约》(CITES)缔约国大会将中国的所有红豆杉列入公约附录 II。

2.1.3　红豆杉培育基地区域分布

　　以省市区县为行政区域将所有有效的人工红豆杉培植基地信息汇总，共有 57 个基地，结果见红豆杉培育基地区域分布(表 2-1)。红豆杉属植物主要分布于北半球温带至中亚热带地区，我国共有 4 种 1 变种。除此之外，天然杂交种曼地亚红豆杉，是已筛选出的紫杉醇含量较高的优良品种，在我国南方地区大面积种植。

　　据统计数据得知，重庆和四川红豆杉人工培植基地数量最多，共 25 个，占总基地数量的 43.86%；福建省 6 个，占总基地数量的 10.53%；云南省 5 个，占总基地数量的 8.77%；浙江省和山东省各 4 个；湖北省、湖南省和吉林省各 3 个；辽宁、贵州、陕西、江苏各1个。各省市对红豆杉培植的热情均较高。从行政地域分布来看，南方地区培植红豆杉的基地数量显著多于北方地区，且规模远大于北方（$P<0.01$），这与南方温和、湿润的气候有关，符合红豆杉生长的生物学特性。

表 2-1 红豆杉培育基地区域分布

省份	数量	区域	面积（hm²）	品种	经营方式
重庆	1	北碚区	533.0	曼地亚红豆杉	苗木+盆景+生态旅游+林下养殖
	2	巴南区	19.3	曼地亚红豆杉	苗木+盆景
	1	南川区	3.0	曼地亚红豆杉+南方红豆杉	苗木+盆景
	3	江津区	90.0	曼地亚红豆杉+南方红豆杉	苗木+盆景
	2	万州区	13.3	曼地亚红豆杉	苗木+盆景
	7	奉节区	2400.0	曼地亚红豆杉+南方红豆杉	苗木+盆景
四川	1	合江区	2.0	曼地亚红豆杉	苗木
	2	雅安市	40.0	曼地亚红豆杉	苗木+盆景
	2	北川县	133.3	曼地亚红豆杉	苗木
	3	苍溪县	200.0	曼地亚红豆杉	苗木
	1	洪雅县	300.0	曼地亚红豆杉	苗木+盆景
云南	3	屏边县	367.0	云南红豆杉	苗木+盆景
	1	腾冲县	73.3	云南红豆杉	苗木+盆景
	1	丽江市	9.0	云南红豆杉	苗木+盆景
贵州	1	道真县	80.0	曼地亚红豆杉	苗木
陕西	1	西安市	1200.0	曼地亚红豆杉	苗木+盆景+工艺品制作
福建	1	厦门市	7.0	南方红豆杉+曼地亚红豆杉	苗木+盆景
	1	漳州市	100.0	南方红豆杉+曼地亚红豆杉	苗木+盆景
	3	三明市	1100.0	南方红豆杉	苗木+盆景
	1	宁德市	9.0	南方红豆杉+曼地亚红豆杉	苗木+盆景
江苏	1	无锡市	1333.0	南方红豆杉+曼地亚红豆杉	苗木+盆景+中间体原料
浙江	2	金华市	166.7	南方红豆杉+曼地亚红豆杉	苗木+盆景
	1	丽水市	1.3	南方红豆杉+曼地亚红豆杉	苗木+盆景
	1	绍兴市	533.3	南方红豆杉+曼地亚红豆杉	苗木+盆景
湖北	1	竹溪县	400.0	南方红豆杉+曼地亚红豆杉 东北红豆杉+中国红豆杉	苗木+盆景+旅游观光+林下养殖
	1	咸宁市	41.3	南方红豆杉+曼地亚红豆杉	苗木+盆景
	1	南漳县	366.7	南方红豆杉+曼地亚红豆杉	苗木+盆景
湖南	1	岳阳县	10.0	南方红豆杉+曼地亚红豆杉	苗木+盆景
	2	长沙市	66.7	南方红豆杉+曼地亚红豆杉	苗木+盆景
吉林	2	通化市	10.0	东北红豆杉	苗木+盆景
	1	集安市	5.3	东北红豆杉	苗木+盆景

（续）

省份	数量	区域	面积（hm^2）	品种	经营方式
山东	2	临汾市	8.7	东北红豆杉+曼地亚红豆杉	苗木+盆景
	1	青州市	0.7	东北红豆杉	苗木
	1	烟台市	1.3	曼地亚红豆杉	苗木
辽宁	1	丹东市	4.0	东北红豆杉	苗木

2.1.4 红豆杉培植基地面积分析

以培植基地所在市区县的培植总面积为单位进行统计分析，结果见红豆杉培植基地面积分析（表2-2）。可知，经实地调查的培植基地总面积为9628.2hm^2，南方地区红豆杉培植面积显著大于北方（$P<0.01$）；而南方地区的重庆、江苏地区呈现迅猛发展的态势，这与当地政府的引导及实力企业的介入密切相关。研究发现，红豆杉培植从以个体户、私人企业为主的小规模培植逐渐向大型民营企业和政府引导下的上市公司过渡，尤其是在红豆杉下游产业链的延伸领域，当地政府参与帮扶的力度越来越大；在红豆杉培植分工上，每个省市的个体户和部分私人企业主要从事红豆杉实生苗或扦插苗的繁育，为资金实力雄厚的企业提供红豆杉树苗或药用资源。虽然红豆杉资源人工培植的发展态势较好，但是每个省市均未形成红豆杉—紫杉醇产业技术联盟，力量分散。

表 2-2 红豆杉培植基地面积分析

总面积（hm^2）	区域	基地数量（个）	基地面积（hm^2）
$S<7.0$	重庆南川区	1	3.0
	四川合江县	1	2.0
	浙江丽水市	1	1.3
	吉林集安市	1	5.3
	山东青州市	1	0.7
	山东烟台市	1	1.3
	辽宁丹东市	1	4.0
	小计/占比（%）	7	17.6（0.18）
$7.0 \leqslant S < 33.3$	重庆巴南区	2	19.3
	重庆万州区	2	13.3
	云南丽江市	1	9.0
	福建厦门市	1	7.0
	福建宁德市	1	9.0
	湖南岳阳县	1	10.0
	吉林通化市	2	10.0

（续）

总面积（hm²）	区域	基地数量（个）	基地面积（hm²）
7.0≤S<33.3	山东临汾市	2	8.7
	小计/占比（%）	12	86.3（0.88）
33.3.0≤S<66.7	四川雅安市	2	40.0
	湖北咸宁市	1	41.3
	小计/占比（%）	3	81.3（0.84）
66.7≤S<333.3	重庆江津区	3	90.0
	四川北川区	2	133.3
	四川洪雅县	1	300.0
	云南腾冲市	1	73.3
	四川苍溪县	3	200.0
	贵州道真县	1	80.0
	福建漳州市	1	100.0
	浙江金华市	2	166.7
	湖南长沙市	2	66.7
	小计/占比（%）	16	1210.0（12.57）
S≥333.3	重庆北碚区	1	533.0
	重庆奉节县	7	2400.0
	云南屏边县	3	367.0
	陕西西安市	1	1200.0
	福建三明市	3	1100.0
	江苏无锡市	1	1333.0
	浙江绍兴市	1	533.3
	湖北竹溪县	1	400.0
	湖北南漳县	1	366.7
	小计/占比（%）	19	8233.0（85.55）

目前，对于我国红豆杉中 10-DAB 含量测定分析研究较多，主要集中在不同树种、树龄、部位、季节 10-DAB 含量的对比分析以及外部环境对 10-DAB 含量的影响等。但是仍存在以下问题：①对我国 5 种红豆杉中 10-DAB 含量同时进行测定分析、比较的研究未见报道，同时各学者针对不同红豆杉树种的测定方法、取样植株的树龄、部位以及获得样品的时间等并不统一，因而无法了解我国红豆杉不同树种中 10-DAB 含量的大小关系；②对我国红豆杉不同树龄 10-DAB 变化规律的研究仅见于天然林，树龄均较大，对人工种植的红豆杉在幼龄时期的 10-DAB 含量变化规律的研究未见报道。

本章通过分析我国现有红豆杉资源分布区域、海拔分布范围及生长环境，进一步确定各树种的适生环境范围大小；同时，测定分析各红豆杉（不同树种、不同繁殖方式、不同树龄)枝叶中的 10-DAB 含量、枝叶生物量和单株红豆杉 10-DAB 累积量。

2.2 适生环境条件

2.2.1 红豆杉天然林试验地概况

天然林：云南红豆杉、南方红豆杉、西藏红豆杉和东北红豆杉。

人工林：云南红豆杉种子和扦插穗条来自四川省木里县；南方红豆杉种子和扦插穗条来自四川省都江堰市；东北红豆杉种子和扦插穗条来自吉林省通化市；西藏红豆杉种子和扦插穗条来自西藏自治区洛扎县；曼地亚红豆杉引种自加拿大，种子和扦插穗条来自四川省北川县。

云南红豆杉天然林样品采集于云南省怒江傈僳族自治州兰坪白族普米族自治县。该区域海拔 2000m 左右，属低纬度山地季风气候区，年均降水量 1002.4mm 左右，年均温 13.7℃，年均日照时数 2008.7h。土壤类型主要为黄红壤、黄棕壤。

西藏红豆杉天然林样品采集于西藏自治区日喀则市吉隆县。该区域海拔 3000m 左右，属温湿半干旱的大陆性气候区，年均降水量 300~600mm，年均气温 2℃。土壤类型为黄棕壤。

南方红豆杉天然林样品采集于四川省绵阳市北川羌族自治县。该区域海拔 1000m 左右，属亚热带季风性湿润气候区，年均降水量 1400mm 左右，年均气温 15.6℃，年均日照时数 924.3h。土壤类型主要为山地黄壤和山地棕壤。

东北红豆杉天然林采集于辽宁省本溪市本溪满族自治县。该区域海拔 900m 左右，属北温带大陆季风气候区，年均降水量 800~1000mm，年均气温 6~8℃。土壤类型为棕壤。

云南红豆杉、西藏红豆杉和东北红豆杉人工林(实生苗和扦插苗)种植于四川省宜宾市南溪区马家乡红豆杉基地。该地海拔 800m 左右，属亚热带湿润型季风性气候区，年均降水量 1072.71mm 左右，年均气温 18℃左右，年均日照时数为 1000~1130h，无霜期 334~360d。土壤类型为山地黄棕壤。

南方红豆杉和曼地亚红豆杉人工林(实生苗和扦插苗)种植于四川省都江堰市石羊镇红豆杉基地，地处都江堰市南部，距市区 19km 左右。该地海拔 700m 左右，属亚热带湿润季风气候，年均降水量 1243mm，年均气温 17.1℃，年均日照时数 1045h，无霜期 269d。土壤类型为黄壤。

2.2.2 红豆杉育苗及造林

2.2.2.1 红豆杉育苗

(1)播种育苗

红豆杉果实采自天然林，每种红豆杉采集果实 10kg，去掉假种皮与果肉，得到红豆杉种子，每种约 14 万粒。之后进行沙藏催芽，把种子与河沙按比例 1：3 贮藏在阴凉通风的室内，沙藏期间注意保持适当湿润，间隔 1~2 个月后检查是否有霉变。第二年，部分种子经过沙藏发芽后，采用条播的方式(沟宽为 5cm 左右，沟深为 18cm 左右)，将种子均匀撒播在沟内，然后覆盖泥土 1.0cm 左右，30d 左右即可出苗。

红豆杉出苗之后，进行苗期抚育管理。种子发芽率约 70%。株数约 9 万株/种。为防止苗木病害，每 1~2 周喷施一次波尔多液。同时对红豆杉幼苗进行适当遮阴，防止灼伤。

(2)扦插育苗

选取优良健硕、无病虫害的红豆杉大树作为母树，于 3~4 月采集母树中上部位向阳生长且有饱满叶芽的枝条，采后于当天或第二天运至扦插基地，3~4d 之内，扦插完毕。采集的枝条进一步修剪，扦插穗条一般长为 10~12cm。插条用 ABT 生根粉溶液处理 6~8h，插入基质为珍珠岩的苗床，深度为插穗的 2/3，株行距 5cm×10cm。每种红豆杉树种扦插株数约 10 万株左右，由相关生产企业共同完成。扦插后搭盖遮阳网适当遮阴，同时注意及时喷水。苗木生根之后，要追施肥料，一般 10d 左右喷施一次。

2.2.2.2 红豆杉造林

繁育苗木经过 1 年的培育后，将苗木移栽至林地进行造林。造林地选取地势平坦，具有相同或相似立地条件的地段。移栽时间选在初春，苗木要随起随栽。挖开馒头穴，理顺苗木根系，然后埋土，保证苗根与土壤接触密实，及时浇灌定根水。栽植株行距 0.5m×0.5m 左右即可。移栽后按照红豆杉育苗管理技术进行日常管护。

2.2.3 测定指标及方法

2.2.3.1 样品采集

(1)红豆杉天然林样品采集

取样工作于 2012 年、2013 年进行，于每年 8~9 月，选取正常开花结果且胸径相近的大树，每个红豆杉树种随机选取 3 株为 1 个重复，设 10 个重复，共计 30 株，为消除采样误差，每株树采集上、中、下三个部位的枝叶，混匀，做好标记，备用。

(2)人工种植红豆杉样品采集

取样工作于 2012 年、2013 年进行，于每年 9 月中旬，对 5 种人工种植的红豆杉进行取样，采用随机取样的方式分别选取 5 个树龄(2~6 年生)的实生苗和扦插苗各 5 株，重复 5 次，共计 25 株/(种·树龄)，分别剪下每株的全部枝叶，做好标记，备用。

2.2.3.2 指标测定

作为药用植物，选取枝叶中 10-DAB 含量、枝叶生物量以及单株 10-DAB 累积量作为评价红豆杉性状优良的指标。

(1)枝叶生物量测定

天然林：由于天然林均为数十年的大树，从保护野生资源出发，不做枝叶生物量测定。

人工林：将剪取的红豆杉枝叶于 70℃烘箱中烘干至恒重后称量。

（2）10-DAB 含量测定

10-DAB 含量测定方法详见"3.2"。

（3）单株 10-DAB 累积量

即单株 10-DAB 产量，是枝叶中 10-DAB 含量与单株枝叶生物量的乘积。由于天然林未测定枝叶生物量，本次试验仅计算人工林单株 10-DAB 累积量。

2.2.4　国内红豆杉资源适生环境条件

查阅《中国植物志》、相关省份植物志等有关书籍以及相关学术论文等资料。国内红豆杉天然林的分布情况见表 2-3。

表 2-3　国内红豆杉天然林的分布情况

种名	主要分布区域	海拔分布范围	分布区土壤类型	生长环境	种群分布特点
云南红豆杉	云南西北部、西藏东南部、四川西南部	1285～3500m	红壤、黄壤、黄棕壤、棕壤，暗棕壤、棕色针叶林土	块状分布于针叶林、中山针阔叶混交林、常绿阔叶林	分布较为广泛、种群密度高，但破坏较为严重
西藏红豆杉	西藏南部、云南部分地区	2600～3200m	棕壤、暗棕壤	散生于乔松、高山栎类等林中	分布狭窄、呈隔离状、保存较好
南方红豆杉	云南、贵州、四川、广西、湖南、陕西、甘肃，广东、福建、江西	600～1800m	红壤、黄壤、黄棕壤、暗棕壤	散生于常绿阔叶林和常绿针阔混交林、毛竹林中	分布范围广泛，但较为分散、破坏较为严重
东北红豆杉	黑龙江东南部、吉林东部和辽宁东部	600～1200m	棕壤、暗棕壤，棕色针叶林土、沼泽土	散生于红松、冷杉、枫桦、水曲柳等针阔混交林带	分布狭窄、破坏较为严重

由表 2-3 可见，红豆杉树种对生态环境有着严格的要求，不同树种间具有明显的差异性，每个红豆杉树种的适生环境条件都可以从自身的分布区域、海拔分布范围、分布区的土壤类型及生长环境等方面得到充分反映。

在分布区域上，南方红豆杉分布区域最广，自然分布于我国黄河以南大部分区域，云南红豆杉、西藏红豆杉和东北红豆杉分布相对狭窄；海拔是多个环境因子的综合反映，随着海拔的升高，光照增强、温度降低，土壤理化性质也会发生明显变化，由此表明海拔跨度越大，对于多种环境的适应性越强。4 种红豆杉中，云南红豆杉海拔跨度较大，南方红豆杉、西藏红豆杉和东北红豆杉海拔跨度较小。在分布区的土壤类型上，云南红豆杉分布区的土壤类型最多，其次为南方红豆杉和东北红豆杉，西藏红豆杉分布区的土壤类型最少；在生长环境上，云南红豆杉和南方红豆杉块状或散生在常绿阔叶林和常绿针阔混交林中，东北红豆杉主要分布于红松、冷杉等针阔混交林带，气温较为寒冷，西藏红豆杉多生于高海拔的乔松、高山栎类等林中。东北红豆杉和西藏红豆杉树种对环境因子和林间植物种类都有较高要求。

南方红豆杉和云南红豆杉分布范围较广，海拔跨度较大，理论上适合种植的范围也较大；东北红豆杉和西藏红豆杉分布范围窄，海拔跨度小，理论上适合种植范围也较小。

2.3 育种性状分析

2.3.1 天然林枝叶中 10-DAB 含量

以国内 4 种红豆杉树种为研究对象，按照"2.2.3"试验方法选择样地、采集样品和测定枝叶中 10-DAB 含量，并分别对每一个重复所选取的 3 株红豆杉的测定结果求平均值，结果见表 2-4。不同树种间枝叶中 10-DAB 含量方差分析结果见表 2-5。

表 2-4 国内不同红豆杉天然林树种枝叶中 10-DAB 含量 %

项目	云南红豆杉	西藏红豆杉	南方红豆杉	东北红豆杉
重复 1	0.0325	0.0079	0.0159	0.0095
重复 2	0.0442	0.0194	0.0380	0.0187
重复 3	0.0121	0.0087	0.0096	0.0082
重复 4	0.0251	0.0133	0.0219	0.0101
重复 5	0.0219	0.0051	0.0184	0.0135
重复 6	0.0064	0.0042	0.0059	0.0045
重复 7	0.0096	0.0171	0.0251	0.0062
重复 8	0.0391	0.0063	0.0142	0.0066
重复 9	0.0298	0.0079	0.0351	0.0100
重复 10	0.0413	0.0121	0.0219	0.0067
平均值	0.0262	0.0102	0.0206	0.0094
标准差	0.0136	0.0051	0.0102	0.0042
变异系数	51.9084	50.0000	49.5146	44.6809

表 2-5 国内不同红豆杉天然林树种枝叶中 10-DAB 含量方差分析

差异来源	平方和	自由度	均方	F 值	P 值	显著性
组间	0.002	3	0.001	8.067	0.0003	＊＊
组内	0.003	36	0.0001			
总数	0.005	39				

注：＊为 $P<0.05$ 水平显著，＊＊为 $P<0.01$ 水平显著。

由上述测定结果与统计分析可知，红豆杉天然林不同树种、种内不同个体间枝叶中 10-DAB 含量均有较大差异。

从红豆杉不同树种间看，4 种红豆杉枝叶中的 10-DAB 含量差异极显著($P<0.01$)。各红豆杉树种枝叶中的 10-DAB 含量最高为 0.0442%，最低为 0.0045%。云南红豆杉枝叶中 10-DAB 含量最高，其平均值为 0.0262%；南方红豆杉次之，其平均值为 0.0206%；西藏红豆杉和东北红豆杉最低，其平均值依次为 0.0102%、0.0094%。从种内不同个体看，同种红豆杉不同个体间 10-DAB 含量也存在较大差异，云南红豆杉个体间差异最大，其次是西藏红豆杉和南方红豆杉，东北红豆杉个体间枝叶中 10-DAB 含量差异最小。国内 4 种红豆杉与国外红豆杉树种比较，国内红豆杉天然林枝叶中 10-DAB 含量均低于欧洲红豆杉(0.15%)，仅为后者的 6%~17%。

在红豆杉天然林中开展选优，建设采穗圃，营建扦插苗木的 10-DAB 药用原料林，理论上可以提高红豆杉枝叶中 10-DAB 含量，但提高程度有限，远不能达到欧洲红豆杉水平。对于选优建设红豆杉种子园，用种子繁殖的实生苗营建 10-DAB 药用原料林，还需要对红豆杉实生苗木各指标进行测定分析。

2.3.2 人工林 10-DAB 含量

（1）实生苗枝叶中 10-DAB 含量

以国内 2~6 年生的 5 种红豆杉实生苗为材料，按照"2.2.3"试验方法采集样品和测定枝叶中 10-DAB 含量，并分别对每一个重复所选取的 5 株红豆杉的测定结果求平均值，5 种红豆杉各个树龄分别得到 5 个重复值，结果见表 2-6。不同树龄、不同树种红豆杉枝叶中 10-DAB 含量显著性分析结果见表 2-7。

表 2-6　5 种红豆杉实生苗枝叶中 10-DAB 含量测定结果　　　　　　　%

不同树种	重复	2 年生	3 年生	4 年生	5 年生	6 年生
云南红豆杉	重复 1	0.099	0.075	0.044	0.025	0.021
	重复 2	0.112	0.082	0.038	0.025	0.016
	重复 3	0.114	0.072	0.048	0.030	0.015
	重复 4	0.093	0.091	0.041	0.023	0.020
	重复 5	0.112	0.085	0.039	0.027	0.018
	平均值	0.106	0.081	0.042	0.026	0.018
	标准差	0.009	0.008	0.004	0.003	0.003
	变异系数	8.875	9.443	9.671	10.176	14.164
西藏红豆杉	重复 1	0.057	0.039	0.024	0.014	0.012
	重复 2	0.062	0.046	0.022	0.009	0.010
	重复 3	0.052	0.048	0.029	0.010	0.006
	重复 4	0.062	0.039	0.031	0.014	0.008
	重复 5	0.067	0.043	0.024	0.013	0.004
	平均值	0.060	0.043	0.026	0.012	0.008

（续）

不同树种	重复	2 年生	3 年生	4 年生	5 年生	6 年生
西藏红豆杉	标准差	0.006	0.004	0.004	0.002	0.003
	变异系数	9.501	9.447	14.646	19.543	39.528
南方红豆杉	重复 1	0.091	0.079	0.041	0.020	0.016
	重复 2	0.106	0.064	0.036	0.016	0.014
	重复 3	0.109	0.067	0.042	0.020	0.016
	重复 4	0.096	0.075	0.033	0.019	0.012
	重复 5	0.103	0.075	0.038	0.020	0.016
	平均值	0.101	0.072	0.038	0.019	0.015
	标准差	0.007	0.006	0.004	0.002	0.002
	变异系数	7.309	8.674	9.669	9.116	12.087
东北红豆杉	重复 1	0.052	0.041	0.024	0.008	0.005
	重复 2	0.042	0.036	0.025	0.013	0.009
	重复 3	0.046	0.042	0.019	0.007	0.006
	重复 4	0.051	0.033	0.025	0.015	0.010
	重复 5	0.044	0.038	0.027	0.007	0.005
	平均值	0.047	0.038	0.024	0.010	0.007
	标准差	0.004	0.004	0.003	0.004	0.002
	变异系数	9.274	9.669	12.500	37.417	33.503
曼地亚红豆杉	重复 1	0.109	0.082	0.044	0.032	0.022
	重复 2	0.095	0.069	0.036	0.021	0.018
	重复 3	0.105	0.073	0.042	0.027	0.020
	重复 4	0.098	0.071	0.040	0.023	0.015
	重复 5	0.113	0.080	0.038	0.032	0.020
	平均值	0.104	0.075	0.040	0.027	0.019
	标准差	0.007	0.006	0.003	0.005	0.003
	变异系数	7.195	7.601	7.906	18.703	13.925

表 2-7　5 种红豆杉实生苗不同树种、不同树龄间枝叶中 10-DAB 含量方差分析

差异来源		平方和	自由度	均方	F 值	P 值	显著性
不同树龄间	云南红豆杉不同树龄间	0.028	4	0.007	199.689	0.000	＊＊
	西藏红豆杉不同树龄间	0.009	4	0.002	149.747	0.000	＊＊
	南方红豆杉不同树龄间	0.027	4	0.007	299.450	0.000	＊＊
	东北红豆杉不同树龄间	0.006	4	0.002	123.238	0.000	＊＊
	曼地亚红豆杉不同树龄间	0.025	4	0.006	242.653	0.000	＊＊

（续）

差异来源		平方和	自由度	均方	F 值	P 值	显著性
不同树种间	2 年生不同红豆杉树种间	0.016	4	0.004	77.774	0.000	＊＊
	3 年生不同红豆杉树种间	0.008	4	0.002	61.203	0.000	＊＊
	4 年生不同红豆杉树种间	0.001	4	0.0003	27.559	0.000	＊＊
	5 年生不同红豆杉树种间	0.001	4	0.0003	27.591	0.000	＊＊
	6 年生不同红豆杉树种间	0.001	4	0.0002	24.183	0.000	＊＊

注：＊为 $P<0.05$ 水平显著，＊＊为 $P<0.01$ 水平极显著。

由上述测定结果与统计分析可知，采用种子繁殖的红豆杉苗木，枝叶中 10-DAB 含量与树龄、树种密切相关。

从树龄上看，5 种红豆杉各树龄间枝叶中 10-DAB 含量存在极显著差异（$P<0.01$）。各红豆杉树种枝叶中 10-DAB 的含量均随树龄增长表现出相同的变化趋势，树龄为 2 年生时枝叶中 10-DAB 含量最高，可达 0.100% 左右，之后随树龄增加而逐年下降，5 年以后各红豆杉枝叶中 10-DAB 含量均不足 0.030%，与红豆杉天然林中的枝叶含量相近。从树种上看，各树龄 5 种红豆杉枝叶中 10-DAB 含量均存在极显著差异（$P<0.01$）。各树龄枝叶中 10-DAB 含量均以云南红豆杉最高，东北红豆杉最低，具体顺序为：云南红豆杉>曼地亚红豆杉>南方红豆杉>西藏红豆杉>东北红豆杉。从种内不同个体看，在幼龄时期（树龄<4 年），各红豆杉树种不同个体间枝叶中 10-DAB 含量变异系数均小于 10%，表明此时期种内不同个体间枝叶中 10-DAB 含量差异较小。

5 种红豆杉实生苗不同树龄以及不同树种间枝叶中 10-DAB 含量均存在极显著差异；幼龄时期（树龄<4 年）种内不同个体间枝叶中 10-DAB 含量差异均较小。红豆杉实生苗枝叶中 10-DAB 含量变化趋势表明：选择 10-DAB 含量较高的树种，通过选优建设种子园，以种子繁殖的实生苗木营建 10-DAB 药用原料林，在控制好采收树龄的前提下，可显著提高我国红豆杉 10-DAB 原料质量。

（2）扦插苗枝叶中 10-DAB 含量

以国内 2~6 年生的 5 种红豆杉扦插苗为材料，按照"2.2.3"试验方法采集样品和测定枝叶中 10-DAB 含量，并分别对每一个重复所选取的 5 株红豆杉的测定结果求平均值，5 种红豆杉各个树龄分别得到 5 个重复值，结果见表 2-8。不同树龄、不同树种红豆杉枝叶中 10-DAB 含量做方差分析，结果见表 2-9。

表 2-8　5 种红豆杉扦插苗枝叶中 10-DAB 含量测定结果　　　　%

不同树种	重复	2 年生	3 年生	4 年生	5 年生	6 年生
云南红豆杉	重复 1	0.015	0.016	0.019	0.019	0.019
	重复 2	0.013	0.015	0.016	0.015	0.017
	重复 3	0.012	0.011	0.015	0.014	0.018

（续）

不同树种	重复	2 年生	3 年生	4 年生	5 年生	6 年生
云南红豆杉	重复 4	0.011	0.015	0.013	0.014	0.013
	重复 5	0.014	0.013	0.017	0.013	0.018
	平均值	0.013	0.014	0.016	0.015	0.017
	标准差	0.002	0.002	0.002	0.002	0.002
	变异系数	12.163	14.286	13.975	15.635	13.795
西藏红豆杉	重复 1	0.006	0.008	0.005	0.007	0.009
	重复 2	0.009	0.010	0.007	0.009	0.007
	重复 3	0.010	0.005	0.008	0.007	0.005
	重复 4	0.005	0.007	0.005	0.008	0.008
	重复 5	0.005	0.005	0.005	0.009	0.011
	平均值	0.007	0.007	0.006	0.008	0.008
	标准差	0.002	0.002	0.001	0.001	0.002
	变异系数	33.503	30.305	23.570	12.500	27.951
南方红豆杉	重复 1	0.011	0.015	0.017	0.014	0.019
	重复 2	0.013	0.013	0.014	0.013	0.015
	重复 3	0.015	0.010	0.011	0.015	0.013
	重复 4	0.014	0.014	0.013	0.012	0.015
	重复 5	0.012	0.013	0.015	0.016	0.018
	平均值	0.013	0.013	0.014	0.014	0.016
	标准差	0.002	0.002	0.002	0.002	0.002
	变异系数	12.163	14.391	15.972	11.294	15.309
东北红豆杉	重复 1	0.009	0.009	0.008	0.006	0.008
	重复 2	0.005	0.006	0.005	0.005	0.008
	重复 3	0.009	0.010	0.006	0.010	0.006
	重复 4	0.006	0.005	0.006	0.009	0.009
	重复 5	0.006	0.010	0.005	0.010	0.009
	平均值	0.007	0.008	0.006	0.008	0.008
	标准差	0.002	0.002	0.001	0.002	0.001
	变异系数	26.726	29.315	20.412	29.315	15.309
曼地亚红豆杉	重复 1	0.020	0.021	0.023	0.024	0.024
	重复 2	0.016	0.019	0.021	0.020	0.022
	重复 3	0.020	0.019	0.019	0.019	0.017
	重复 4	0.019	0.024	0.024	0.024	0.019
	重复 5	0.020	0.022	0.023	0.023	0.023
	平均值	0.019	0.021	0.022	0.022	0.021
	标准差	0.002	0.002	0.002	0.002	0.003
	变异系数	9.116	10.102	9.091	10.660	13.883

表 2-9　5 种红豆杉扦插苗不同树种、不同树龄间枝叶中 10-DAB 含量方差分析

	差异来源	平方和	自由度	均方	F 值	P 值	显著性
不同树龄间	云南红豆杉不同树龄间	0.00005	4	0.00001	2.778	0.055	
	西藏红豆杉不同树龄间	0.00001	4	0.000003	0.972	0.445	
	南方红豆杉不同树龄间	0.00003	4	0.000007	1.923	0.146	
	东北红豆杉不同树龄间	0.00002	4	0.000004	1.143	0.365	
	曼地亚红豆杉不同树龄间	0.00003	4	0.000007	1.471	0.248	
不同树种间	2 年生不同红豆杉树种间	0.001	4	0.0001	37.059	0.000	＊＊
	3 年生不同红豆杉树种间	0.001	4	0.0002	35.568	0.000	＊＊
	4 年生不同红豆杉树种间	0.001	4	0.0002	67.429	0.000	＊＊
	5 年生不同红豆杉树种间	0.001	4	0.0002	42.250	0.000	＊＊
	6 年生不同红豆杉树种间	0.001	4	0.0002	31.604	0.000	＊＊

注：＊为 $P<0.05$ 水平显著，＊＊为 $P<0.01$ 水平极显著。

由上述测定结果与统计分析可知，采用扦插繁殖的红豆杉苗木，枝叶中 10-DAB 含量与树龄关系不大，但与树种密切相关。

从树龄上看，各红豆杉树种不同树龄间枝叶中 10-DAB 含量差异不显著（$P>0.05$）。各红豆杉树种枝叶中 10-DAB 含量均随树龄变化有小幅波动。5 种红豆杉各树龄枝叶中 10-DAB 含量均较低，不足 0.030%，与各树种天然林枝叶中 10-DAB 含量接近。从树种上看，同一树龄不同树种间枝叶中 10-DAB 含量差异极显著（$P<0.01$），其中曼地亚红豆杉枝叶中 10-DAB 含量最高（0.019%～0.022%），云南红豆杉和南方红豆杉次之（0.013%～0.017%），西藏红豆杉和东北红豆杉最低（0.006%～0.008%）。

采用扦插繁殖的红豆杉苗木，枝叶中 10-DAB 含量随树龄增长无显著性变化，但树种间差异极显著。考虑到扦插繁殖的枝条一般都来自天然林中成年大树，充分说明采用无性繁殖方式较难提高红豆杉枝叶中 10-DAB 含量，即使选择含量最高的曼地亚红豆杉，其枝叶含量也远低于欧洲红豆杉，同时也低于种子繁殖的各红豆杉树种幼苗枝叶中 10-DAB 含量（树龄<4 年）。

2.3.3　人工林枝叶生物量

（1）实生苗枝叶生物量

以国内 2～6 年生的 5 种红豆杉实生苗为材料，按照"2.2.3"试验方法采集样品和测定单株枝叶生物量，并分别对每一个重复所选取的 5 株红豆杉的测定结果求平均值，5 种红豆杉各个树龄分别得到 5 个重复值，结果见表 2-10。不同树龄、不同树种红豆杉枝叶生物量显著性分析结果见表 2-11。

表 2-10　5 种红豆杉实生苗枝叶生物量测定结果　　　　　　　　　g／株

树　种	重复	2 年生	3 年生	4 年生	5 年生	6 年生
云南红豆杉	重复 1	22.09	70.15	221.35	525.83	867.15
	重复 2	17.54	65.35	232.57	535.51	911.56
	重复 3	19.11	57.1	249.15	472.25	880.72
	重复 4	23.69	53.57	246.22	485.43	901.26
	重复 5	20.02	65.08	224.26	494.08	855.06
	平均值	20.49	62.25	234.71	502.62	883.15
	标准差	2.430	6.743	12.582	26.978	23.378
西藏红豆杉	重复 1	12.33	31.31	135.52	300.36	746.09
	重复 2	15.81	36.08	137.21	283.53	691.57
	重复 3	13.36	39.23	153.67	322.27	762.29
	重复 4	12.87	35.71	149.49	310.43	716.61
	重复 5	12.38	41.62	145.56	314.86	746.49
	平均值	13.35	36.79	144.29	306.29	732.61
	标准差	1.437	3.905	7.805	14.993	28.265
南方红豆杉	重复 1	22.54	53.42	232.29	480.09	819.17
	重复 2	17.81	51.23	209.22	449.51	784.29
	重复 3	15.93	64.84	204.57	501.39	850.24
	重复 4	19.08	65.24	224.65	479.27	825.61
	重复 5	16.29	60.57	231.82	472.39	806.99
	平均值	18.33	59.06	220.51	476.53	817.26
	标准差	2.668	6.461	12.897	18.611	24.257
东北红豆杉	重复 1	4.22	12.21	33.51	53.34	89.53
	重复 2	6.78	10.47	29.32	59.52	96.59
	重复 3	6.26	13.23	29.29	59.91	97.77
	重复 4	5.16	11.04	35.73	52.73	72.18
	重复 5	5.18	13.80	33.30	58.05	98.28
	平均值	5.52	12.15	32.23	56.71	90.87
	标准差	1.009	1.410	2.835	3.433	11.027
曼地亚红豆杉	重复 1	14.32	31.22	76.24	168.25	341.27
	重复 2	12.21	35.15	85.51	173.08	329.56
	重复 3	11.74	30.31	79.29	178.14	298.81
	重复 4	11.63	34.12	80.34	180.36	331.29
	重复 5	14.50	32.05	77.67	176.87	311.62
	平均值	12.88	32.57	79.81	175.34	322.51
	标准差	1.415	2.016	3.548	4.763	17.022

表 2-11 5 种红豆杉实生苗不同树种、不同树龄间枝叶生物量方差分析

差异来源		平方和	自由度	均方	F 值	P 值	显著性
不同树龄间	云南红豆杉不同树龄间	2558864.000	4	639716.000	2155.355	0	＊＊
	西藏红豆杉不同树龄间	1743308.646	4	435827.161	1977.617	0	＊＊
	南方红豆杉不同树龄间	2203740.349	4	550935.087	2395.466	0	＊＊
	东北红豆杉不同树龄间	24452.884	4	6113.221	211.662	0	＊＊
	曼地亚红豆杉不同树龄间	323499.683	4	80874.921	1221.305	0	＊＊
不同树种间	2 年生不同红豆杉树种间	671.957	4	167.989	46.374	0	＊＊
	3 年生不同红豆杉树种间	8489.436	4	2122.359	97.786	0	＊＊
	4 年生不同红豆杉树种间	153403.884	4	38350.971	472.063	0	＊＊
	5 年生不同红豆杉树种间	734631.145	4	183657.786	688.675	0	＊＊
	6 年生不同红豆杉树种间	2382283.536	4	595570.884	1269.806	0	＊＊

注：＊为 $P<0.05$ 水平显著，＊＊为 $P<0.01$ 水平极显著。

由上述测定结果与统计分析可知，采用种子繁殖的红豆杉苗木，枝叶生物量大小与树龄、树种均密切相关。

从树龄上看，各红豆杉不同树龄间枝叶生物量差异极显著（$P<0.01$）。5 种红豆杉枝叶生物量均随树龄增长而增加。幼龄时期（树龄<4 年）各红豆杉枝叶生物量均较低，其中最大的云南红豆杉枝叶生物量不足 70g，最小的东北红豆杉枝叶生物量不足 15g。4 年以后，各树种进入快速生长期，以云南红豆杉为例，树龄为 5 年时，单株枝叶生物量可达 500g 左右；到 6 年时，单株枝叶生物量可达 880g 以上。从树种上看，树龄 2~6 年，红豆杉不同树种间枝叶生物量差异极显著（$P<0.01$）。其中各树龄均以云南红豆杉枝叶生物量最大，东北红豆杉枝叶生物量最小，具体为：云南红豆杉>南方红豆杉>西藏红豆杉>曼地亚红豆杉>东北红豆杉。

（2）扦插苗枝叶生物量

以国内 2~6 年生的 5 种红豆杉扦插苗为材料，按照"2.2.3"试验方法采集样品和测定枝叶生物量，并分别对每一个重复所选取的 5 株红豆杉的测定结果求平均值，5 种红豆杉各个树龄分别得到 5 个重复值，结果见表 2-12。不同树龄、不同树种红豆杉枝叶生物量方差分析结果见表 2-13。

表 2-12 5 种红豆杉扦插苗枝叶生物量测定结果　　　　　　　　　　　　　g/株

树　种	重复	2 年生	3 年生	4 年生	5 年生	6 年生
云南红豆杉	重复 1	8.12	26.25	71.55	172.21	302.87
	重复 2	12.09	23.31	66.37	176.57	293.17
	重复 3	15.21	20.12	68.50	179.51	331.55
	重复 4	10.37	24.55	69.22	180.12	320.38
	重复 5	15.31	27.82	62.86	170.49	308.18

（续）

树　种	重复	2 年生	3 年生	4 年生	5 年生	6 年生
云南红豆杉	平均值	12.22	24.41	67.70	175.78	311.23
	标准差	3.112	2.943	3.277	4.304	15.016
西藏红豆杉	重复1	9.47	19.11	39.43	99.55	199.85
	重复2	10.22	20.15	42.22	105.03	187.25
	重复3	5.61	15.78	45.38	94.23	183.14
	重复4	7.25	16.02	40.14	88.98	197.97
	重复5	5.10	15.44	44.38	101.36	209.44
	平均值	7.53	17.30	42.31	97.83	195.53
	标准差	2.273	2.168	2.585	6.296	10.490
南方红豆杉	重复1	11.25	25.51	60.21	159.52	288.79
	重复2	12.31	23.14	59.47	167.45	312.53
	重复3	9.11	20.91	63.33	171.83	297.89
	重复4	14.61	18.54	66.23	161.11	316.23
	重复5	10.37	22.55	63.56	167.04	280.16
	平均值	11.53	22.13	62.56	165.39	299.12
	标准差	2.084	2.598	2.745	5.030	15.332
东北红豆杉	重复1	1.21	3.22	8.14	21.31	42.23
	重复2	2.57	5.26	11.21	19.11	33.58
	重复3	2.33	6.31	10.29	15.24	37.87
	重复4	1.05	7.54	8.53	17.46	35.45
	重复5	1.29	3.32	7.88	14.03	31.12
	平均值	1.69	5.13	9.21	17.43	36.05
	标准差	0.704	1.880	1.461	2.925	4.251
曼地亚红豆杉	重复1	4.51	7.51	23.55	61.57	95.58
	重复2	2.33	9.32	20.53	53.66	101.21
	重复3	3.09	9.53	25.11	63.24	99.37
	重复4	4.21	6.14	23.83	49.25	88.57
	重复5	1.61	8.60	20.38	44.78	99.32
	平均值	3.15	8.22	22.68	54.50	96.81
	标准差	1.227	1.405	2.115	7.892	5.040

表 2-13　5 种红豆杉扦插苗不同树种、不同树龄间枝叶生物量方差分析

	差异来源	平方和	自由度	均方	F 值	P 值	显著性
不同树龄间	云南红豆杉不同树龄间	315772.943	4	78943.236	1445.272	0.000	＊＊
	西藏红豆杉不同树龄间	119783.834	4	29945.959	900.747	0.000	＊＊

（续）

差异来源		平方和	自由度	均方	F 值	P 值	显著性
不同树龄间	南方红豆杉不同树龄间	292397.157	4	73099.289	1310.019	0.000	＊＊
	东北红豆杉不同树龄间	3755.382	4	938.846	143.147	0.000	＊＊
	曼地亚红豆杉不同树龄间	30313.167	4	7578.292	396.187	0.000	＊＊
不同树种间	2 年生不同红豆杉树种间	454.090	4	113.522	26.778	0.000	＊＊
	3 年生不同红豆杉树种间	1435.505	4	358.876	70.028	0.000	＊＊
	4 年生不同红豆杉树种间	12628.039	4	3157.010	500.079	0.000	＊＊
	5 年生不同红豆杉树种间	94436.657	4	23609.164	765.027	0.000	＊＊
	6 年生不同红豆杉树种间	294970.446	4	73742.612	600.428	0.000	＊＊

注：＊为 $P<0.05$ 水平显著，＊＊为 $P<0.01$ 水平极显著。

由上述测定结果与统计分析可知，采用扦插繁殖的红豆杉苗木枝叶生物量与采用种子繁殖的红豆杉枝叶生物量有着相似规律，即红豆杉枝叶生物量与树龄和树种均密切相关。

从树龄上看，各红豆杉不同树龄间枝叶生物量差异极显著（$P<0.01$）。5 种红豆杉各树龄枝叶生物量均随树龄增长而增加，但年增长量以及各树龄枝叶生物量相较实生苗均较小。从树种上看，树龄 2~6 年，红豆杉不同树种间枝叶生物量差异极显著（$P<0.01$）。其中各树龄均为云南红豆杉枝叶生物量最大，东北红豆杉枝叶生物量最小，具体为：云南红豆杉＞南方红豆杉＞西藏红豆杉＞曼地亚红豆杉＞东北红豆杉。

在前 6 年，无论种子繁殖的实生苗还是无性繁殖扦插苗，其枝叶生物量均随树龄的增长而增加，不同树种间的枝叶生物量存在显著性差异。同一树种红豆杉，其实生苗具有显著的生长优势，枝叶生物量是扦插苗木的 2~4 倍。

2.3.4　人工林单株 10-DAB 累积量

（1）实生苗单株 10-DAB 累积量

采用种子繁殖的 5 种红豆杉苗木，在按照"2.2.3.2"计算出单株 10-DAB 累积量后，再计算各重复的平均值，结果见表 2-14。不同树龄、不同树种红豆杉单株 10-DAB 累积量的方差分析见表 2-15。

表 2-14　5 种红豆杉实生苗单株 10-DAB 累积量　　　　　　　　　　　　g/株

树　种	重复	2 年生	3 年生	4 年生	5 年生	6 年生
云南红豆杉	重复 1	0.022	0.053	0.097	0.131	0.182
	重复 2	0.020	0.054	0.088	0.134	0.146
	重复 3	0.022	0.041	0.120	0.142	0.132
	重复 4	0.022	0.049	0.101	0.112	0.180
	重复 5	0.022	0.055	0.087	0.133	0.154

（续）

树　种	重复	2 年生	3 年生	4 年生	5 年生	6 年生
云南红豆杉	平均值	0.022	0.050	0.099	0.130	0.159
	标准差	0.001	0.006	0.013	0.011	0.022
西藏红豆杉	重复 1	0.007	0.012	0.033	0.042	0.090
	重复 2	0.010	0.017	0.030	0.026	0.069
	重复 3	0.007	0.019	0.045	0.032	0.046
	重复 4	0.008	0.014	0.046	0.043	0.057
	重复 5	0.008	0.018	0.035	0.041	0.030
	平均值	0.008	0.016	0.038	0.037	0.058
	标准差	0.001	0.003	0.007	0.008	0.023
南方红豆杉	重复 1	0.021	0.042	0.095	0.096	0.131
	重复 2	0.019	0.033	0.075	0.072	0.110
	重复 3	0.017	0.043	0.086	0.100	0.136
	重复 4	0.018	0.049	0.074	0.091	0.099
	重复 5	0.017	0.045	0.088	0.094	0.129
	平均值	0.018	0.043	0.084	0.091	0.121
	标准差	0.001	0.006	0.009	0.011	0.016
东北红豆杉	重复 1	0.002	0.005	0.008	0.004	0.004
	重复 2	0.003	0.004	0.007	0.008	0.009
	重复 3	0.003	0.006	0.006	0.004	0.006
	重复 4	0.003	0.004	0.009	0.008	0.007
	重复 5	0.002	0.005	0.009	0.004	0.005
	平均值	0.003	0.005	0.008	0.006	0.006
	标准差	0.001	0.001	0.001	0.002	0.002
曼地亚红豆杉	重复 1	0.016	0.026	0.034	0.054	0.075
	重复 2	0.012	0.024	0.031	0.036	0.059
	重复 3	0.012	0.022	0.033	0.048	0.060
	重复 4	0.011	0.024	0.032	0.041	0.050
	重复 5	0.016	0.026	0.030	0.057	0.062
	平均值	0.013	0.024	0.032	0.047	0.061
	标准差	0.002	0.001	0.002	0.008	0.009

表 2-15　5 种红豆杉实生苗不同树种、不同树龄间单株 10-DAB 累积量方差分析

差异来源		平方和	自由度	均方	F 值	P 值	显著性
不同树龄间	云南红豆杉不同树龄间	0.063	4	0.016	93.359	0.000	＊＊
	西藏红豆杉不同树龄间	0.008	4	0.002	14.790	0.000	＊＊

（续）

差异来源		平方和	自由度	均方	*F* 值	*P* 值	显著性
不同树龄间	南方红豆杉不同树龄间	0.034	4	0.009	68.751	0.000	＊＊
	东北红豆杉不同树龄间	0.0001	4	0.00002	4.875	0.007	＊＊
	曼地亚红豆杉不同树龄间	0.007	4	0.002	47.633	0.000	＊＊
不同树种间	2 年生不同红豆杉树种间	0.001	4	0.0003	31.376	0.000	＊＊
	3 年生不同红豆杉树种间	0.007	4	0.002	42.795	0.000	＊＊
	4 年生不同红豆杉树种间	0.029	4	0.007	82.675	0.000	＊＊
	5 年生不同红豆杉树种间	0.048	4	0.012	129.568	0.000	＊＊
	6 年生不同红豆杉树种间	0.071	4	0.018	75.106	0.000	＊＊

注：＊为 $P<0.05$ 水平显著，＊＊为 $P<0.01$ 水平极显著。

由上述计算结果与统计分析可知，采用种子繁殖的红豆杉苗木，单株 10-DAB 累积量大小与树龄、树种均密切相关。

从树龄上看，各红豆杉树种不同树龄间单株 10-DAB 累积量差异极显著（$P<0.01$）。除东北红豆杉和西藏红豆杉第 4 年单株 10-DAB 累积量略高于第 5 年以外，其它红豆杉树种单株 10-DAB 累积量均随树龄的增长而增加，但 10-DAB 含量却随着树龄的增长而减小。以单株 10-DAB 累积量最高的云南红豆杉为例，在第 4 年可达 0.10g 左右，具有较高的生产价值，在第 6 年时，达到 0.15g 以上，并随着树龄的增长，其单株 10-DAB 累积量可能还会继续增加，但此时 10-DAB 含量太低，仅为 0.018%，已无商业生产价值。从树种来看，树龄 2~6 年，红豆杉不同树种间单株 10-DAB 累积量差异极显著（$P<0.01$）。其中云南红豆杉和南方红豆杉各树龄单株 10-DAB 累积量均最高，曼地亚红豆杉单株 10-DAB 累积量除 4 年生较低外，其他树龄均仅次于云南红豆杉和南方红豆杉，东北红豆杉单株 10-DAB 累积量在各树龄均最低。

（2）扦插苗单株 10-DAB 累积量

采用扦插繁殖的 5 种红豆杉苗木，在按照"2.2.3.2"计算出单株 10-DAB 累积量后，再计算各重复的平均值，结果见表 2-16；不同树龄、不同树种红豆杉单株 10-DAB 累积量的方差分析结果见表 2-17。

表 2-16　5 种红豆杉扦插苗单株 10-DAB 累积量　　　　　　　mg/株

树　　种	重复	2 年生	3 年生	4 年生	5 年生	6 年生
云南红豆杉	重复 1	1.218	4.200	13.595	32.720	57.545
	重复 2	1.572	3.497	10.619	26.486	49.839
	重复 3	1.825	2.213	10.275	25.131	59.679
	重复 4	1.141	3.683	8.999	25.217	41.649
	重复 5	2.143	3.617	10.686	22.164	55.472
	平均值	1.589	3.417	10.832	26.367	52.909
	标准差	0.419	0.738	1.686	3.902	7.247

（续）

树　种	重复	2 年生	3 年生	4 年生	5 年生	6 年生
西藏红豆杉	重复 1	0.568	1.529	1.972	6.969	17.987
	重复 2	0.920	2.015	2.955	9.453	13.108
	重复 3	0.561	0.789	3.630	6.596	9.157
	重复 4	0.363	1.121	2.007	7.118	15.838
	重复 5	0.255	0.772	2.219	9.122	23.038
	平均值	0.527	1.211	2.539	7.826	15.642
	标准差	0.254	0.529	0.719	1.330	5.209
南方红豆杉	重复 1	1.238	3.827	10.236	22.333	54.870
	重复 2	1.600	3.008	8.326	21.769	46.880
	重复 3	1.367	2.091	6.966	25.775	38.726
	重复 4	2.045	2.596	8.610	19.333	47.435
	重复 5	1.244	2.932	9.534	26.726	50.429
	平均值	1.499	2.877	8.758	23.155	47.859
	标准差	0.339	0.636	1.245	3.034	5.919
东北红豆杉	重复 1	0.109	0.290	0.651	1.279	3.378
	重复 2	0.129	0.316	0.561	0.956	2.686
	重复 3	0.210	0.631	0.617	1.524	2.272
	重复 4	0.063	0.377	0.512	1.571	3.191
	重复 5	0.077	0.332	0.394	1.403	2.801
	平均值	0.118	0.410	0.553	1.394	2.884
	标准差	0.058	0.139	0.101	0.246	0.435
曼地亚红豆杉	重复 1	0.902	1.577	5.417	14.777	22.939
	重复 2	0.373	1.771	4.311	10.732	22.266
	重复 3	0.618	1.811	4.771	12.016	16.893
	重复 4	0.800	1.474	5.719	11.820	16.828
	重复 5	0.322	1.892	4.687	10.299	22.844
	平均值	0.603	1.705	4.981	11.929	20.354
	标准差	0.255	0.173	0.573	1.748	3.200

表 2-17　5 种红豆杉扦插苗不同树种、不同树龄间单株 10-DAB 累积量方差分析

差异来源		平方和	自由度	均方	F 值	P 值	显著性
不同树龄间	云南红豆杉不同树龄间	9055.212	4	2263.803	158.743	0.000	＊＊
	西藏红豆杉不同树龄间	817.648	4	204.412	34.336	0.000	＊＊
	南方红豆杉不同树龄间	7431.381	4	1857.845	200.606	0.000	＊＊
	东北红豆杉不同树龄间	24.717	4	6.179	109.330	0.000	＊＊
	曼地亚红豆杉不同树龄间	1357.386	4	339.346	123.704	0.000	＊＊

（续）

差异来源		平方和	自由度	均方	F 值	P 值	显著性
不同树种间	2 年生不同红豆杉树种间	8.249	4	2.062	24.387	0.000	＊＊
	3 年生不同红豆杉树种间	30.514	4	7.629	29.838	0.000	＊＊
	4 年生不同红豆杉树种间	361.909	4	90.477	86.177	0.000	＊＊
	5 年生不同红豆杉树种间	2194.419	4	548.605	93.589	0.000	＊＊
	6 年生不同红豆杉树种间	9210.359	4	2302.590	92.019	0.000	＊＊

注：＊为 $P<0.05$ 水平显著，＊＊为 $P<0.01$ 水平极显著。

由上述计算结果与统计分析知，采用扦插繁殖的红豆杉苗木，单株 10-DAB 累积量大小与树龄、树种均密切相关，具体如下：

从树龄上看，各红豆杉不同树龄间单株 10-DAB 累积量差异极显著（$P<0.01$）。5种红豆杉树种单株 10-DAB 累积量均随树龄的增长而增加，但仍较低。其中最高的云南红豆杉，在第 4 年仅 0.01g 左右，在第 6 年时，仅为 0.05g。由于红豆杉扦插繁殖苗木枝叶中 10-DAB 含量均较低，因此采用扦插繁殖的各树龄红豆杉苗木均无商业生产价值。从树种来看，5 种红豆杉单株 10-DAB 累积量存在极显著性差异（$P<0.01$），单株 10-DAB 累积量大小顺序为：云南红豆杉＞南方红豆杉＞曼地亚红豆杉＞西藏红豆杉＞东北红豆杉。

在前 6 年，采用种子繁殖的红豆杉苗木相较扦插繁殖苗木，单株 10-DAB 累积量具有显著优势，以云南红豆杉为例，在第 4 年时的单株 10-DAB 累积量是扦插繁殖苗的近 10 倍。因此，提高红豆杉单株 10-DAB 累积量最优方法是采用种子繁殖。

目前，我国境内分布的红豆杉天然林树种，其在分布区域、海拔范围以及资源保存率上存在较大差异。已有研究表明，物种的分布受到生物因素（如物种间相互作用和人类干扰等）和非生物因素（如土壤、气候和海拔等）的共同影响，是物种与环境因素长期作用的结果，而物种分布范围的大小，在一定程度上反应了该物种对于环境适应性的强弱。本研究表明，国内分布的红豆杉天然林总体上对生态环境要求较高，受环境影响显著，因而在地理分布上有一定的局限性，极少有大面积天然纯林存在，偶见小面积的团块状林分布。同时，从我国各地区分布来看，其主要分布于我国西南地区，东北地区也有少量分布，其他地区则较少或基本没有分布。但是，不同红豆杉树种间差异也较大。南方红豆杉分布范围最广、跨度最大，资源保存率最高；云南红豆杉所分布的地区海拔跨度最大，土壤类型也最多，综合来看南方红豆杉和云南红豆杉对于生态环境的适应性方面明显优于其他红豆杉树种。另一方面，亲本配合力是产生强优势杂种的遗传基础，而配合力高低是选择亲本的重要标准。目前，通过选择具有高配合力的树种作为亲本已在杨树等树木上得到应用。但是，配合力的测定过程较为复杂，且耗费大量时间及精力，需开展一系列预先设计好的组合进行杂交试验，再通过统计学的方法计算得到。目前，有关红豆杉不同树种间杂交育种的研究还未见报道，因而关于不同亲本各性状的一般配合力及特殊配合力的值大小还不清楚。因此，在红豆杉优良亲本选择上，本研究基于各树种的指标性状，同时结合地理分布进行综合分析及选择。

在指标选取方面，由于杂交子代的遗传信息全部来源于亲本，亲本性状的优劣直接决定了杂交子代性状的优良程度。因此，为了选育出符合育种目标的子代，指标的选取十分关键。红豆杉作为重要的药用林木，体内的 10-DAB 的质量和产量是反映其品质优良的重要依据。红豆杉枝叶中 10-DAB 含量是原料品质的重要保证，它直接关系到原料的利用效率；枝叶生物量是单株 10-DAB 累积量形成的基础；单株 10-DAB 累积量是育种的最终目标，保证原料的总量。因此，本研究在亲本评价指标选取上，选择了枝叶中 10-DAB 含量、枝叶生物量以及单株 10-DAB 累积量这三个最直接、最重要的指标性状作为亲本选择的依据。

在对国内不同红豆杉树种各指标测定分析发现，各树种中 10-DAB 含量与树龄密切相关，各树龄间差异显著；同时，各树种间 10-DAB 含量、枝叶生物量以及单株 10-DAB 累积量也均具有显著差异。对于红豆杉优良亲本选择来说，仅依靠某一年或某一个指标进行判定，必然带有很大的片面性。为此，本研究在传统亲本选择的基础之上，针对难以对多指标做到综合考虑等问题，采用综合评价法对不同树种进行评价。目前，综合评价方法较多，如主成分分析、层次分析、灰色综合评价以及模糊综合评价等，它们均可以较好地解决多指标、多向量等问题，但不同的评价方法各有优劣。主成分分析法主要是采用降维的思路或等级概率分布的思路，虽然具有一定的客观性，但对样本量要求大，评价的结果跟样本量的规模有直接关系；层次分析法依然无法完全摆脱评价过程中的随机性，且所需样本量仍较大。模糊综合评价法是基于隶属度理论对受到多种因子制约的对象做出评定，但是难以处理评价过程中信息重叠等问题。灰色综合评价法是针对已知"小样本"数据，实现对整体行为的正确认识和有效控制，为定性指标的定量化处理提供了合理有效的途径，同时数学模型也较为简单，样本只要具有代表性的少量样本即可。结合本研究来看，红豆杉枝叶中 10-DAB 含量受到树龄的显著影响，各树龄间差异较大，难以通过某一年进行判定。同时，枝叶中 10-DAB 含量、枝叶生物量以及单株 10-DAB 累积量共同决定了红豆杉的优良程度。为此，本研究将红豆杉不同树种的 10-DAB 含量、枝叶生物量、单株 10-DAB 累积量等性状视为灰色系统，将多个性状数据线性简化，再将多个经过量化的指标性状综合为一个整体进行比较分析。本研究数据分析是基于多性状定量分析的基础上，具有较强的可靠性，为选育 10-DAB 含量高、枝叶生物量大的优良杂交子代提供优良亲本。在各指标权重上，是经过红豆杉资深专家根据多年的红豆杉育种实践经验并结合育种目标及生产实际情况评定给出的，从而使各指标权重系数的确定更加客观合理，充分保证了综合评定结果的有效性。评定结果表明曼地亚红豆杉、云南红豆杉、南方红豆杉灰色排序综合评定值 ρ_i 在树龄 2~4 年均大于 0.600，因此这 3 个树种综合性状优良。运用灰色排序综合评定模型使评价结果更加合理和科学，能使育种工作者比较容易和快速地掌握和了解育种信息，科学确定优良杂交亲本，从而加快育种进程。

第三章

红豆杉枝叶紫杉醇和 10-DAB 含量 HPLC 测定方法

高效液相色谱法和超高效液相色谱法在紫杉醇与 10-DAB 含量的测定上均有应用。超高效液相色谱法(UPLC)可以获得更高的柱效,可以提高分离效果,出峰时间也较 HPLC 早。但 UPLC 法仪器成本较高,且 UPLC 法和 HPLC 法均对紫杉醇及 10-DAB 均有较好的分离效果,测定结果均较为准确。因此,目前常用的紫杉醇和 10-DAB 含量测定方法主要还是高效液相色谱法。

高效液相色谱法是将液体作为流动相,将不同极性单一溶剂、不同比例的混合溶剂或缓冲液等流动相泵入固定相色谱柱,各组分在色谱柱中分离,然后进入检测器,从而实现检测和分析。其中固定相普通填料主要有 ODS(C_{18})、苯基柱等,专门用于紫杉烷类化合物分离分析的新型填料已开发出 10 多种,微型柱柱效极高,在紫杉烷类化合物分离中也有应用。高效液相色谱检测分析过程中的关键环节是流动相的组成和比例,采用的流动相通常为甲醇—水、乙腈—水二元溶剂系统及乙腈—甲醇—水三元溶剂系统(表 3-1、表 3-2)。

表 3-1　10-DAB 的高效液相色谱分析

供试品	色谱柱固定相	流动相	检测波长	流速
南方红豆杉枝叶	ODS(C_{18})	甲醇—水(53:47)	227nm	1.0mL/min
东北红豆杉枝叶	ODS(C_{18})	甲醇—乙腈—水(20:30:50)	233.9nm	0.8mL/min
南方红豆杉枝叶	ODS(C_{18})	乙腈—水(30:70)	232nm	1.0mL/min
云南红豆杉枝叶	ODS(C_{18})	甲醇—乙腈—水(5:35:60)	227nm	0.8mL/min

表 3-2　紫杉醇的高效液相色谱分析

供试品	色谱柱固定相	流动相	检测波长	流速
东北红豆杉愈伤组织	ODS(C_{18})	甲醇—乙腈—水(20:32:48)	227nm	1.0mL/min
云南红豆杉枝叶	ODS(C_{18})	甲醇—乙腈—水(20:30:50)	227nm	1.0mL/min
曼地亚红豆杉枝叶	ODS(C_{18})	乙腈—水(43:57)	227nm	1.0mL/min
南方红豆杉愈伤组织	ODS(C_{18})	甲醇—乙腈—水(20:33:47)	229nm	1.0mL/min

目前,有关紫杉醇及 10-DAB 测定报道中,存在色谱检测条件、色谱图、相关方

法学考察缺失或分离度低等问题，尤其是在检测红豆杉枝叶中紫杉醇及 10-DAB 含量时很难确定其检测结果的准确性。

3.1 紫杉醇含量 HPLC 测定

3.1.1 主要试剂

紫杉醇对照品(HPLC 检测用对照品，≥98%，中国药品生物制品检定所)，甲醇、异丙醇(分析纯，天津市恒兴化学试剂制造有限公司)，乙腈(HPLC 级，美国 TEDIA 试剂有限公司)，蒸馏水(自制)等。

3.1.2 主要仪器

高效液相色谱仪(型号 LC 20AB，日本岛津公司)，配备 LC-20ATvp 输液泵、SPD-20Avp 可变波长紫外检测器、CTO-10AS 柱温箱、N2000 色谱数据处理系统、JJW-2KVA 精密净化交流稳压电源。色谱柱(Phenomenex Luna C_{18}(2)色谱柱(4.6mm×250mm，5μm)。万分之一天平(ML-204，瑞士梅特勒—托利多公司)，十万分之一天平(AEG-220，日本岛津公司)，植物粉粹机(FY-130，天津市能斯特仪器有限公司)，数显鼓风干燥器(GZX-9146MBE，上海博讯实业有限公司医疗设备厂)，超声波清洗器(KQ-250E，昆山市超声仪器有限公司)。

3.1.3 实验材料

红豆杉枝叶(云南红豆杉幼苗、曼地亚红豆杉枝叶、云曼红豆杉枝叶)70℃烘干至恒重后，用粉碎机粉碎呈粉状，再将粉末过 40 目筛。

3.1.4 实验方法

3.1.4.1 色谱条件

参照《中国药典》2015 版，优化处理试验色谱条件。Inertsil ODS-HLC$_{18}$ 色谱柱(4.6mm×250mm，5μm)；流动相：乙腈—水—异丙醇(49∶50∶1)；体积流量 1.0mL/min；柱温 30℃；检测波长 227nm；进样量 10μL。结果：紫杉醇保留时间 27.5min 左右，色谱峰与相邻峰的分离度大于 1.5，理论塔板数大于 3500，对照品溶液和供试液色谱图如图 3-1 所示。

3.1.4.2 对照品溶液配制

精确称量紫杉醇标准品粉末 20.0mg，将称量好的标准品粉末全部倒入 100mL 容量瓶中，加入甲醇(AR)溶解并定容至刻度线，至于超声波清洗器中振荡 30min，充分溶解后可得 0.198mg/mL 标准品储备液。

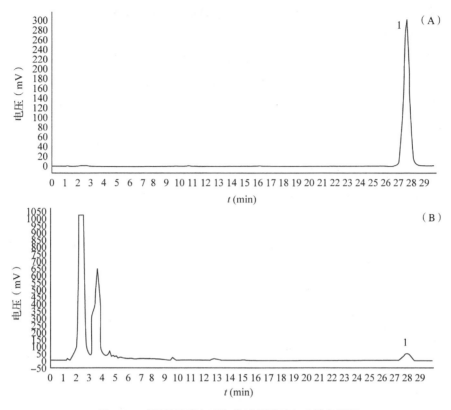

图 3-1　对照品溶液(A)和供试品溶液(B)的色谱图

3.1.4.3　供试品溶液制备

精确称取红豆杉枝叶粉末 1~2g，倒入带塞试管中，再加入 15mL 60%甲醇(AR)，室温下静置 3h 后超声提取(500W，40Hz)30min，转移至离心机内离心 5min，转速 5000r/min。滤渣再加入 15mL 60%甲醇(AR)继续提取，重复两次。离心滤液均置于同一 50mL 容量瓶中，60%甲醇定容，摇匀，0.45μm 滤膜过滤，即得供试品溶液。

3.1.4.4　线性关系考察

精密吸取标准品储备液 0.2、0.4、0.6、0.8、1.2、1.6mL 于 25mL 容量瓶中，加入甲醇定容摇匀，取 10μL，在上述色谱条件下分析。横坐标(X)为进样量(μg)，纵坐标(Y)为峰面积，绘制紫杉醇含量标准曲线图，结果见表 3-3，紫杉醇在 0.0147~0.147μg 范围内线性关系良好。

表 3-3　紫杉醇的回归方程和线性范围

成分	回归方程	相关系数	线性范围(μg/mL)
紫杉醇	$Y = 267837X - 183$	0.9996	0.0147~0.147

3.1.4.5　精密度试验

精密吸取"3.1.4.2"项下同一紫杉醇标准品溶液 10μL，重复进样 6 次，测得紫杉醇峰面积 RSD(相对标准偏差)为 0.33%，表明仪器精密度良好。

3.1.4.6 重复性试验

精密称取同一枝叶粉末 6 份，按"3.1.4.3"方法平行制备供试品溶液，按"3.1.4.1"色谱条件进样，测得紫杉醇含量 RSD(相对标准偏差)0.23%，结果表明具有可重复性。

3.1.4.7 稳定性试验

取同一供试品溶液，分别在室温下静置 0、2、4、6、8、12h 后按"3.1.4.1"的色谱条件每次进样 10μL，计算紫杉醇峰面积 RSD(相对标准偏差)为 0.18%，表明供试品溶液在 12h 内稳定性良好。

3.1.4.8 加样回收率试验

取已知紫杉醇含量(0.46mg/g)的样品 6 份，精确称量每份约 1g(精确的 0.0001)。每份样品中加入紫杉醇标准品储备液(0.198mg/mL)2.4mL，按"3.1.4.3"方法制备供试品溶液，按"3.1.4.1"的色谱条件进样分析，计算回收率。由表 3-4 可知，紫杉醇的回收率为 100.95%，RSD(相对标准偏差)值为 1.56%，表明该方法准确。

表 3-4 加样回收率试验结果($n=6$)

称样量(g)	原有量(mg)	加入量(mg)	测得量(mg)	回收率(%)	平均回收率(%)	RSD(%)
0.0173	0.4680	0.4752	0.9567	101.43		
1.0225	0.4708	0.4752	0.9717	102.72		
0.0124	0.4658	0.4752	0.9521	101.18	100.95	1.56
1.0163	0.4674	0.4752	0.9298	98.64		
1.0046	0.4622	0.4752	0.9583	102.23		
1.0087	0.4640	0.4752	0.9346	99.51		

3.1.4.9 样品含量测定

精密吸取供试品溶液 10μL，重复进样 3 次，分别测定峰面积。用回归方程计算出样品紫杉醇中的平均含量(以质量分数计)。

本方法对样品制备、检测条件等进行了较系统的研究。在提取方法上，超声波提取法、加热回流提取法、渗滤法均可用于红豆杉中紫杉醇提取，但本研究发现采用超声波提取效率高，且操作方便，可以取得较好的提取效果。同时，比较了水、20%、40%、60%、80%、100%甲醇的超声提取效果，发现随着甲醇体积分数升高，提取效果显著增强，但是达到 60%后紫杉醇含有量变化不明显。考虑到甲醇体积分数过高时，脂溶性杂质增多，对色谱柱的污染加重，最终确定采用 60%甲醇提取，而且不必纯化提取液；在检测波长的选择上，紫杉醇对照品溶液在 200~400nm 波长中，最强吸收波长为 227nm，因而采用 227nm 作为检测波长；在流动相、柱温和流速选择上，对色谱溶剂(乙腈和甲醇)与水组成的流动体系(甲醇—水、乙腈—水、甲醇—乙腈—水等)以及色谱溶剂(乙腈和异丙醇)与水组成的流动体系(乙腈—水—异丙醇)、柱温(25,30,35,40,45℃)和流速(0.7,0.8,0.9,1.0,1.1,1.2mL/min)等进行单因素试验,结果表明紫杉醇选用流动相为乙腈—水—异丙醇(49:50:1),流速为 1mL/min。

3.2　10-DAB 含量 HPLC 测定

3.2.1　主要试剂

10-DAB 对照品(HPLC 检测用对照品,≥99%,上海阿拉丁生化科技股份有限公司),甲醇、异丙醇(分析纯,天津市恒兴化学试剂制造有限公司),乙腈(HPLC 级,美国 TEDIA 试剂有限公司),蒸馏水(自制)等。

3.2.2　主要仪器

实验的主要仪器同 3.1.2。

3.2.3　实验材料

红豆杉枝叶(云南红豆杉幼苗、曼地亚红豆杉枝叶、云曼红豆杉枝叶)70℃烘干至恒重后,用粉碎机粉碎呈粉状,再将粉末过 40 目筛。

3.2.4　实验方法

3.2.4.1　色谱条件

检测波长为 226nm;流动相为乙腈—水—异丙醇(24:75:1);流速为 1.0mL/min;柱温为 30℃;进样量为 10μL。在上述色谱条件下,10-DAB 的保留时间为 13.2min 左右,对照品溶液色谱主峰保留时间与供试品保留时间一致,色谱峰与相邻峰的分离度大于 1.5,理论塔板数大于 4000。对照品和供试品液色谱图如图 3-2 所示。

3.2.4.2　对照品溶液的配制

取 10-DAB 对照品(99%),精密称定 20.0mg,用甲醇定容在 100mL 容量瓶中,制成浓度为 0.198mg/mL 的对照品溶液。

3.2.4.3　供试品溶液制备

取样品枝叶,烘箱中 70℃干燥至恒重,粉碎,准确称取 3g,精密加入 15mL 60%甲醇,浸提时间 1h,超声功率 500W,超声频率 40kHz 的条件下提取 30min,5000r/min 条件下离心 5min,之后过滤,将滤渣再提取 2 次,每次加入浓度 60%甲醇 15mL,超声 30min,将离心液合并,用 60%甲醇将提取物定容在 50mL 的容量瓶中,摇匀,过 0.45μm 微孔滤膜,取滤液备用。

3.2.4.4　线性关系考察

将所配对照品溶液精密吸取 0.2、0.4、0.6、0.8、1.2、1.6mL 于 25mL 的容量瓶

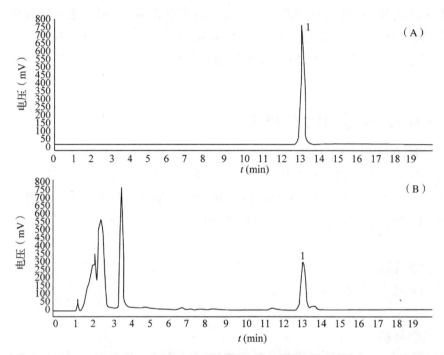

图 3-2 对照品溶液(A)和供试品溶液(B)色谱图

中，加甲醇稀释至刻度摇匀，取 10μL 进样后，以峰面积为 Y，进样量(μg)为 X 绘制标准曲线，建立回归方程。结果见表 3-5，10-DAB 在 0.0158~0.158μg 范围线性关系良好。

表 3-5 10-DAB 的回归方程和线性范围

成分	回归方程	相关系数	线性范围(μg/mL)
10-DAB	$Y=17236X+123.66$	0.9995	0.0158~0.158

3.2.4.5 精密度测定

精密吸取对照品溶液 10μL，连续进样 6 针，以 10-DAB 的峰面积作为考察指标，计算相对标准偏差(RSD)值。测得 10-DAB 的 RSD 为 1.07%，结果表明在此试验条件下仪器精密度良好。

3.2.4.6 重复性试验

精密称取 6 份同一枝叶粉末，按照"3.2.4.3"方法制备供试品溶液，计算 10-DAB 含量及相对标准偏差(RSD)值。测得 10-DAB 含量 RSD 为 1.21%，结果表明其重复性良好。

3.2.4.7 稳定性试验

取同一供试品溶液，室温下放置 0、2、4、6、8、10、12h 后进样 10μL，记录峰面积，计算 RSD 值。测得 10-DAB 峰面积 RSD 为 0.83%，结果表明供试品溶液 12h 内稳定。

3.2.4.8　加样回收率试验

准确称取 10-DAB 含量(1.99mg/g)的样品 6 份，每份 1g，精密加入"对照品溶液"(0.198mg/mL)1mL，按照"3.2.4.3"方法制备供试品溶液，在"3.2.4.1"下分析，计算回收率及 RSD 值。由表 3-6 可知，10-DAB 的回收率为 100.68%，RSD 值为 1.17%。表明该方法准确、可靠。

表 3-6　加样回收率试验结果($n=6$)

称样量(g)	原有量(mg)	加入量(mg)	测得量(mg)	回收率(%)	平均回收率(%)	RSD(%)
1.0057	2.0013	0.1980	2.1975	99.92		
1.0121	2.0141	0.1980	2.2389	101.21		
1.0017	1.9934	0.1980	2.1701	99.03		
1.0212	2.0322	0.1980	2.2331	100.13	100.68	1.17
1.0165	2.0228	0.1980	2.2670	102.08		
1.0124	2.0147	0.1980	2.2505	101.71		

3.2.4.9　样品含量测定

样品含量测定方法同 3.1.4.9。

第四章

杂交亲本选择

4.1　育种目标与亲本选择原则

（1）育种目标

育种目标是指在一定的条件下，要求培育的新材料应具备的优良特性与特征，它规定着育种的任务与方向，是育种工作的前提，也是育种工作成败的关键。根据红豆杉各性状的测定分析结果，结合我国的实际需求，本次杂交育种试验的目标就是选育出枝叶中 10-DAB 含量高、生长快、枝叶生物量大的红豆杉新材料。具体如下：①枝叶中 10-DAB 含量 0.200%以上，超过欧洲红豆杉枝叶 10-DAB 含量（0.150%～0.200%）；②枝叶生物量达到或超过我国红豆杉水平。

（2）亲本选择原则

亲本选择是开展杂交育种工作的重要环节，亲本选择得当，后代出现理想的类型多，更容易选出符合育种目标的优良子代。目前，亲本选择有传统亲本选择和分子标记选择。但是在林木上，大多数树种仍采用传统的亲本选择方法，主要依据表型性状、亲缘关系远近、适应性、配合力高低等进行选择。亲本选择原则具体如下：①枝叶中 10-DAB 含量高；②枝叶生物量大；③单株 10-DAB 累积量大；④亲本之一对培育地（四川以及西南地区）有良好的适应性；⑤选择地理起源、生态类型差异较大或亲缘关系较远的红豆杉树种做亲本。

4.2　杂交选育高含量 10-DAB 红豆杉新品种的可行性

杂交育种是培育新品种最常用、最成熟的方法之一。杂交可以使杂种后代综合双亲的优良性状，甚至产生杂种优势。目前，在林业生产上，杂交育种广泛应用于杨树、杉木、桉树等新品种的选育。通过对我国红豆杉枝叶中 10-DAB 测定分析，发现采用种子繁殖的红豆杉苗木，在幼龄时期（树龄＜4 年）枝叶中 10-DAB 含量可以达到0.100%左右，远高于扦插繁殖苗木的 10-DAB 含量，且接近欧洲红豆杉水平。因此通过杂交，尤其是不同红豆杉树种间的杂交，其种子繁殖的杂交子代很可能因为基因重组而产生枝叶中 10-DAB 含量更高的新类型。

相较世界其他地方，我国红豆杉树种资源最为丰富。同时，各红豆杉树种在长期生长、演化过程中分化出了各具特色的变异类型，其中不乏性状优良的优异种质，为通过杂交培育我国高含量 10-DAB 红豆杉新材料提供了大量可利用的遗传资源。另一方面，由于我国红豆杉树种间生境隔离、花期不遇等原因，不同红豆杉树种长期进化所形成的优良基因只能在种内流动，很难实现基因的种间交流。因此，通过人工控制授粉，打破红豆杉种间隔离，使优良基因得到充分交流，极有可能产生杂种优势，从而选育出枝叶 10-DAB 含量超过欧洲红豆杉的新类型。

10-DAB 作为一种二萜类紫杉烷类化合物，主要存在于红豆杉树种中。目前，红豆杉属有 11 种，其中大部分红豆杉树种 10-DAB 含量都较低，不足 0.100%（表 4-1），仅欧洲红豆杉枝叶中 10-DAB 含量达 0.15%~0.20%，是目前生产 10-DAB 的主要原料。

如能成功引种欧洲红豆杉，营建 10-DAB 药用原料林，我国 10-DAB 生产原料质量将达到国际先进水平。但是，由于资源保护以及防止外来物种入侵等多种原因，我国至今未能成功引种欧洲红豆杉，所需的 10-DAB 原料只能依靠从国外进口欧洲红豆杉干枝叶，今后能否引种欧洲红豆杉依然不能确定。

表 4-1　主要红豆杉树种枝叶中 10-DAB 含量　　　　　　　　　　　%

树种	云南红豆杉	西藏红豆杉	南方红豆杉	东北红豆杉	欧洲红豆杉	加拿大东北红豆杉	曼地亚红豆杉
10-DAB 含量	0.006~0.04	0.004~0.02	0.005~0.03	0.004~0.01	0.15~0.20	0.01~0.02	0.04~0.06

天然林选优后，通过扦插等无性繁殖手段对优树进行扩繁，建立采穗圃或种子园，是当今改良林木品质的主要方法。红豆杉作为一种多年生雌雄异株植物，采用此法提高其枝叶中 10-DAB 含量在理论上是可行的，但能否达到欧洲红豆杉水平，还需作具体分析。

（1）选优建设采穗圃提高我国红豆杉枝叶中 10-DAB 含量

我国 4 种红豆杉天然林枝叶中 10-DAB 含量均较低（表 4-1），其中 10-DAB 含量最低的云南红豆杉和南方红豆杉，平均值仅为 0.020% 左右（为欧洲红豆杉中 10-DAB 含量的 10% 左右），最大值也仅为 0.0442%（为欧洲红豆杉中 10-DAB 含量的 22% 左右）。因此，采用选优建设采穗圃，以无性繁殖的方式来提高现有红豆杉树种枝叶 10-DAB 含量，并达到欧洲红豆杉水平（0.15%~0.2%），理论上和实践上都不具备可行性。

（2）选优建设种子园提高我国红豆杉枝叶 10-DAB 含量

研究结果表明，采用种子繁殖红豆杉幼苗（树龄<4 年），枝叶中 10-DAB 含量最高可达 0.100% 左右，高于扦插繁殖苗木，低于欧洲红豆杉枝叶 10-DAB 含量（0.15%~0.2%）。但是，上述种子繁殖苗木均是从红豆杉天然林中采摘的种子，没有经过进一步的选择（如从优良林分中采种，从优树上采种等）。因此，理论上选优建设种子园，

采用种子繁殖，有可能进一步提高红豆杉幼苗枝叶中 10-DAB 含量，从而达到育种目标，但需做红豆杉资源调查、优树选择、杂交试验及后代测定等工作，工作量较大。

4.3　亲本选择

亲本选择是杂交育种过程的关键环节之一，亲本的好坏直接决定了杂交子代的优良性。目前，在进行亲本选择时，更多的是依据亲本选择原则，但在具体实施过程中，一方面难以对指标性状做到定性且定量分析，进而无法对亲本的性状做出全面且准确的把握，尤其是当遇到亲本较多时，难以迅速筛选出优良亲本，从而影响育种效率；另一方面，亲本选择原则更多的是只考虑某一性状，无法满足多目标育种要求，红豆杉作为一种重要的药用林木，其育种目标是多元的，既包括重要目标性状 10-DAB 含量，又要兼顾生长量等其它指标性状。

鉴于此，本研究通过构建灰色排序综合评定模型，对我国红豆杉各树种进行综合评价，在此基础上选择综合性状优良的树种作为杂交亲本。这样既能够定性且定量，简化选育过程，同时也克服了仅凭单一指标评价所带来的盲目性，最终科学、合理地选择杂交亲本。灰色排序综合评定模型(简称"灰色排序")基本原理及建立过程如下：

第一步：数据预处理

对各指标数据进行无量纲化处理。越大越好的性状选择上限公式，越小越好的性状选择下限公式，以适中为好的性状选择适中公式。

上限公式：

$$\gamma_i^k = \frac{\eta_i^k}{\max_i \eta_i^k} \tag{4-1}$$

下限公式：

$$\gamma_i^k = \frac{\min_i \eta_i^k}{\eta_i^k} \tag{4-2}$$

适中公式：

$$\gamma_i^k = \frac{\eta_{i0}^k}{\eta_{i0}^k + |\eta_{i0}^k - \eta_i^k|} \tag{4-3}$$

式中：η_i^k 表示第 k 个红豆杉树种第 i 个性状值；η_{i0}^k 表示第 k 个红豆杉树种第 i 个性状适中值；$\max_i \eta_i^k$ 表示第 i 个性状在所有红豆杉树种中的最大值；$\min_i \eta_i^k$ 表示第 i 个性状在所有红豆杉树种中的最小值。

第二步：计算各性状与最优序列差值　$\Delta_i^k = |1 - \gamma_i^k|$

第三步：计算各性状达标指数

取各性状与最优序列差值的两极差 M 和 m，其中，

$$M = \max_i \max_k \Delta_i^k \qquad m = \min_i \min_k \Delta_i^k \qquad (4-4)$$

则各性状的达标指数为

$$c_i^k = \frac{m + \tau M}{\Delta_i^k + \tau M} \qquad (4-5)$$

其中 τ 常取 0.5。

第四步：确定各性状权重系数 ω_i

第五步：灰色排序综合值

$$\rho_i = \sum_{k=1}^{n} c_i^k \omega_i \qquad (4-6)$$

4.4　基于灰色排序综合评定模型杂交亲本的确定

根据"2.2.3.2"计算出的 5 种红豆杉各树龄 10-DAB 含量、单株枝叶生物量、单株 10-DAB 累积量平均值，对其进行排序，结果见表 4-2。

表 4-2　不同树种各性状及其排序

树龄	指标	分类	云南红豆杉	西藏红豆杉	南方红豆杉	东北红豆杉	曼地亚红豆杉
2 年生	10-DAB 含量(%)	数值	0.106	0.060	0.101	0.047	0.104
		排序	1	4	3	5	2
	枝叶生物量(g)	数值	20.49	13.35	18.33	5.52	12.88
		排序	1	3	2	5	4
	单株累积量(g)	数值	0.022	0.008	0.018	0.003	0.013
		排序	1	4	2	5	3
3 年生	10-DAB 含量(%)	数值	0.081	0.043	0.072	0.038	0.075
		排序	1	4	3	5	2
	枝叶生物量(g)	数值	62.25	36.79	59.06	12.15	32.57
		排序	1	3	2	5	4
	单株累积量(g)	数值	0.050	0.016	0.043	0.005	0.024
		排序	1	4	2	5	3
4 年生	10-DAB 含量(%)	数值	0.042	0.026	0.038	0.024	0.040
		排序	1	4	3	5	2
	枝叶生物量(g)	数值	234.71	144.29	220.51	32.23	79.81
		排序	1	3	2	5	4
	单株累积量(g)	数值	0.099	0.038	0.084	0.008	0.032
		排序	1	3	2	5	4

（续）

树龄	指标	分类	云南红豆杉	西藏红豆杉	南方红豆杉	东北红豆杉	曼地亚红豆杉
5 年生	10-DAB 含量(%)	数值	0.026	0.012	0.019	0.010	0.027
		排序	2	4	3	5	1
	枝叶生物量(g)	数值	502.62	306.29	476.53	56.71	175.34
		排序	1	3	2	5	4
	单株累积量(g)	数值	0.130	0.037	0.091	0.006	0.047
		排序	1	4	2	5	3
6 年生	10-DAB 含量(%)	数值	0.018	0.008	0.015	0.007	0.019
		排序	2	4	3	5	1
	枝叶生物量(g)	数值	883.15	732.61	817.26	90.87	322.51
		排序	1	3	2	5	4
	单株累积量(g)	数值	0.159	0.058	0.121	0.006	0.061
		排序	1	4	2	5	3

从表 4-2 中可以看出，5 种红豆杉不同树龄各指标排序结果并不一致，不能直接判定性状优良的红豆杉树种。因此，采用灰色排序综合评定模型，对 5 个红豆杉树种的枝叶中 10-DAB 含量、枝叶生物量、单株 10-DAB 累积量等指标进行综合评判，将众多指标综合为一个整体进行比较分析，以综合性状的优劣对各红豆杉树种做出评价，选择综合性状优良的红豆杉树种作为杂交亲本。

由于本研究中枝叶中 10-DAB 含量、枝叶生物量和单株 10-DAB 累积量均以越大越好，故均采用上限公式对 3 个性状数据进行无量纲化处理，结果见表 4-3。

表 4-3　数据的无量纲化处理结果

树龄	指标	云南红豆杉	西藏红豆杉	南方红豆杉	东北红豆杉	曼地亚红豆杉
2 年生	10-DAB 含量(%)	1.000	0.566	0.953	0.443	0.981
	枝叶生物量(g)	1.000	0.652	0.895	0.269	0.629
	单株 10-DAB 累积量(g)	1.000	0.364	0.818	0.136	0.591
3 年生	10-DAB 含量(%)	1.000	0.531	0.889	0.469	0.926
	枝叶生物量(g)	1.000	0.591	0.949	0.195	0.523
	单株 10-DAB 累积量(g)	1.000	0.320	0.860	0.100	0.480
4 年生	10-DAB 含量(%)	1.000	0.619	0.905	0.571	0.952
	枝叶生物量(g)	1.000	0.615	0.939	0.137	0.340
	单株 10-DAB 累积量(g)	1.000	0.384	0.848	0.081	0.323
5 年生	10-DAB 含量(%)	0.963	0.444	0.704	0.370	1.000
	枝叶生物量(g)	1.000	0.609	0.948	0.113	0.349
	单株 10-DAB 累积量(g)	1.000	0.285	0.700	0.046	0.362

（续）

树龄	指标	云南红豆杉	西藏红豆杉	南方红豆杉	东北红豆杉	曼地亚红豆杉
6年生	10-DAB 含量（%）	0.947	0.421	0.789	0.368	1.000
	枝叶生物量（g）	1.000	0.830	0.925	0.103	0.365
	单株 10-DAB 累积量（g）	1.000	0.365	0.761	0.038	0.384

根据最优序列差值计算公式和表 4-3 中数据，计算各性状与最优序列差值。结果见表 4-4。

表 4-4　各性状与最优序列差值

树龄	指标	云南红豆杉	西藏红豆杉	南方红豆杉	东北红豆杉	曼地亚红豆杉
2年生	10-DAB 含量（%）	0.000	0.434	0.047	0.557	0.019
	枝叶生物量（g）	0.000	0.348	0.105	0.731	0.371
	单株 10-DAB 累积量（g）	0.000	0.636	0.182	0.864	0.409
3年生	10-DAB 含量（%）	0.000	0.469	0.111	0.531	0.074
	枝叶生物量（g）	0.000	0.409	0.051	0.805	0.477
	单株 10-DAB 累积量（g）	0.000	0.680	0.140	0.900	0.520
4年生	10-DAB 含量（%）	0.000	0.381	0.095	0.429	0.048
	枝叶生物量（g）	0.000	0.385	0.061	0.863	0.660
	单株 10-DAB 累积量（g）	0.000	0.616	0.152	0.919	0.677
5年生	10-DAB 含量（%）	0.037	0.556	0.296	0.630	0.000
	枝叶生物量（g）	0.000	0.391	0.052	0.887	0.651
	单株 10-DAB 累积量（g）	0.000	0.715	0.300	0.954	0.638
6年生	10-DAB 含量（%）	0.053	0.579	0.211	0.632	0.000
	枝叶生物量（g）	0.000	0.170	0.075	0.897	0.635
	单株 10-DAB 累积量（g）	0.000	0.635	0.239	0.962	0.616

由表 4-4 可见，最大性状差 $M = \max_i \max_k \Delta_i^k = 0.962$，最小性状差 $m = \min_i \min_k \Delta_i^k = 0$，进而求得各树种红豆杉性状的达标指数，结果见表 4-5。

表 4-5　不同树种各性状达标指数

树龄	指标	云南红豆杉	西藏红豆杉	南方红豆杉	东北红豆杉	曼地亚红豆杉
2年生	10-DAB 含量（%）	1.000	0.526	0.911	0.463	0.962
	枝叶生物量（g）	1.000	0.580	0.821	0.397	0.565
	单株 10-DAB 累积量（g）	1.000	0.431	0.725	0.358	0.540
3年生	10-DAB 含量（%）	1.000	0.506	0.813	0.475	0.867
	枝叶生物量（g）	1.000	0.540	0.904	0.374	0.502
	单株 10-DAB 累积量（g）	1.000	0.414	0.775	0.348	0.481

（续）

树龄	指标	云南红豆杉	西藏红豆杉	南方红豆杉	东北红豆杉	曼地亚红豆杉
4 年生	10-DAB 含量（%）	1.000	0.558	0.835	0.529	0.909
	枝叶生物量（g）	1.000	0.555	0.887	0.358	0.422
	单株 10-DAB 累积量（g）	1.000	0.438	0.760	0.344	0.415
5 年生	10-DAB 含量（%）	0.929	0.464	0.619	0.433	1.000
	枝叶生物量（g）	1.000	0.552	0.902	0.352	0.425
	单株 10-DAB 累积量（g）	1.000	0.402	0.616	0.335	0.430
6 年生	10-DAB 含量（%）	0.901	0.454	0.695	0.432	1.000
	枝叶生物量（g）	1.000	0.739	0.865	0.349	0.431
	单株 10-DAB 累积量（g）	1.000	0.431	0.668	0.333	0.438

　　由于反映不同红豆杉树种优良度的各指标的重要性不同，对各红豆杉树种进行综合评价时应赋予各指标不同的权重系数。本研究采用菲德尔法（专家评分法），确定各指标权重系数，见表4-6。

表 4-6　各指标权重

指标	10-DAB 含量	枝叶生物量	单株 10-DAB 累积量	合计
权重系数	0.5	0.2	0.3	1

　　根据灰色排序综合值计算公式，计算得到各树龄 5 个红豆杉树种的灰色排序综合值，并对其进行排序，结果见表4-7。根据灰色排序综合评定模型的原理，灰色排序综合值大小反映各红豆杉树种的优良度，灰色排序综合值越大，红豆杉树种的表现越优良，评定结果见表4-8。

表 4-7　红豆杉各树种综合评判结果

树龄	指标	云南红豆杉	西藏红豆杉	南方红豆杉	东北红豆杉	曼地亚红豆杉
2 年生	灰色排序综合值	1.000	0.508	0.837	0.418	0.756
	排序	1	4	2	5	3
3 年生	灰色排序综合值	1.000	0.485	0.820	0.417	0.678
	排序	1	4	2	5	3
4 年生	灰色排序综合值	1.000	0.521	0.823	0.439	0.663
	排序	1	4	2	5	3
5 年生	灰色排序综合值	0.965	0.463	0.675	0.387	0.714
	排序	1	4	3	5	2
6 年生	灰色排序综合值	0.951	0.504	0.721	0.386	0.718
	排序	1	4	2	5	3

表 4-8　红豆杉各树种等级评定结果

树种	云南红豆杉	西藏红豆杉	南方红豆杉	东北红豆杉	曼地亚红豆杉
树种优良度	较好	中等	较好	较差	较好

　　树龄为 5 年生时各红豆杉树种的灰色排序综合值 ρ_i 大小顺序均为：云南红豆杉>曼地亚红豆>南方红豆杉>西藏红豆杉>东北红豆杉；其他树龄各红豆杉树种的灰色排序综合值 ρ_i 大小顺序均为：云南红豆杉>南方红豆杉>曼地亚红豆杉>西藏红豆杉>东北红豆杉。云南红豆杉、南方红豆杉和曼地亚红豆杉各树龄的灰色排序综合值 ρ_i >0.600，树种优良度为较好；西藏红豆杉各树龄的灰色排序综合值 ρ_i 介于 0.485～0.521，树种优良度为中等；东北红豆杉各树龄的灰色排序综合值 ρ_i <0.500，树种优良度为较差。

　　在红豆杉杂交育种亲本选择上，总的要求是选取 10-DAB 含量高、枝叶生物量大、单株 10-DAB 累积量大的树种做亲本，既要追求 10-DAB 含量高，又必须满足枝叶生物量和单株 10-DAB 累积量大等要求。通过灰色排序综合评定结果，云南红豆杉、南方红豆杉和曼地亚红豆杉综合性状优良，同时 3 种红豆杉符合亲本选择原则。综上所述，选择云南红豆杉、南方红豆杉和曼地亚红豆杉作为亲本开展杂交试验。

第五章

红豆杉花粉技术

5.1 开花物候调查

亲本开花物候观察是开展杂交育种工作的重要环节。研究表明，不同树种、同一树种的不同种源及不同年份的开花物候期均不尽相同。因此，开展杂交亲本开花物候观察，可准确掌握父本花粉的成熟期、散粉期和母本雌花的可授期，以便适时收集花粉及人工授粉，从而完成杂交工作。

通过对红豆杉开花物候观察，确定红豆杉杂交亲本最佳采粉和授粉时期及特征；分析探讨红豆杉杂交亲本雌雄花花期的同步性。

5.1.1 观测品种与调查地概况

本次调查所选品种为人工种植的云南红豆杉、南方红豆杉和曼地亚红豆杉。

南方红豆杉和曼地亚红豆杉种植于都江堰市石羊镇红豆杉基地，云南红豆杉种植于四川省宜宾市南溪区马家乡红豆杉基地，试验地概况见"2.2.1"。

5.1.2 观测标准株确定

从人工种植云南红豆杉、南方红豆杉和曼地亚红豆杉的基地选择生长健壮、无病虫害、已开花结果且花量大的 3 种红豆杉雌雄植株各 10 株，共计 60 株，作为本次物候观测的标准株。

5.1.3 观测时间与方法

于 2012~2013 年，连续两年开展开花物候观测，红豆杉球花的花期判定方法见表 5-1。调查时先观察标准株的全冠、全株物候相的表现，然后重点观测标准株的树冠中部阳面标准枝，以确定其各物候期出现的时间。根据各红豆杉不同的生长发育阶段，安排不同的观察次数。在花粉临近成熟、雌花接近可授期时，每天观察一次，其他时间每隔 5d 观察一次。

表 5-1　红豆杉雄球花和雌球花散粉期特征

花期		特　征
雄花	初花期	轻碰枝条有少量的花粉散出，但小孢子叶球仍包被较紧
	盛花期	小孢子叶球已松软，轻碰枝条散出大量的花粉
	终花期	花粉散尽，小孢子叶球枯萎，变褐
雌花	初花期	顶端一轮珠鳞张开，可见胚珠
	盛花期	胚珠鲜润，可见胚珠口顶端透明液珠
	终花期	珠鳞完全增厚，闭合

5.1.4　结果与分析

通过对红豆杉基地 3 种红豆杉的开花物候期观测，结果见表 5-2。

表 5-2　云南红豆杉、南方红豆杉和曼地亚红豆杉的开花物候期

开花物候期		云南红豆杉		南方红豆杉		曼地亚红豆杉	
		2012	2013	2012	2013	2012	2013
初花期	雄花	1 月 10 日	1 月 8 日	1 月 17 日	1 月 14 日	1 月 20 日	1 月 19 日
	雌花	1 月 16 日	1 月 12 日	1 月 24 日	1 月 22 日	1 月 28 日	1 月 26 日
盛花期	雄花	1 月 30 日至 2 月 6 日	1 月 28 日至 2 月 3 日	2 月 13~20 日	2 月 11~18 日	2 月 16~22 日	2 月 14~19 日
	雌花	2 月 11~22 日	2 月 8~19 日	2 月 20~28 日	2 月 16~23 日	2 月 24 日至 3 月 1 日	2 月 22~27 日
终花期	雄花	2 月 27 日	2 月 28 日	3 月 15 日	3 月 13 日	3 月 19 日	3 月 15 日
	雌花	3 月 3 日	3 月 1 日	3 月 20 日	3 月 19 日	3 月 22 日	3 月 19 日

云南红豆杉、南方红豆杉和曼地亚红豆杉均为雌雄异株植物，观测结果表明，云南红豆杉雌雄花成熟最早，南方红豆杉和曼地亚红豆杉花期较为接近。云南红豆杉雄球花，花期 1~2 月底，盛花期 1 月 28 日至 2 月 6 日；雌球花稍晚，花期 1 月至 3 月初，盛花期为 2 月 8~22 日。南方红豆杉雄球花，花期 1 月至 3 月中旬，盛花期 2 月 11~20 日；雌球花花期 1 月至 3 月底，盛花期为 2 月 16~28 日。曼地亚红豆杉雄球花，花期 1 月至 3 月下旬，盛花期 2 月 14~22 日；雌球花花期 1 月至 3 月下旬，盛花期为 2 月 22 日至 3 月 1 日。

通过观察，红豆杉雄花盛花期的前 2~3d 是采集花粉最佳时期，此时雄球花变为深黄色，轻碰枝条有少量的花粉散出，但小孢子叶球仍包被较紧，将带有小孢子叶球的枝条剪下，室内阴干，待其自然散粉即可采集到大量花粉。同时，对红豆杉雌花观察发现，3 种红豆杉部分雌球花的突起结构上有液滴形成，可能便于沾着雄花散出的花粉，以完成其授粉过程。因此，当大部分雌球花突起结构上有液滴形成时，此时是雌花授粉的最佳时期。

综上所述，通过对云南红豆杉、南方红豆杉和曼地亚红豆杉雌雄株开花物候调查发现，南方红豆杉雄花和曼地亚红豆杉雌花不存在花期不遇，可以直接人工采集南方红豆杉花粉后无须贮藏直接人工控制授粉即可。但是，云南红豆杉雄花花期较南方红豆杉、曼地亚红豆杉雌花花期早近 20d，因此当南方红豆杉和曼地亚红豆杉雌花在盛花期时，云南红豆杉花粉已基本散尽。因此，必须在云南红豆杉雄花盛花期前收集足够花粉，贮藏后再通过人工控制授粉，才能保证授粉成功。

5.2 离体萌发法和 TTC 染色法条件的确定

在杂交育种工作中，当涉及亲本花期不遇时，会给杂交工作带来一定的困难。克服亲本花期不遇的最好方法就是收集足够的花粉，在适宜的条件下贮藏起来，保持花粉生活力直到雌花进入可授期完成人工授粉工作。在使用贮藏的花粉开展人工授粉之前，应先对其进行生活力的测定，这是保证杂交成功的关键步骤。相关学者对植物花粉生活力的测定方法进行了大量研究，目前常用的测定方法包括染色测定法、离体萌发测定法和田间授粉测定法等。其中，离体萌发法能够准确反映花粉生活力，但前提是花粉培养条件要适合有生命力的花粉萌发；染色法测定花粉生活力迅速简便，但其准确性和可靠性有待验证；田间授粉测定法准确可靠，但工作量大，时间长。

采用离体萌发法和 TTC 染色法，研究云南红豆杉花粉不同贮藏条件下生活力随贮藏时间的变化规律及其贮藏最适宜的温度条件，为保证红豆杉杂交工作的顺利开展奠定基础。

2013 年 1 月，剪取云南红豆杉雄株上带有成熟但未散粉小孢子叶球的枝条带回实验室。将其置于室内硫酸纸上 12~24h，待其散粉后收集花粉，装入干燥试管。

5.2.1 离体萌发法条件确定

5.2.1.1 试验方法

培养基配制：参照王呈伟等设置花粉离体培养基的组成，培养基的配置方法：200mg/L Ca(NO$_3$)$_2$+某一浓度蔗糖+某一浓度硼酸。试验因素及水平设计见表 5-3。

表 5-3　离体萌发法测定花粉生活力的因素水平表

试验因素	水 平		
	1	2	3
蔗糖(A)(g/L)	50	100	150
H$_3$BO$_3$(B)(mg/L)	70	100	130
培养时间(C)(d)	3	4	5

具体步骤：①将凹型载玻片和培养皿通过酒精棉擦拭消毒，以消除污染；②将配好的液体培养基滴于凹型载玻片孔内；③用小毛笔将采集的新鲜花粉均匀抖落于不同培养基上；④将载玻片放入垫有湿润滤纸的培养皿中，盖上培养皿，置于30℃恒温箱内培养。每处理设置3个载玻片，每个载玻片随机选择5个视野进行观察，每个视野不少于50粒花粉。以花粉管萌发状况作为判别花粉是否有活力的标准，记录有活力和无活力的花粉数，结果取平均值。

离体萌发法的花粉生活力的计算公式为：

$$花粉萌发率(\%)=(萌发的花粉数/花粉总数)\times100\%$$

5.2.1.2　花粉萌发培养条件优化

对不同培养条件(不同蔗糖浓度、不同硼酸浓度以及不同培养时间)下的云南红豆杉花粉萌发率进行测定，分别计算每个视野有活力的花粉数占总花粉数的百分比，再求每个重复的平均值，结果见表5-4。

表5-4　云南红豆杉花粉在不同的培养时间和不同的培养基中的萌发状况

培养时间(d)	蔗糖浓度(g/L)	硼酸浓度(mg/L)	花粉萌发率(%)
3	50	70	26.32
		100	39.98
		130	32.34
	100	70	41.86
		100	51.56
		130	43.73
	150	70	33.42
		100	46.23
		130	37.29
4	50	70	47.03
		100	64.58
		130	57.44
	100	70	67.15
		100	82.13
		130	69.21
	150	70	59.47
		100	66.93
		130	61.28
5	50	70	51.14
		100	69.14
		130	63.06

（续）

培养时间（d）	蔗糖浓度（g/L）	硼酸浓度（mg/L）	花粉萌发率（%）
5	100	70	69.87
		100	79.15
		130	72.14
	150	70	55.31
		100	58.22
		130	55.09

（1）影响花粉离体萌发率因素分析

蔗糖浓度和硼酸浓度对花粉离体萌发率的影响如图 5-1、图 5-2 所示。

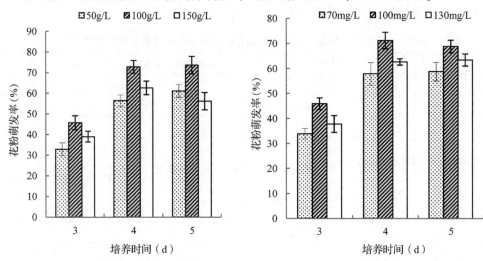

图 5-1　蔗糖浓度对花粉萌发率的影响　　图 5-2　硼酸浓度对花粉萌发率的影响

从表 5-4 可见，云南红豆杉花粉在不同的培养条件（不同培养基、不同培养时间）下，花粉的萌发率不尽相同。同时，不同浓度的蔗糖和硼酸对花粉的萌发作用不同。从不同因素对花粉萌发率的影响来看（图 5-1），随着蔗糖浓度增加，云南红豆杉花粉萌发率均表现出先增加后降低的趋势，由此表明低浓度蔗糖对云南红豆杉花粉萌发起促进作用，浓度过高会抑制花粉萌发；硼酸对云南红豆杉花粉萌发的影响也是表现出低浓度促进花粉萌发，高浓度抑制花粉萌发（图 5-2）。

（2）影响花粉离体萌发率方差分析

对影响花粉萌发率的 3 个因素（蔗糖浓度、硼酸浓度、培养时间）作多因素方差分析，结果见表 5-5。

表 5-5　方差分析表

差异来源	平方和	自由度	均方	F 值	P 值
校正模型	5275.042①	6	879.174	62.409	0.000
截距	83452.265	1	83452.265	5923.970	0.000
蔗糖	1001.335	2	500.668	35.541	0.000
硼酸	641.190	2	320.595	22.758	0.000
培养时间	3632.517	2	1816.259	128.930	0.000
误差	281.744	20	14.087		
总计	89009.051	27			
校正的总计	5556.786	26			

① $R^2 = 0.949$

由方差分析可得，3 个因素均对云南红豆杉花粉萌发率的影响达到极显著水平（$P<0.01$），说明其对云南红豆杉花粉萌发起到至关重要的作用。

（3）花粉萌发率影响因素参数估计

对不同培养条件下的云南红豆杉花粉萌发率进行因素参数估计，结果见表 5-6。

表 5-6　影响因素参数估计

因素	水平	平均值	均方误差	95%置信区间	
				最低	最高
蔗糖（A）	1	50.114	4.592	40.636	59.593
	2	64.089	4.592	54.611	73.567
	3	52.582	4.592	43.104	62.060
硼酸（B）	1	50.174	4.770	40.329	60.020
	2	61.991	4.770	52.145	71.837
	3	54.620	4.770	44.774	64.466
培养时间（C）	1	39.192	2.985	33.032	45.352
	2	63.913	2.985	57.753	70.074
	3	63.680	2.985	57.520	69.840

由表 5-6 可知，蔗糖浓度的最高估值出现在 100g/L，花粉萌发率达到 73.567%；硼酸浓度的最高估值出现在 100mg/L，花粉萌发率可达 71.837%；培养时间的最高估值出现在 4d，花粉萌发率达到 70.074%。因此，可以确定云南红豆杉花粉萌发的最优培养条件为：蔗糖 100g/L，硼酸 100mg/L，并配以 $Ca(NO_3)_2$ 200mg/L，培养 4d。

5.2.2　TTC 染色法条件确定
5.2.2.1　试验方法

试验采用 TTC 染色法，对 TTC 的浓度、染液 pH 和染色时间进行筛选。试验因素及水平设计见表 5-7。

表 5-7　染色法测定花粉生活力的因素水平表

试验因素	水平		
	1	2	3
TTC 浓度(g/L)(A)	2.5	5.0	10.0
pH(B)	6.0	6.5	7.0
染色时间(h)(C)	1.5	2.0	2.5

具体步骤：①将配好的 TTC 溶液滴于载玻片上；②用小毛笔将采集的新鲜花粉均匀抖落于不同的 TTC 溶液上；③盖上盖玻片后，将载玻片放入 30℃恒温箱内。每处理设置 3 个载玻片，每个载玻片随机选择 5 个视野进行观察，每个视野不少于 50 粒花粉。红色花粉为有活力，无色的花粉则没有活力。记录有活力和无活力的花粉数，结果取平均值。

TTC 染色法的花粉生活力计算公式：

$$花粉生活力(\%)=(染色的花粉数/花粉总数)×100\%$$

5.2.2.2　花粉萌发培养条件优化

对不同染色条件(TTC 浓度、不同 pH 以及不同染色时间)下的云南红豆杉花粉生活力进行测定，分别计算每个视野有活力的花粉数占总花粉数的百分比，再求得每个重复的平均值。结果见表 5-8。同时，对影响花粉染色的因素进行分析，结果见图 5-3、图 5-4。

表 5-8　不同的染色时间、不同的 TTC 溶液染色后云南红豆杉花粉生活力状况

染色时间(h)	TTC 浓度(g/L)	pH	花粉生活力(%)
1.5	2.5	6.0	27.69
		6.5	33.17
		7.0	47.52
	5	6.0	28.54
		6.5	57.36
		7.0	82.04
	10	6.0	31.42
		6.5	54.26
		7.0	83.15
2.0	2.5	6.0	35.84
		6.5	39.78
		7.0	55.21

（续）

染色时间(h)	TTC 浓度(g/L)	pH	花粉生活力(%)
2.0	5	6.0	39.51
		6.5	55.37
		7.0	86.13
	10	6.0	39.83
		6.5	58.56
		7.0	86.97
2.5	2.5	6.0	43.21
		6.5	47.23
		7.0	58.23
	5	6.0	45.25
		6.5	62.10
		7.0	86.15
	10	6.0	49.47
		6.5	67.85
		7.0	87.12

（1）影响 TTC 染色效果因素分析

TTC 浓度和 pH 对花粉生活力的影响如图 5-3、图 5-4 所示。

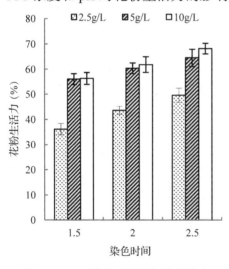

图 5-3　TTC 浓度对花粉生活力影响　　　图 5-4　pH 对花粉生活力影响

由表 5-8 可见，云南红豆杉花粉在不同的染色条件（不同 TTC 浓度、不同 pH 和不同染色时间）下，测得的花粉的生活力不尽相同。同时，不同 TTC 浓度、不同 pH 对花粉生活力测定结果的影响也不相同。从不同因素对花粉生活力的影响来看，随着 TTC 浓度增加，测得的云南红豆杉花粉生活力也随之增加（图 5-3）；pH 对云南红豆杉花粉生活力的影响和 TTC 相类似(图 5-4)。

(2)影响 TTC 染色效果因素方差分析

为分析 TTC 浓度、pH 和染色时间对花粉生活力影响关系,对影响花粉生活力的 3 个因素(TTC 浓度、pH 和染色时间)作多因素方差分析,结果见表 5-9。

表 5-9　方差分析表

差异来源	平方和	自由度	均方	F 值	P 值
校正模型	8797.224[①]	6	1466.204	29.591	0.000
截距	81890.742	1	81890.742	1652.728	0.000
TTC 浓度	1947.019	2	973.510	19.647	0.000
pH	6255.141	2	3127.571	63.121	0.000
染色时间	595.064	2	297.532	6.005	0.000
误差	990.976	20	49.549		
总计	91678.943	27			
校正的总计	9788.201	26			

注:$R^2 = 0.899$

由方差分析知,TTC 浓度、pH 和染色时间均对花粉生活力的影响达到极显著水平($P<0.01$),说明 3 个因素均对云南红豆杉花粉生活力的检测起到至关重要的作用。

(3)影响 TTC 染色效果因素参数估计

对不同染色条件(不同 TTC 浓度、不同 pH 和不同染色时间)下云南红豆杉花粉生活力进行因素参数估计,结果见表 5-10。

表 5-10　影响因素参数估计

因素	水平	平均值	均方误差	95%置信区间	
				最低	最高
TTC 浓度(A)	1	43.098	6.025	30.663	55.533
	2	60.272	6.025	47.837	72.707
	3	61.848	6.025	49.413	74.283
pH(B)	1	37.640	4.044	29.293	45.987
	2	52.853	4.044	44.506	61.200
	3	74.724	4.044	66.377	83.072
染色时间(C)	1	49.239	6.524	35.774	62.703
	2	55.244	6.524	41.780	68.709
	3	60.734	6.524	47.270	74.199

由表 5-10 可见,TTC 浓度的最高估值出现在 10g/L,所测得的生活力达到 74.283%;pH 的最高估值出现在 7,所测得的生活力可达 83.072%;染色时间的最高估值出现在 2.5h,所测得的生活力达到 74.199%。因此,确定 TTC 染色法检测云南红豆杉花粉生活

力的最佳条件为：TTC 浓度为 10g/L、pH 为 7，在 30℃恒温箱中培养 2.5h。

5.3　贮藏温度对红豆杉花粉生活力的影响

5.3.1　花粉贮藏及生活力测定

将装有新鲜花粉的试管放入干燥器，分别置于室温、4℃、-4℃、-15℃共计 4 个不同温度的条件下，贮藏期间每隔 10d 用本试验所确定的花粉萌发的最佳培养基以及最佳的 TTC 检测条件分别对贮藏花粉的生活力进行测定，结果如图 5-5 和图 5-6 所示。

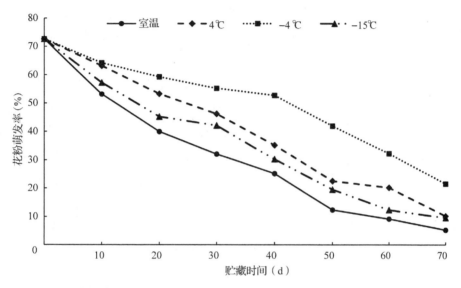

图 5-5　离体萌发法测定各温度条件下不同贮藏时间云南红豆杉的花粉生活力

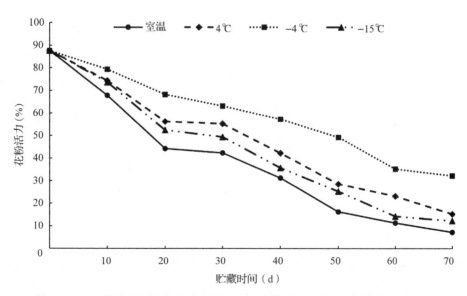

图 5-6　TTC 染色法测定各温度条件下不同贮藏时间云南红豆杉的花粉生活力

上述测定结果表明，采用 TTC 染色法和离体萌发法测得的云南红豆杉花粉生活力的变化趋势基本相似，TTC 染色法获得的检测结果均高于离体萌发法；不同贮藏温度条件下花粉生活力的衰减速度不尽相同。

从两种方法测得的结果对比分析来看，采用 TTC 法测得的花粉生活力高于离体萌发法，但二者检测花粉生活力随时间的变化趋势基本相同。TTC 染色法可以直接检测云南红豆杉花粉的生活力水平，操作简便、快捷，2h 基本稳定，可用于花粉生活力的快速测定。但是，TTC 染色法常常将部分无活力的花粉染色误计入有活力的一类，从而增大了观察值及试验误差。离体萌发法优点是检测的数据准确可靠，可直接区分有生活力和无生活力的花粉，缺点是需要配置适合的培养基以及特定的温度，同时时间消耗过长，因而在需要快速测定时具有较大局限性。综合分析认为两种检测方法测定云南红豆杉花粉各有优缺点，应根据实际情况选择使用。

从花粉生活力随时间变化趋势来看，云南红豆杉花粉在 4 种贮藏条件下，其活力变化趋势表现出相同的规律，即均随着贮藏时间的增加而下降。从花粉生活力在不同贮藏条件下衰减速度来看，-4℃条件下贮藏的云南红豆杉花粉生活力下降最为缓慢，表明-4℃条件下贮藏效果最好，可以有效延缓花粉生活力的丧失。在贮藏的第 70d 时，室温、4℃和-15℃条件下花粉生活力均较低，不足 10%，而-4℃条件下的花粉仍具有一定的花粉生活力，仍可达 20% 以上。

相关研究表明，对父本来说，要求具有活力的花粉，花粉生活力宜在 10% 以上。本研究通过云南红豆杉花粉离体培养试验表明，在-4℃贮藏一个月后，花粉生活力仍可达 50% 以上，可满足授粉对于花粉生活力的需要。

5.3.2 讨论

在适宜的条件下贮藏花粉，并测定其生活力可以在一定程度上拓宽杂交选择的范围，同时确保获得一定数量的杂种后代。花粉生活力测定主要包括染色测定法、离体萌发测定法和田间授粉测定法等。由于田间授粉法工作量大，时间长，且受外界因素影响大等原因，目前测定花粉生活力检测常用染色法和离体萌发法。

对于离体萌发法，已有研究表明，在离体培养基中配比一定量的硼酸、蔗糖，可以有效促进花粉的萌发。本研究中，蔗糖浓度、硼酸浓度均对云南红豆杉花粉萌发的影响达到极显著水平，也证实了这一点。其原因是由于蔗糖不仅作为渗透调节剂调节着花粉与培养液之间的渗透平衡，还提供了花粉萌发和花粉管伸长所需的营养；而硼酸可以促进果胶物质合成（花粉管膜主要成分），进而促进花粉管萌发和花粉伸长。对于 TTC 染色法，本研究结果表明 TTC 浓度和 pH 对云南红豆杉花粉生活力检测结果具有极显著的影响，而 TTC 染色法的原理是具有生活力花粉内的脱氢酶就可以将 TTC 作为受氢体使之还原成为三苯甲腙而呈红色。由此表明，在 TTC 染液染色过程中，适宜的 TTC 浓度和 pH 可促进氧化还原反应的进行。

本研究表明，采用离体萌发法和 TTC 染色法均可以对云南红豆杉花粉生活力进行检测，但是 TTC 染色法所测结果高于离体培养法，其原因是由于 TTC 染色法是依据花粉粒中的脱氢酶的活性来判定花粉生活力，其中部分能够染色的花粉并不一定能够萌发。同时，二者检测云南红豆杉花粉生活力随贮藏时间的变化趋势是一致的，说明可以相互印证。Stanley 认为采用离体萌发法是测定花粉生活力最可靠的方法，因为其可以人工模拟花粉真实的萌发环境。赵鸿杰等也认为，以花粉管伸长作为判定花粉是否具有生活力更为科学，在杂交育种中应优先使用。而 TTC 染色法由于其简便的优点，通常被用于快速检测花粉活力。对于云南红豆杉花粉生活力测定，TTC 染色法是一种可以快速检测花粉生活力的方法，其检测手段也较为简便，但所测结果偏高；而花粉离体萌发法是以花粉管萌发作为判定花粉生活力的指标，因而所测结果最直观，也最可靠，但花费时间较多。在实际应用中，应根据实际情况选择使用。

花粉生活力受自身遗传特性和外界环境的影响。外界环境包括温度、湿度以及光照等，其中温度是影响花粉生活力的主要因素。低温条件可以有效减弱花粉的呼吸强度以及减少可溶性糖、有机酸的消耗，从而减缓花粉生活力的衰减速度。目前，低温贮藏是保持花粉生活力较为理想的方式，大多数植物的花粉贮藏均采用此方式。程广友等对不同贮藏条件下东北红豆杉花粉生活力研究表明，不同贮藏温度条件下花粉生活力存在显著差异，室温条件下 7 周全部丧失生活力，而在 3℃冰箱中贮藏 2 个月或在−10℃冰柜中贮藏 4 个月，具有生活力的东北红豆杉花粉仍有 20% 以上；王呈伟等研究得到曼地亚红豆杉花粉最适宜的贮藏温度为 0℃；胡君艳等对不同贮藏温度条件下银杏花粉活力变化研究表明，4℃冰箱冷藏保存其花粉，其生活力下降速度较慢，且曲线平缓。本研究表明，−4℃是云南红豆杉贮藏的较为适宜的温度，可以有效减缓云南红豆杉花粉生活力的下降速度，为保障杂交试验的顺利开展以及大量杂种种子的获得奠定了基础。

近年来，随着贮藏技术不断进步，超低温储藏技术在其他植物上的应用逐渐兴起，主要是采用−80℃和−196℃对花粉进行储藏，具有保存效果好、保存时间长等特点。目前研究认为，在对花粉进行超低温储藏时，要先进行预处理，如对花粉进行干燥脱水、适当的低温锻炼或冰冻保护剂的使用等，其中花粉含水量水平是实现其超低温保存的关键因素。不同树种花粉对于含水量的要求范围有所不同。核桃为 7.5% 以下，像红椿木、魔芋和番茄等不经过干燥脱水，可以直接投入液氮保存，这可能与不同物种自身遗传特性有关。王呈伟等对曼地亚红豆杉开展−80℃和−196℃的超低温贮藏，结果储藏 3d 的花粉全部失去活力，究其原因，可能是由于在超低温储藏前没有进行干燥等预处理，也有可能是由于红豆杉花粉本身不适合超低温储藏，后续还需继续开展相关研究。

第六章

红豆杉子代性状

6.1 杂交子代性状分析

通过开展林木种间杂交，可以拓宽林木改良的遗传基础，获得遗传变异丰富的子代，对提高林木生产品质卓有成效。目前，红豆杉不同树种间由于生境隔离、花期不遇等原因，各树种长期进化所形成的优良基因只能在种内流动，很难实现基因的种间交流。因此，通过开展红豆杉种间杂交，可以综合双亲的优良性状，甚至产生杂种优势。但是，得到杂种子代只是杂交育种的部分工作，为了得到稳定和真正遗传上的优良性状，必须对杂交子代性状进行测定及分析，再有目标地进行选择。

前文研究表明，红豆杉枝叶中10-DAB含量与树龄有着密切联系，在幼龄(树龄<4年)有着较高的含量，随着树龄增加下降至较低水平，因而在红豆杉杂交子代各指标性状测定分析上，对树龄为2~4年的杂交子代进行全面测定。另一方面，由于红豆杉枝叶中10-DAB含量随树龄增加而逐年下降的变化特点，以无性繁殖方式获得的红豆杉苗木，其枝叶中10-DAB含量均较低，无生产利用价值。而种子繁殖的苗木，则具有显著优势，可以获得更大的收益。为了保持杂种子代的优良性状，突出选择的价值，在优良杂种子代选择上，应考虑杂交组合间的选择。

本章以前文所确定的红豆杉优良亲本及组合，开展杂交育种工作。同时，对各杂交组合子代2~4年生苗木枝叶中10-DAB含量、枝叶生物量和单株10-DAB累积量进行测定及分析。

6.1.1 材料与方法

6.1.1.1 杂交组合

通过"2.3.2"对我国红豆杉各树龄枝叶中10-DAB含量分析可知，云南红豆杉、南方红豆杉和曼地亚红豆杉同一树种之间杂交的子代枝叶10-DAB含量最高为0.1%，低于育种目标(10-DAB含量>0.2%)，故本次试验只开展种间杂交试验。同时，为了缩短试验时间和降低工作量，本试验采用先开花的作父本，后开花的作母本，具体杂交组合见表6-1。

表 6-1　亲本及杂交组合

亲　本	杂交组合
云南红豆杉	曼地亚红豆杉×云南红豆杉
曼地亚红豆杉	曼地亚红豆杉×南方红豆杉
南方红豆杉	南方红豆杉×云南红豆杉

6.1.1.2　植物材料

曼地亚红豆杉：我国从加拿大引进的 4 个雌性无性系(曼地亚红豆杉 1 号无性系、2 号无性系、3 号无性系、4 号无性系)。种植于都江堰胥家镇红豆杉基地，树龄 15 年左右。

南方红豆杉：人工种植的实生雌株，种植于都江堰胥家镇红豆杉基地，树龄 20 年左右。

云南红豆杉花粉采集于都江堰石羊镇红豆杉基地人工种植的云南红豆杉实生雄株，树龄 9 年左右。

南方红豆杉花粉采集于都江堰石羊镇红豆杉基地人工种植的南方红豆杉实生雄株，树龄 20 年左右。

6.1.1.3　试验设计

试验设计具体见表 6-2。

表 6-2　试验设计及编号

母　本		父　本	组合编号
曼地亚红豆杉	曼地亚红豆杉 1 号无性系	云南红豆杉	M1×Y
	曼地亚红豆杉 2 号无性系		M2×Y
	曼地亚红豆杉 3 号无性系		M3×Y
	曼地亚红豆杉 4 号无性系		M4×Y
	曼地亚红豆杉 1 号无性系	南方红豆杉	M1×N
	曼地亚红豆杉 2 号无性系		M2×N
	曼地亚红豆杉 3 号无性系		M3×N
	曼地亚红豆杉 4 号无性系		M4×N
南方红豆杉	南方红豆杉 1 号无性系	云南红豆杉	N1×Y
	南方红豆杉 2 号无性系		N2×Y
	南方红豆杉 3 号无性系		N3×Y
	南方红豆杉 4 号无性系		N4×Y

6.1.1.4　试验地概况

人工杂交试验地选择在都江堰胥家镇红豆杉基地，该基地位于都江堰市以东，距市区 10km。该地海拔 700m 左右，属亚热带湿润季风气候区，年均降水量 1243mm，年均温 15.2℃，年平均日照时数 1045h，无霜期 269d。土壤类型为黄壤。经过清理，基地内及周边已无红豆杉雄株。

杂种苗木培育及造林地位于都江堰石羊镇红豆杉基地，其地理气候概况见"2.2.1"。

6.1.1.5 试验方法

（1）杂种种子获得

本研究于 2013 年开始人工杂交授粉预试验。为了获得足够的种子及苗木数量，保证测定分析工作的顺利开展，之后开展了连续 3 年的杂交授粉试验。

花粉采集：1 月以"5.1.3"所选取的 10 株云南红豆杉雄树为花粉采集植株，分别剪取带有成熟但未散粉小孢子叶球的枝条带回实验室。将其置于室内硫酸纸上 12～24h，待其散粉后收集花粉，混匀后于−4℃贮藏备用。2 月以"5.1.3"所选取的 10 株南方红豆杉雄树为花粉采集植株，分别剪取带有成熟但未散粉小孢子叶球的枝条带回实验室。将其置于室内硫酸纸上 12～24h，待其散粉后收集花粉，混匀。

雌株选择：在红豆杉基地，挑选长势正常、健壮、无病虫害的曼地亚红豆杉雌株和南方红豆杉雌株，其中曼地亚红豆杉每个无性系各挑选 2 株，南方红豆杉挑选 4 株，挂牌做好标记。

人工控制授粉：在"5.2"所确定的曼地亚红豆杉和南方红豆杉雌株最佳授粉期内，即当大部分雌球花突起结构上有液滴形成时，将预先采集并贮藏的 10 株云南红豆杉混合花粉取出，按照 1∶5000（花粉∶水）比例用清水调制好花粉液，并加入硼酸和蔗糖（100mg/L 硼酸和 100g/L 蔗糖）混匀，用喷雾器对选定的红豆杉雌株喷雾授粉连续三次，每三天一次。南方红豆杉花粉在采集 10 株花粉混合后可直接按照相同的配比配置花粉液，用喷雾器对选定的曼地亚红豆杉雌株喷雾授粉连续 3 次，每 3 天 1 次。

种子采收及处理：当年 8～9 月，从曼地亚红豆杉树上采收成熟种子；11～12 月，从南方红豆杉树上采收成熟种子。去除假种皮，得到种子。然后，对杂种种子进行沙藏及催芽处理。

（2）杂种苗木培育

次年经过沙藏及催芽处理的杂种种子发芽，即可进行播种。具体育苗技术见"2.2.2.1"。

（3）子代林培育试验设计

试验材料的栽植采用完全随机区组设计。将经过 1 年培育的杂交子代移栽至地势平坦，具有相同或相似立地条件的地段。为尽量减少立地条件差异的影响，将试验区划分为 3 个重复栽植小区，栽植株行距为 0.5m×0.5m。由于对每个杂交组合的子代不同年龄（2～4 年）和年内不同月份间（每两月 1 次）10-DAB 含量的测定需要经过 18 次收获取样，每个组合收获 3 株，则 12 个杂交组合总共需要栽植 3（株）×12（组合）×18（收获）×

3(小区)= 1944 株，再加 10%保险系数，则全部试验总共应栽植 2138 株。整个试验期间，水肥条件保持一致。具体操作及移栽后抚育管理措施及方法见"2.2.2.2"。

（4）样品采集

本研究取样工作于 2016 年 2 月下旬开始，到 2018 年 12 月截止，开展各杂交组合子代苗木取样工作。每两个月进行一次，采用随机取样的方式每次分别选取各杂交组合的子代各 3 株，重复 3 次，共计 9 株/（杂交组合·树龄·月），分别剪下每株的全部枝叶，做好标记，备用。

（5）测定指标及方法

选取与"第二章"相同的指标（枝叶中 10-DAB 含量、枝叶生物量和单株 10-DAB 累积量）。具体测定方法及计算见"2.2.3.2"。

6.1.2　红豆杉杂交组合子代性状与分析

6.1.2.1　枝叶中的 10-DAB 含量

（1）曼地亚红豆杉×云南红豆杉

以 2~4 年生的 M1×Y、M2×Y、M3×Y 和 M4×Y 子代为材料，按照"6.1.1.5"试验方法采集样品和测定枝叶中 10-DAB 含量，并对不同月份测定的 3 个重复值结果求平均值，分别得到 4 个杂交组合子代 2~4 年生不同月份枝叶中 10-DAB 含量，结果见表 6-3，同时对不同杂交组合、不同树龄枝叶中 10-DAB 含量作显著性分析，结果见表 6-4。根据测定结果开展的不同树龄枝叶中 10-DAB 含量对比分析，结果见图 6-1，4 个杂交组合的子代枝叶中 10-DAB 含量在树龄为 2~4 年的变化趋势如图 6-2 所示。

表 6-3　曼地亚红豆杉×云南红豆杉不同组合不同树龄枝叶中 10-DAB 含量　　　　%

不同组合	月份	树龄		
		2 年生	3 年生	4 年生
M1×Y	2	0.258	0.273	0.053
	4	0.269	0.275	0.054
	6	0.303	0.294	0.055
	8	0.323	0.312	0.059
	10	0.341	0.338	0.069
	12	0.320	0.302	0.063
M2×Y	2	0.240	0.249	0.043
	4	0.251	0.249	0.047
	6	0.279	0.277	0.049
	8	0.288	0.286	0.052
	10	0.317	0.313	0.063
	12	0.283	0.278	0.052

（续）

不同组合	月份	树龄		
		2 年生	3 年生	4 年生
M3×Y	2	0.264	0.281	0.049
	4	0.272	0.284	0.051
	6	0.306	0.296	0.055
	8	0.327	0.317	0.061
	10	0.349	0.341	0.076
	12	0.312	0.299	0.061
M4×Y	2	0.244	0.261	0.051
	4	0.258	0.269	0.052
	6	0.279	0.277	0.055
	8	0.311	0.291	0.057
	10	0.326	0.322	0.069
	12	0.308	0.302	0.055

表 6-4　曼地亚红豆杉×云南红豆杉不同组合、不同树龄间枝叶中 10-DAB 含量方差分析

差异来源		平方和	自由度	均方	F 值	P 值	显著性
不同组合间	树龄为 2 年生时不同杂交组合间	0.003	3	0.001	1.094	0.375	
	树龄为 3 年生时不同杂交组合间	0.003	3	0.001	1.704	0.198	
	树龄为 4 年生时不同杂交组合间	0.0002	3	0.0001	1.475	0.252	
不同树龄间	M1×Y 红豆杉不同树龄间	0.234	2	0.117	206.924	0.000	＊＊
	M2×Y 红豆杉不同树龄间	0.202	2	0.101	217.808	0.000	＊＊
	M3×Y 红豆杉不同树龄间	0.240	2	0.120	218.136	0.000	＊＊
	M4×Y 红豆杉不同树龄间	0.213	2	0.107	198.161	0.000	＊＊

注：＊为 $P<0.05$ 水平显著，＊＊为 $P<0.01$ 水平极显著。

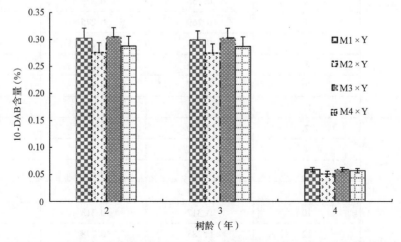

图 6-1　曼地亚红豆杉×云南红豆杉子代不同树龄枝叶中 10-DAB 含量比较

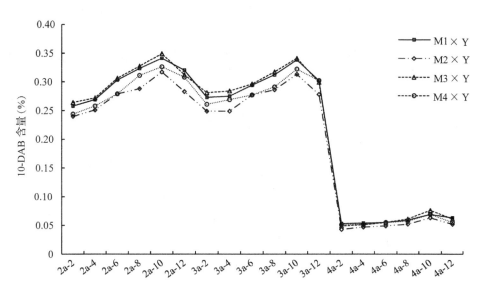

图 6-2 曼地亚红豆杉×云南红豆杉不同组合子代 2~4 年生枝叶中 10-DAB 含量变化趋势

（注：2a-2 表示树龄为 2 年生第 2 个月）

由上述测定结果与统计分析知，各杂交组合子代枝叶中 10-DAB 含量均超过欧洲红豆杉水平(树龄<4 年)。杂交组合间枝叶中 10-DAB 含量存在一定的差异，但差异不显著。同时各杂交组合枝叶中 10-DAB 含量与树龄、季节密切相关，具体如下：

从不同杂交组合上看，在树龄为 2~3 年时，除 2 年生的 12 月以及 3 年生 12 月，其他生长时期均以 M3×Y 子代枝叶中 10-DAB 含量较高，M1×Y 和 M4×Y 次之，M2×Y 最低，4 个杂交组合子代枝叶中 10-DAB 含量最高分别可达 0.341%、0.317%、0.349% 和 0.326%。树龄为 4 年生时，4 个杂交组合子代枝叶中 10-DAB 含量均较低，最高依次为 0.069%、0.063%、0.076 和 0.069%。显著性分析表明，树龄为 2~4 年生时，4 个杂交组合子代枝叶中 10-DAB 含量差异均不显著($P>0.05$)。

从树龄上看，4 个杂交组合子代枝叶中 10-DAB 的含量均随树龄增长表现出相同的变化趋势，即在 2~3 年生时，10-DAB 含量最高，依次可达 0.302%、0.276%、0.305% 和 0.288%。4 年生时，各红豆杉杂交组合枝叶中 10-DAB 含量均不足 0.080%。显著性分析表明，各杂交组合子代各树龄间枝叶中 10-DAB 含量存在极显著差异($P<0.01$)。

从季节上看，各杂交组合子代枝叶中 10-DAB 含量均受到季节的影响，且表现出相同的变化趋势。从 2 月开始到 6 月 10-DAB 含量呈现缓慢递增趋势，6 月到 10 月呈现加速增长趋势，在 10 月各树龄 4 个杂交组合子代枝叶中 10-DAB 含量均达到一年中的最大值，M1×Y 子代 2~4 年枝叶中 10-DAB 含量分别可达 0.341%、0.338%、0.069%，M2×Y 子代 2~4 年枝叶中 10-DAB 含量分别可达 0.317%、0.313%、0.063%，M3×Y 子代 2~4 年枝叶中 10-DAB 含量分别可达 0.349%、0.341%、0.076%，M4×Y 子代 2~

4 年枝叶中 10-DAB 含量分别可达 0.326%、0.322%、0.069%。10 月之后枝叶中 10-DAB 呈现下降趋势。

综上，以云南红豆杉做父本，曼地亚红豆杉不同无性系做母本得到的杂交子代枝叶中 10-DAB 含量均较高，树龄为 2~3 年时可达 0.240%~0.349%，表现出明显的杂种优势，远高于我国红豆杉枝叶中 10-DAB 含量，也超过欧洲红豆杉枝叶中 10-DAB 含量水平。同时，4 个杂交组合之间枝叶中 10-DAB 含量具有一定的差异，但差异不显著。

（2）曼地亚红豆杉×南方红豆杉

以 2~4 年生的 M1×N、M2×N、M3×N 和 M4×N 子代为材料，按照"6.1.1.5"试验方法采集样品和测定枝叶中 10-DAB 含量，并对不同月份测定的 3 个重复值结果求平均值，分别得到 4 个杂交组合子代 2~4 年生不同月份枝叶中 10-DAB 含量，结果见表 6-5，同时对不同杂交组合、不同树龄枝叶中 10-DAB 含量作显著性分析，结果见表 6-6。根据测定结果开展的不同树龄枝叶中 10-DAB 含量对比分析，结果见图 6-3；4 个杂交组合的子代枝叶中 10-DAB 含量在树龄为 2~4 年的变化趋势见图 6-4。

表 6-5　曼地亚红豆杉×南方红豆杉不同组合 2~4 年生不同月份枝叶中 10-DAB 含量　　　%

不同组合	月份	树龄		
		2 年生	3 年生	4 年生
M1×N	2	0.102	0.112	0.030
	4	0.105	0.114	0.030
	6	0.115	0.117	0.035
	8	0.135	0.124	0.045
	10	0.144	0.132	0.059
	12	0.120	0.103	0.041
M2×N	2	0.085	0.097	0.025
	4	0.087	0.099	0.027
	6	0.095	0.101	0.031
	8	0.110	0.110	0.041
	10	0.127	0.121	0.050
	12	0.109	0.103	0.042
M3×N	2	0.088	0.095	0.030
	4	0.088	0.099	0.030
	6	0.103	0.102	0.033
	8	0.115	0.110	0.035
	10	0.123	0.122	0.039
	12	0.109	0.100	0.034

（续）

不同组合	月份	树龄		
		2年生	3年生	4年生
M4×N	2	0.097	0.100	0.028
	4	0.099	0.102	0.030
	6	0.110	0.107	0.033
	8	0.125	0.118	0.040
	10	0.133	0.125	0.052
	12	0.115	0.101	0.039

表6-6　曼地亚红豆杉×南方红豆杉不同组合、不同树龄间枝叶中10-DAB含量方差分析

差异来源		平方和	自由度	均方	F 值	P 值	显著性
不同组合间	树龄为2年生时不同杂交组合间	0.001	3	0.0004	1.759	0.187	
	树龄为3年生时不同杂交组合间	0.001	3	0.0002	2.028	0.142	
	树龄为4年生时不同杂交组合间	0.0001	3	0.00004	0.564	0.645	
不同树龄间	M1×N 红豆杉不同树龄间	0.025	2	0.012	74.467	0.000	＊＊
	M2×N 红豆杉不同树龄间	0.018	2	0.009	62.940	0.000	＊＊
	M3×N 红豆杉不同树龄间	0.020	2	0.010	96.934	0.000	＊＊
	M4×N 红豆杉不同树龄间	0.022	2	0.011	85.441	0.000	＊＊

注：＊为 $P<0.05$ 水平显著，＊＊为 $P<0.01$ 水平极显著。

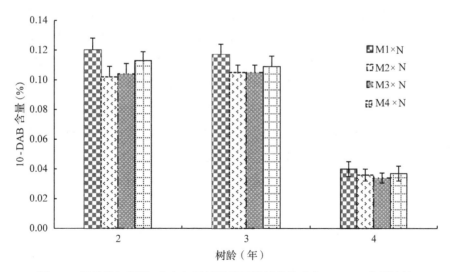

图6-3　曼地亚红豆杉×南方红豆杉子代不同树龄枝叶中10-DAB含量比较

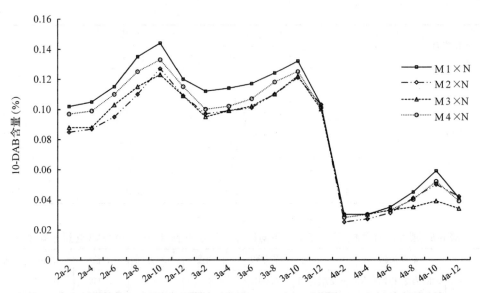

图 6-4　曼地亚红豆杉×南方红豆杉不同组合子代 2~4 年生枝叶中 10-DAB 含量变化趋势

（注：2a-2 表示树龄为 2 年生第 2 个月）

由上述测定结果与统计分析可知，各杂交组合枝叶中 10-DAB 含量超过我国红豆杉水平。各杂交组合间枝叶中 10-DAB 含量存在着一定差异，但差异不显著。同时各杂交组合枝叶中 10-DAB 含量与树龄、季节密切相关，具体如下：

从不同杂交组合上看，各生长时期总体上以 M1×N 子代枝叶中 10-DAB 含量较高，M4×N 子代次之，M2×N 和 M3×N 子代相对较低。在树龄为 2~3 年时，4 个杂交组合子代枝叶中 10-DAB 含量最高分别可达 0.144%、0.127%、0.123% 和 0.133%，高于我国红豆杉枝叶中 10-DAB 含量。树龄为 4 年生时，4 个杂交组合子代枝叶中 10-DAB 含量均较低，最高依次为 0.059%、0.050%、0.039 和 0.052%。显著性分析表明，树龄为 2~4 年生时，4 个杂交组合子代枝叶中 10-DAB 含量差异均不显著（$P>0.05$）。

从树龄上看，4 个杂交组合子代枝叶中 10-DAB 的含量均随树龄增长表现出相同的变化趋势，即在 2~3 年生时年均 10-DAB 含量最高，依次可达 0.120%、0.105%、0.105% 和 0.113%。4 年生时，各红豆杉杂交组合枝叶中 10-DAB 含量均不足 0.041%。显著性分析表明，各杂交组合子代各树龄间枝叶中 10-DAB 含量存在极显著差异（$P<0.01$）。

从季节上看，各杂交组合子代枝叶中 10-DAB 含量均受到季节的影响，且表现出相同的变化趋势。从 2 月开始到 6 月 10-DAB 含量呈现缓慢递增趋势，6 月到 10 月呈现加速增长趋势，在 10 月各树龄 4 个杂交组合子代枝叶中 10-DAB 含量均达到最大值，M1×N 子代 2~4 年枝叶中 10-DAB 含量分别为 0.144%、0.132%、0.059%；M2×N 子代 2~4 年枝叶中 10-DAB 含量分别为 0.127%、0.121%、0.050%；M3×N 子代 2~4 年枝叶中 10-DAB 含量分别为 0.123%、0.122%、0.039%；M4×N 子代 2～4 年枝叶中 10-DAB 含量分别为 0.133%、0.125%、0.052%。10 月之后枝叶中 10-DAB 呈现下降趋势。

综上，以南方红豆杉做父本，曼地亚红豆杉不同无性系做母本得到的杂交子代枝叶中 10-DAB 含量均较高，树龄为 2～3 时可达 0.085%～0.144%，表现出明显的杂种优势，高于我国红豆杉枝叶中 10-DAB 含量。同时，这 4 个杂交组合之间枝叶中 10-DAB 含量具有一定的差异，但差异不显著。

（3）南方红豆杉×云南红豆杉

以 2～4 年生的 N1×Y、N2×Y、N3×Y 和 N4×Y 子代为材料，按照"4.2.4"试验方法采集样品和测定枝叶中 10-DAB 含量，并对不同月份测定的 3 个重复值结果求平均值，分别得到 4 个杂交组合子代 2～4 年生不同月份枝叶中 10-DAB 含量，结果见表 6-7，同时对不同杂交组合、不同树龄枝叶中 10-DAB 含量作显著性分析，结果见表 6-8。根据测定结果开展的不同树龄枝叶中 10-DAB 含量对比分析，结果见图 6-5，4 个杂交组合的子代枝叶中 10-DAB 含量在树龄为 2～4 年的变化趋势见图 6-6。

表 6-7　南方红豆杉×云南红豆杉不同组合不同树龄枝叶中 10-DAB 含量　　　　%

不同组合	月份	树龄		
		2 年生	3 年生	4 年生
N1×Y	2	0.187	0.193	0.033
	4	0.190	0.195	0.035
	6	0.209	0.204	0.042
	8	0.219	0.214	0.059
	10	0.238	0.228	0.073
	12	0.205	0.202	0.052
N2×Y	2	0.179	0.182	0.035
	4	0.184	0.186	0.035
	6	0.196	0.195	0.039
	8	0.208	0.200	0.048
	10	0.219	0.205	0.059
	12	0.191	0.192	0.039
N3×Y	2	0.175	0.184	0.030
	4	0.178	0.187	0.033
	6	0.195	0.191	0.038
	8	0.204	0.199	0.046
	10	0.211	0.205	0.065
	12	0.193	0.193	0.045

（续）

不同组合	月份	树龄		
		2 年生	3 年生	4 年生
N4×Y	2	0.187	0.190	0.033
	4	0.189	0.192	0.035
	6	0.202	0.200	0.039
	8	0.214	0.212	0.047
	10	0.232	0.226	0.069
	12	0.205	0.200	0.045

表 6-8　南方红豆杉×云南红豆杉不同组合、不同树龄间枝叶中 10-DAB 含量方差分析

差异来源		平方和	自由度	均方	F 值	P 值	显著性
不同组合间	树龄为 2 年生时不同杂交组合间	0.001	3	0.0003	1.166	0.348	
	树龄为 3 年生时不同杂交组合间	0.001	3	0.0003	2.192	0.121	
	树龄为 4 年生时不同杂交组合间	0.0002	3	0.0001	0.327	0.806	
不同树龄间	N1×Y 红豆杉不同树龄间	0.100	2	0.050	195.055	0.000	＊＊
	N2×Y 红豆杉不同树龄间	0.093	2	0.046	358.979	0.000	＊＊
	N3×Y 红豆杉不同树龄间	0.090	2	0.045	323.483	0.000	＊＊
	N4×Y 红豆杉不同树龄间	0.102	2	0.051	240.107	0.000	＊＊

注：＊为 $P<0.05$ 水平显著，＊＊为 $P<0.01$ 水平极显著。

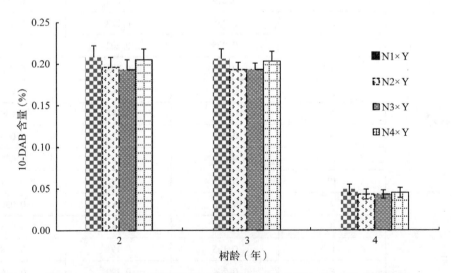

图 6-5　南方红豆杉×云南红豆杉子代不同树龄枝叶中 10-DAB 含量比较

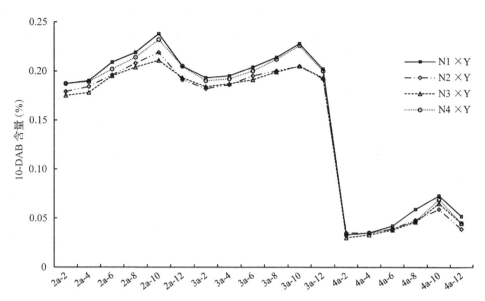

图 6-6　南方红豆杉×云南红豆杉不同组合子代 2~4 年生枝叶中 10-DAB 含量变化趋势

(注：2a-2 表示树龄为 2 年生第 2 个月)

由上述测定结果与统计分析可知，各杂交组合子代枝叶中 10-DAB 含量均达到或超过欧洲红豆杉水平(树龄<4 年)。各杂交组合间枝叶中 10-DAB 含量存在着一定的差异，但差异不显著。同时各杂交组合枝叶中 10-DAB 含量与树龄、季节密切相关，具体如下：

从不同杂交组合上看，在树龄为 2~3 年时，以 N1×Y 子代枝叶中 10-DAB 含量较高，在此时期 4 个杂交组合子代枝叶中 10-DAB 含量最高分别可达 0.238%、0.219%、0.211%和0.232%，高于我国红豆杉枝叶中 10-DAB 含量，也达到欧洲红豆杉水平。树龄为 4 年生时，4 个杂交组合子代枝叶中 10-DAB 含量均较低，最高依次为 0.073%、0.059%、0.065 和0.069%。显著性分析表明，树龄为 2~4 年生时，4 个杂交组合子代枝叶中 10-DAB 含量差异均不显著(P>0.05)。

从树龄上看，4 个杂交组合子代枝叶中 10-DAB 的含量均随树龄增长表现出相同的变化趋势，即在 2~3 年生时，年均 10-DAB 含量最高，依次可达 0.208%、0.196%、0.193%和0.205%。树龄为 4 年生时，各红豆杉杂交组合枝叶中 10-DAB 含量不足0.050%。显著性分析表明，各杂交组合子代各树龄间枝叶中 10-DAB 含量存在极显著差异(P<0.01)。

从季节上看，各杂交组合子代枝叶中 10-DAB 含量均受到季节的影响，且表现出相同的变化趋势。从 2 月开始到 6 月 10-DAB 含量呈现缓慢递增趋势，从 6 月到 10 月呈现加速增长趋势，在 10 月各树龄 4 个杂交组合子代枝叶中 10-DAB 含量均达到最大值，N1×Y 子代 2~4 年枝叶中 10-DAB 含量分别可达 0.238%、0.228%、0.073%；

N2×Y 子代 2~4 年枝叶中 10-DAB 含量分别可达 0.219%、0.205%、0.059%；N3×Y 子代 2~4 年枝叶中 10-DAB 含量分别可达 0.211%、0.205%、0.065%；N4×Y 子代 2~4 年枝叶中 10-DAB 含量分别可达 0.232%、0.226%、0.069%。10 月之后枝叶中 10-DAB 呈现下降趋势。

综上所述，以云南红豆杉做父本，南方红豆杉做母本得到的杂交子代枝叶中 10-DAB 含量均较高，树龄为 2~3 生时可达 0.179%~0.238%，表现出明显的杂种优势，高于我国红豆杉枝叶中 10-DAB 含量，达到或超过欧洲红豆杉枝叶中 10-DAB 含量水平。同时，4 个杂交组合之间枝叶中 10-DAB 含量具有一定的差异，但差异不显著。

(4) 曼地亚红豆杉×云南红豆杉、曼地亚红豆杉×南方红豆杉和南方红豆杉×云南红豆杉对比分析

对比各杂交组合可知(图 6-7)，总体上以曼地亚红豆杉×云南红豆杉杂交子代枝叶中 10-DAB 含量最大，南方红豆杉×云南红豆杉次之，曼地亚红豆杉×南方红豆杉最小。

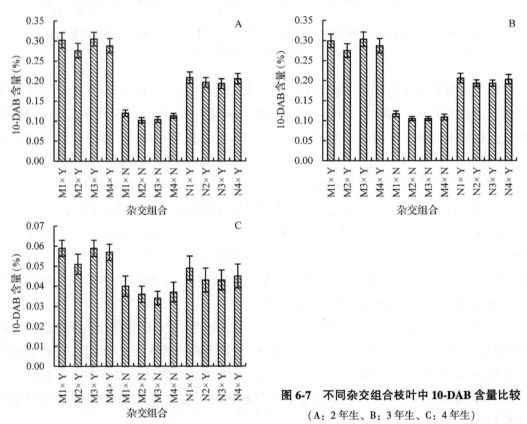

图 6-7　不同杂交组合枝叶中 10-DAB 含量比较

（A：2 年生、B：3 年生、C：4 年生）

幼龄时期(树龄<4 年)，曼地亚红豆杉×云南红豆杉子代枝叶中 10-DAB 含量可达 0.240%~0.349%，超过欧洲红豆杉水平；南方红豆杉×云南红豆杉枝叶中 10-DAB 含量为 0.175%~0.238%，达到或超过欧洲红豆杉水平；曼地亚红豆杉×南方红豆杉枝叶中 10-DAB 含量为 0.085%~0.144%，达到或超过我国现有红豆杉水平。显著性分析表

明树龄为 2~4 年各组合间枝叶中 10-DAB 含量差异达到极显著水平($P<0.01$)。

表 6-9　同一树龄不同杂交组合间枝叶中 10-DAB 含量方差分析

差异来源	平方和	自由度	均方	F 值	P 值	显著性
树龄为 2 年生时不同杂交组合间	0.407	11	0.037	74.771	0.000	＊＊
树龄为 3 年生时不同杂交组合间	0.402	11	0.037	142.653	0.000	＊＊
树龄为 4 年生时不同杂交组合间	0.005	11	0.0005	4.810	0.00003	＊＊

注：＊为 $P<0.05$ 水平显著，＊＊为 $P<0.01$ 水平极显著。

6.1.2.2　枝叶生物量

（1）曼地亚红豆杉×云南红豆杉

以 2~4 年生的 M1×Y、M2×Y、M3×Y 和 M4×Y 子代为材料，按照"6.1.1.5"试验方法采集样品和测定枝叶生物量，并对不同月份测定的 3 个重复值结果求平均值，分别得到 4 个杂交组合子代 2~4 年生不同月份枝叶生物量，结果见表 6-10。对不同杂交组合、不同树龄枝叶生物量作显著性分析，结果见表 6-11。

表 6-10　曼地亚红豆杉×云南红豆杉不同组合不同树龄枝叶生物量　　　　g/株

不同组合	月份	树龄 2 年生	树龄 3 年生	树龄 4 年生
M1×Y	2	9.25	21.51	62.28
	4	10.02	22.94	73.14
	6	12.95	30.82	105.31
	8	14.59	38.17	157.21
	10	16.01	43.94	212.39
	12	18.03	52.14	223.81
M2×Y	2	13.41	26.31	79.32
	4	14.01	28.28	88.97
	6	15.49	42.13	131.08
	8	19.23	51.88	188.36
	10	21.33	63.29	240.37
	12	23.31	69.12	260.81
M3×Y	2	12.33	23.59	72.33
	4	12.64	24.33	82.69
	6	14.51	37.85	125.84
	8	18.69	48.82	179.08
	10	19.52	58.91	228.32
	12	21.13	65.58	244.38

（续）

不同组合	月份	树龄		
		2 年生	3 年生	4 年生
M4×Y	2	11.01	22.99	65.94
	4	11.57	23.29	76.11
	6	13.22	31.83	109.68
	8	16.97	39.02	162.47
	10	18.53	46.30	211.38
	12	20.51	55.21	225.31

表 6-11 曼地亚红豆杉×云南红豆杉不同组合、不同树龄间枝叶生物量方差分析

	差异来源	平方和	自由度	均方	F 值	P 值	显著性
不同组合间	树龄为 2 年生时不同杂交组合间	60.500	3	20.167	1.386	0.276	
	树龄为 3 年生时不同杂交组合间	569.022	3	189.674	0.809	0.504	
	树龄为 4 年生时不同杂交组合间	2618.144	3	872.715	0.168	0.917	
不同树龄间	M1×Y 红豆杉不同树龄间	54119.552	2	27059.776	16.200	0.000	＊＊
	M2×Y 红豆杉不同树龄间	72757.324	2	36378.662	17.410	0.000	＊＊
	M3×Y 红豆杉不同树龄间	65256.785	2	32628.393	17.187	0.000	＊＊
	M4×Y 红豆杉不同树龄间	55112.687	2	27556.343	17.043	0.000	＊＊

注：＊为 $P<0.05$ 水平显著，＊＊为 $P<0.01$ 水平极显著。

由上述测定结果与统计分析可知，4 个杂交组合子代枝叶生物量均达到或超过我国红豆杉树种枝叶生物量水平；各杂交组合间枝叶生物量存在着一定的差异，但差异不显著；各杂交子代枝叶生物量与树龄、季节密切相关，具体如下：

从不同杂种组合上看，各树龄枝叶生物量均以 M2×Y 子代较高，各树龄大小顺序为 M2×Y>M4×Y>M3×Y>M1×Y。树龄为 2~3 年生时，4 个杂交组合子代枝叶生物量分别可达 52.14g、69.12g、65.58g 和 55.21g。各杂交组合枝叶生物量均达到或超过我国红豆杉树种枝叶生物量水平。显著性分析表明，树龄为 2~4 年，4 个杂交组合子代枝叶生物量差异不显著（ $P>0.05$ ）。

从树龄上看，4 个杂交组合子代枝叶生物量均随树龄的增长而增加。树龄为 2~3 年时，最大的 M2×Y 子代枝叶生物量为 70g 左右。4 个杂交组合子代随树龄的增加其生长量呈现出逐渐增大的趋势，M1×Y 子代 2~4 年的枝叶生物量年增长可以分别达到 8.78g、30.63g、161.53g；M2×Y 子代 2~4 年的枝叶生物量年增长可以分别达到 9.9g、42.81g、181.49g；M3×Y 子代 2~4 年的枝叶生物量年增长可以分别达到 8.8g、41.99g、172.05g；M4×Y 子代 2~4 年的枝叶生物量年增长可以分别达到 9.5g、

32.22g、159.37g。各杂交组合子代不同树龄间枝叶生物量差异极显著($P<0.01$)。

从季节上看，4个杂交组合子代枝叶生物量增长量均受季节的影响，且各树龄4个杂交组合子代随季节表现出相同的变化趋势。其中4~10月为生长旺盛期，M1×Y子代2~4年这一阶段枝叶生物量分别占全年生长量的68.22%、68.56%、86.21%；M2×Y子代2~4年这一阶段枝叶生物量分别占全年生长量的93.94%、95.40%、94.68%；M3×Y子代2~4年这一阶段枝叶生物量分别占全年生长量的78.18%、82.35%、84.64%；M4×Y子代2~4年这一阶段枝叶生物量分别占全年生长量的73.26%、71.42%、84.88%。10月以后，各杂交组合子代生长速度逐渐放缓。

（2）曼地亚红豆杉×南方红豆杉

以2~4年生的M1×N、M2×N、M3×N和M4×N子代为材料，按照集样品和测定枝叶生物量，并对不同月份测定的3个重复值结果求平均值，分别得到4个杂交组合子代2~4年生不同月份枝叶生物量，结果见表6-12。对不同杂交组合、不同树龄枝叶生物量作显著性分析，结果见表6-13。

表6-12　曼地亚红豆杉×南方红豆杉不同组合不同树龄枝叶生物量　　　　g/株

不同组合	月份	树龄		
		2年生	3年生	4年生
M1×N	2	9.87	22.34	52.33
	4	10.22	24.15	56.14
	6	12.91	26.28	82.19
	8	15.26	36.10	96.31
	10	15.93	44.02	125.58
	12	17.03	47.32	137.52
M2×N	2	9.33	15.31	46.14
	4	9.51	16.88	51.79
	6	10.27	22.30	70.85
	8	12.02	30.08	93.08
	10	13.15	39.39	122.17
	12	13.52	43.31	131.05
M3×N	2	11.37	19.52	52.21
	4	11.96	21.09	57.05
	6	12.09	34.15	79.05
	8	14.82	45.81	95.08
	10	15.52	47.17	124.81
	12	16.52	50.36	136.14

（续）

不同组合	月份	树龄		
		2 年生	3 年生	4 年生
M4×N	2	9.53	15.53	48.58
	4	9.56	16.11	53.63
	6	10.52	24.31	73.50
	8	11.31	34.14	92.39
	10	12.83	40.29	121.14
	12	13.02	45.22	133.25

表 6-13　曼地亚红豆杉×南方红豆杉不同组合、不同树龄间枝叶生物量方差分析

差异来源		平方和	自由度	均方	F 值	P 值	显著性
不同组合间	树龄为 2 年生时不同杂交组合间	35.055	3	11.685	2.380	0.100	
	树龄为 3 年生时不同杂交组合间	269.586	3	89.862	0.606	0.619	
	树龄为 4 年生时不同杂交组合间	141.928	3	47.309	0.038	0.990	
不同树龄间	M1×N 红豆杉不同树龄间	19798.942	2	9899.471	21.864	0.000	＊＊
	M2×N 红豆杉不同树龄间	18384.749	2	9192.374	19.478	0.000	＊＊
	M3×N 红豆杉不同树龄间	18798.836	2	9399.418	20.303	0.000	＊＊
	M4×N 红豆杉不同树龄间	18880.964	2	9440.482	20.512	0.000	＊＊

注：＊为 $P<0.05$ 水平显著，＊＊为 $P<0.01$ 水平极显著。

由上述测定结果与统计分析可知，4 个杂交组合子代枝叶生物量均低于我国云南红豆杉和南方红豆杉；各杂交组合间枝叶中 10-DAB 含量存在着一定的差异，但差异不显著；各杂交子代枝叶生物量与树龄、季节密切相关，具体如下：

从不同杂种组合上看，4 个杂种组合子代枝叶生物量均低于我国云南红豆杉和南方红豆杉枝叶生物量，高于曼地亚红豆杉和东北红豆杉。各树龄枝叶生物量均以 M1×N 和 M3×N 子代较高。树龄为 2~3 年生时，4 个杂交组合子代枝叶生物量分别为 47.32g、43.31g、50.36g 和 45.22g。显著性分析表明，树龄为 2~4 年，4 个杂交组合子代枝叶生物量差异不显著（$P>0.05$）。

从树龄上看，4 个杂交组合子代枝叶生物量均随树龄的增长而增加。树龄为 2~3 年时，最大的 M3×N 子代枝叶生物量为 50g 左右。4 个杂交组合子代随树龄的增加其生长量呈现出逐渐增大的趋势，M1×N 子代 2~4 年的枝叶生物量年增长可以分别为 7.16g、24.98g、85.19g；M2×N 子代 2~4 年的枝叶生物量年增长可以分别为 4.19g、28.00g、84.91g；M3×N 子代 2~4 年的枝叶生物量年增长可以分别为 5.15g、30.84g、83.93g；M4×N 子代 2~4 年的枝叶生物量年增长可以分别为 3.49g、29.69g、84.67g。

各杂交组合子代不同树龄间枝叶生物量差异极显著($P<0.01$)。

从季节上看，4 个杂交组合子代枝叶生物量增长量均受季节的影响，且各树龄 4 个杂交组合子代随季节表现出相同的变化趋势。其中 4~10 月为生长旺盛期，M1×N 子代 2~4 年这一阶段枝叶生物量分别占全年生长量的 79.75%、79.54%、81.51%；M2×N 子代 2~4 年这一阶段枝叶生物量分别占全年生长量的 86.87%、80.39%、82.89%；M3×N 子代 2~4 年这一阶段枝叶生物量分别占全年生长量的 69.13%、84.57%、80.73%；M4×N 子代 2~4 年这一阶段枝叶生物量分别占全年生长量的 93.70%、81.44%、79.73%。10 月以后，各杂交组合子代生长速度逐渐放缓。

（3）南方红豆杉×云南红豆杉

以 2~4 年生的 N1×Y、N2×Y、N3×Y 和 N4×Y 子代为材料，集样品和测定枝叶生物量，并对不同月份测定的 3 个重复值结果求平均值，分别得到 4 个杂交组合子代 2~4 年生不同月份枝叶生物量，结果见表 6-14。对不同杂交组合、不同树龄枝叶生物量作显著性分析，结果见表 6-15。

表 6-14　南方红豆杉×云南红豆杉不同组合不同树龄枝叶生物量　　　　g/株

不同组合	月份	树龄		
		2 年生	3 年生	4 年生
N1×Y	2	15.50	33.66	88.17
	4	17.06	37.43	95.15
	6	20.85	49.74	153.04
	8	24.49	63.69	219.03
	10	26.09	70.82	269.41
	12	26.98	76.36	292.86
N2×Y	2	12.59	25.69	79.58
	4	14.02	28.39	90.36
	6	16.25	37.17	142.29
	8	19.05	49.11	205.99
	10	20.74	58.73	261.02
	12	23.89	65.41	272.97
N3×Y	2	16.05	32.64	79.67
	4	17.12	35.12	88.01
	6	19.35	47.99	139.59
	8	23.14	67.17	192.55
	10	25.81	70.11	239.09
	12	26.14	74.87	262.19

（续）

不同组合	月份	树龄		
		2 年生	3 年生	4 年生
N4×Y	2	15.02	30.87	81.03
	4	16.29	32.69	90.65
	6	19.58	45.53	143.34
	8	22.19	60.72	203.66
	10	24.11	65.37	263.97
	12	24.58	68.43	275.28

表 6-15　南方红豆杉×云南红豆杉不同组合、不同树龄间枝叶生物量方差分析

差异来源		平方和	自由度	均方	F 值	P 值	显著性
不同组合间	树龄为 2 年生时不同杂交组合间	58.448	3	19.483	1.016	0.406	
	树龄为 3 年生时不同杂交组合间	477.437	3	159.146	0.531	0.666	
	树龄为 4 年生时不同杂交组合间	1138.009	3	379.336	0.055	0.983	
不同树龄间	N1×Y 红豆杉不同树龄间	90643.489	2	45321.745	16.967	0.000	＊＊
	N2×Y 红豆杉不同树龄间	85540.564	2	42770.282	17.474	0.000	＊＊
	N3×Y 红豆杉不同树龄间	69794.395	2	34897.197	16.703	0.000	＊＊
	N4×Y 红豆杉不同树龄间	82136.666	2	41068.333	16.566	0.000	＊＊

注：＊为 $P<0.05$ 水平显著，＊＊为 $P<0.01$ 水平极显著。

由上述测定结果与统计分析可知，4 个杂交组合子代枝叶生物量均达到或超过我国红豆杉树种枝叶生物量水平；各杂交组合间枝叶中 10-DAB 含量存在着一定的差异，但差异不显著；各杂交子代枝叶生物量与树龄、季节密切相关，具体如下：

从不同杂种组合上看，各树龄枝叶生物量均以 N1×Y 子代较高，N3×Y 子代较低，具体顺序为 N1×Y>N4×Y>N3×Y>N2×Y。树龄为 2~3 年生时，4 个杂交组合子代枝叶生物量分别可达 76.36g、65.41g、74.87g 和 68.43g。各杂交组合枝叶生物量均达到或超过我国红豆杉树种枝叶生物量水平。显著性分析表明，树龄为 2~4 年，4 个杂交组合子代枝叶生物量差异不显著（$P>0.05$）。

从树龄上看，4 个杂交组合子代枝叶生物量均随树龄的增长而增加。树龄为 2~3 年时，各杂交组合子代枝叶生物量最高可达 76g 左右。4 个杂交组合子代随树龄的增加其生长量呈现出逐渐增大的趋势，N1×Y 子代 2~4 年的枝叶生物量年增长可以分别可达 11.48g、42.7g、204.69g；N2×Y 子代 2~4 年的枝叶生物量年增长可以分别为 11.3g、39.72g、193.39g；N3×Y 子代 2~4 年的枝叶生物量年增长可以分别为 10.09g、42.23g、182.52g；N4×Y 子代 2~4 年的枝叶生物量年增长可以分别为 9.56g、37.56g、

194.25g。各杂交组合子代不同树龄间枝叶生物量差异极显著($P<0.01$)。

从季节上看，4个杂交组合子代枝叶生物量增长量均受季节的影响，且各树龄4个杂交组合子代随季节表现出相同的变化趋势。其中4~10月为生长旺盛期，N1×Y子代2~4年这一阶段枝叶生物量分别占全年生长量的78.66%、78.20%、85.13%；N2×Y子代2~4年这一阶段枝叶生物量分别占全年生长量的59.47%、76.38%、88.25%；N3×Y子代2~4年这一阶段枝叶生物量分别占全年生长量的86.12%、82.86%、82.77%；N4×Y子代2~4年这一阶段枝叶生物量分别占全年生长量的81.80%、87.01%、89.23%。10月以后，各杂交组合子代生长速度逐渐放缓。

(4) 曼地亚红豆杉×云南红豆杉、曼地亚红豆杉×南方红豆杉和南方红豆杉×云南红豆杉对比分析

对比各杂交组合可知(图6-8)，总体上南方红豆杉×云南红豆杉杂交子代枝叶生物量最大，曼地亚红豆杉×云南红豆杉次之，曼地亚红豆杉×南方红豆杉最小。

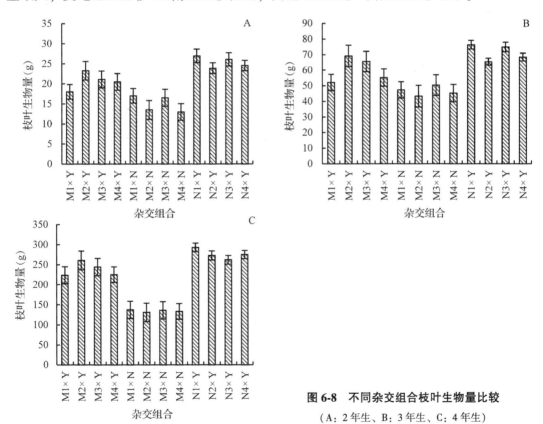

图6-8　不同杂交组合枝叶生物量比较

(A：2年生、B：3年生、C：4年生)

南方红豆杉×云南红豆杉和南方红豆杉×云南红豆杉枝叶生物量均达到或超过我国红豆杉水平。显著性分析表明树龄为2~4年各组合间枝叶生物量差异达到显著或极显著水平(表6-16)。

表 6-16 同一树龄不同杂交组合间枝叶中 10-DAB 含量方差分析

差异来源	平方和	自由度	均方	F 值	P 值	显著性
树龄为 2 年生时不同杂交组合间	902.391	11	82.036	6.370	0.000001	＊＊
树龄为 3 年生时不同杂交组合间	5869.486	11	533.590	2.346	0.018	＊
树龄为 4 年生时不同杂交组合间	100548.092	11	9140.736	2.048	0.039	＊

注：＊为 $P<0.05$ 水平显著，＊＊为 $P<0.01$ 水平极显著。

6.1.2.3 单株 10-DAB 累积量

（1）曼地亚红豆杉×云南红豆杉

按照"2.2.3.2"方法计算出单株 10-DAB 累积量，分别得到 M1×Y、M2×Y、M3×Y 和 M4×Y 子代 2~4 年生的单株 10-DAB 累积量，结果见表 6-17，同时对不同杂交组合、不同树龄单株 10-DAB 累积量作显著性分析，结果见表 6-18。根据测定结果开展的不同树龄单株 10-DAB 累积量对比分析，结果见图 6-9，4 个杂交组合的子代单株 10-DAB 累积量在树龄为 2~4 年的变化趋势见图 6-10。

表 6-17 曼地亚红豆杉×云南红豆杉不同组合不同树龄单株 10-DAB 累积量　　　　g／株

不同组合	月份	树龄		
		2 年生	3 年生	4 年生
M1×Y	2	0.024	0.059	0.033
	4	0.027	0.063	0.039
	6	0.039	0.091	0.058
	8	0.047	0.119	0.093
	10	0.055	0.149	0.147
	12	0.058	0.157	0.141
M2×Y	2	0.032	0.066	0.034
	4	0.035	0.070	0.042
	6	0.043	0.117	0.064
	8	0.055	0.148	0.098
	10	0.068	0.198	0.151
	12	0.066	0.192	0.136
M3×Y	2	0.033	0.066	0.035
	4	0.034	0.069	0.042
	6	0.044	0.112	0.069
	8	0.061	0.155	0.109
	10	0.068	0.201	0.174
	12	0.066	0.196	0.149

（续）

不同组合	月份	树龄		
		2 年生	3 年生	4 年生
M4×Y	2	0.027	0.060	0.034
	4	0.030	0.063	0.040
	6	0.037	0.088	0.060
	8	0.053	0.114	0.093
	10	0.060	0.149	0.146
	12	0.063	0.167	0.124

表 6-18　曼地亚红豆杉×云南红豆杉不同组合、不同树龄单株 10-DAB 累积量方差分析

差异来源		平方和	自由度	均方	F 值	P 值	显著性
不同组合间	树龄为 2 年生时不同杂交组合间	0.0003	3	0.0001	0.479	0.701	
	树龄为 3 年生时不同杂交组合间	0.004	3	0.001	0.502	0.685	
	树龄为 4 年生时不同杂交组合间	0.0004	3	0.0001	0.06	0.980	
不同树龄间	M1×Y 红豆杉不同树龄间	0.013	2	0.007	4.348	0.032	*
	M2×Y 红豆杉不同树龄间	0.020	2	0.010	5.085	0.021	*
	M3×Y 红豆杉不同树龄间	0.020	2	0.010	4.258	0.034	*
	M4×Y 红豆杉不同树龄间	0.012	2	0.006	4.035	0.040	*

注：* 为 $P<0.05$ 水平显著，* * 为 $P<0.01$ 水平极显著。

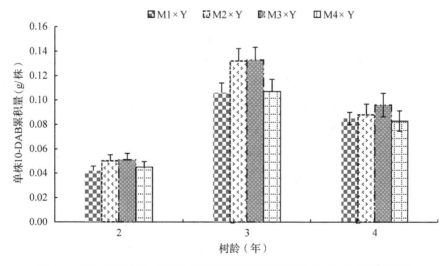

图 6-9　曼地亚红豆杉×云南红豆杉子代不同树龄单株 10-DAB 累积量比较

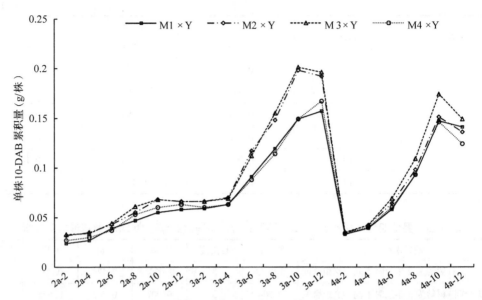

图 6-10　曼地亚红豆杉×云南红豆杉不同组合子代 2~4 年生单株 10-DAB 累积量变化趋势

（注：2a-2 表示树龄为 2 年生第 2 个月）

由上述测定结果与统计分析可知，各杂交子代单株 10-DAB 累积量超过我国红豆杉树种水平；杂交组合间存在着一定的差异，但差异不显著；杂交子代单株 10-DAB 累积量与树龄、季节密切相关，具体如下：

从不同杂种组合上看，单株 10-DAB 累积量以 M2×Y 和 M3×Y 子代较高，M1×Y 和 M4×Y 子代较低。树龄为 2~3 年 4 个杂交组合子代单株 10-DAB 累积量最高分别可达 0.149g、0.198g、0.201g 和 0.167g，远高于我国红豆杉单株 10-DAB 累积量。显著性分析表明，4 个杂交组合子代枝叶中 10-DAB 含量差异不显著（$P>0.05$）。

从树龄上看，4 个杂交组合子代年均单株 10-DAB 累积量均在 2 年生时最低，随树龄变化表现为先上升后下降的变化趋势。M1×Y、M2×Y、M3×Y、M4×Y 子代年均单株 10-DAB 累积量最高均是在 3 年生时，分别可达 0.106g、0.132g、0.133g、0.107g。显著性分析表明，4 个杂交组合各树龄间单株 10-DAB 累积量均存在显著差异（$P<0.05$）。

从不同季节上看，4 个杂交组合子代单株 10-DAB 累积量均受到季节的影响，且表现出相同的变化趋势。每年 2 月到 10 月或 12 月单株 10-DAB 累积量逐渐升高，在 10 月或 12 月达到一年中的峰值，M1×Y 子代 2~4 年单株 10-DAB 累积量分别可达 0.058g、0.157g、0.147g，M2×Y 子代 2~4 年单株 10-DAB 累积量分别可达 0.068g、0.198g、0.151g。M3×Y 子代 2~4 年单株 10-DAB 累积量分别可达 0.068g、0.201g、0.174g。M4×Y 子代 2~4 年单株 10-DAB 累积量分别可达 0.063g、0.167g、0.146g。最低值出现在每年的 2 月。

（2）曼地亚红豆杉×南方红豆杉

按照"2.2.3.2"方法计算出单株 10-DAB 累积量，分别得到 M1×N、M2×N、M3×N 和 M4×N 子代 2~4 年生的单株 10-DAB 累积量，结果见表 6-19，同时对不同杂交组合、不同树龄单株 10-DAB 累积量作显著性分析，结果见表 6-20。根据测定结果开展的不同树龄单株 10-DAB 累积量对比分析，结果如图 6-11 所示；4 个杂交组合的子代单株 10-DAB 累积量在树龄为 2~4 年的变化趋势如图 6-12 所示。

表 6-19　曼地亚红豆杉×南方红豆杉不同组合不同树龄单株 10-DAB 累积量　　g/株

不同组合	月份	树龄		
		2 年生	3 年生	4 年生
M1×N	2	0.010	0.025	0.016
	4	0.011	0.028	0.017
	6	0.015	0.031	0.029
	8	0.021	0.045	0.043
	10	0.023	0.058	0.074
	12	0.020	0.049	0.056
M2×N	2	0.008	0.015	0.012
	4	0.008	0.017	0.014
	6	0.010	0.023	0.022
	8	0.013	0.033	0.038
	10	0.017	0.048	0.061
	12	0.015	0.045	0.055
M3×N	2	0.010	0.019	0.016
	4	0.011	0.021	0.017
	6	0.012	0.035	0.026
	8	0.017	0.050	0.033
	10	0.019	0.058	0.049
	12	0.018	0.050	0.046
M4×N	2	0.009	0.016	0.014
	4	0.009	0.016	0.016
	6	0.012	0.026	0.024
	8	0.014	0.040	0.037
	10	0.017	0.050	0.063
	12	0.015	0.046	0.052

表 6-20   曼地亚红豆杉×南方红豆杉不同组合、不同树龄间单株 10-DAB 累积量方差分析

差异来源		平方和	自由度	均方	F 值	P 值	显著性
不同组合间	树龄为 2 年生时不同杂交组合间	0.0001	3	0.00003	1.573	0.227	
	树龄为 3 年生时不同杂交组合间	0.0004	3	0.0002	0.838	0.514	
	树龄为 4 年生时不同杂交组合间	0.0004	3	0.0001	0.578	0.631	
不同树龄间	M1×N 红豆杉不同树龄间	0.002	2	0.001	4.170	0.036	*
	M2×N 红豆杉不同树龄间	0.002	2	0.001	3.767	0.047	*
	M3×N 红豆杉不同树龄间	0.002	2	0.001	5.758	0.014	*
	M4×N 红豆杉不同树龄间	0.002	2	0.001	4.055	0.039	*

注：* 为 $P<0.05$ 水平显著，* * 为 $P<0.01$ 水平极显著。

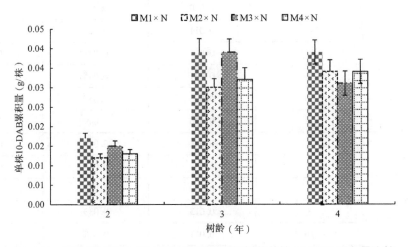

图 6-11   曼地亚红豆杉×南方红豆杉子代不同树龄单株 10-DAB 累积量比较

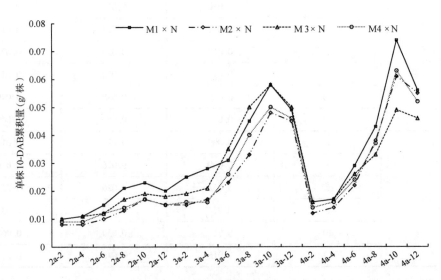

图 6-12   曼地亚红豆杉×南方红豆杉不同组合子代 2~4 年生单株 10-DAB 累积量变化趋势

(注：2a-2 表示树龄为 2 年生第 2 个月)

由上述测定结果与统计分析可知，各杂交子代单株 10-DAB 累积量接近我国红豆杉树种水平；杂交组合间存在着一定的差异，但差异不显著；杂交子代单株 10-DAB 累积量与树龄、季节密切相关，具体如下：

从不同杂种组合上看，单株 10-DAB 累积量以 M1×N 和 M3×N 子代较高，M2×N 和 M4×N 子代较低。树龄为 2~3 年时，4 个杂交组合子代单株 10-DAB 累积量最高分别为 0.058g、0.048g、0.058g 和 0.050g，各杂交子代单株 10-DAB 累积量接近我国红豆杉树种水平。显著性分析表明，4 个杂交组合子代枝叶中 10-DAB 含量差异不显著（$P>0.05$）。

从树龄上看，4 个杂交组合子代年均单株 10-DAB 累积量均在 2 年生时最低。M1×N 子代年均单株 10-DAB 累积量在 3 年生和 4 年生时最高，为 0.039g；M2×N 子代年均单株 10-DAB 累积量在 4 年生时最高，为 0.034g；M3×N 子代年均单株 10-DAB 累积量在 3 年生时最高，为 0.039g；M4×N 子代年均单株 10-DAB 累积量在 4 年生时最高，为 0.034g。显著性分析表明，4 个杂交组合各树龄间单株 10-DAB 累积量均存在显著差异（$P<0.05$）。

从不同季节上看，4 个杂交组合子代单株 10-DAB 累积量均受到季节的影响，且表现出相同的变化趋势。每年 2 月到 10 月单株 10-DAB 累积量逐渐升高，在 10 月达到一年中的峰值，M1×N 子代 2~4 年单株 10-DAB 累积量分别可达 0.023g、0.058g、0.074g，M2×N 子代 2~4 年单株 10-DAB 累积量分别可达 0.017g、0.048g、0.061g。M3×N 子代 2~4 年单株 10-DAB 累积量分别可达 0.019g、0.058g、0.049g。M4×N 子代 2~4 年单株 10-DAB 累积量分别可达 0.017g、0.050g、0.063g。最低值出现在每年的 2 月或 4 月。

（3）南方红豆杉×云南红豆杉

按照"2.2.3.2"方法计算出单株 10-DAB 累积量，分别得到 N1×Y、N2×Y、N3×Y 和 N4×Y 子代 2~4 年生的单株 10-DAB 累积量，结果见表 6-21。同时对不同杂交组合、不同树龄单株 10-DAB 累积量作显著性分析，结果见表 6-22。根据测定结果开展的不同树龄单株 10-DAB 累积量对比分析，结果如图 6-13 所示；4 个杂交组合的子代单株 10-DAB 累积量在树龄为 2~4 年的变化趋势如图 6-14 所示。

表 6-21 南方红豆杉×云南红豆杉不同组合不同树龄单株 10-DAB 累积量　　　　g/株

不同组合	月份	树龄		
		2 年生	3 年生	4 年生
N1×Y	2	0.029	0.065	0.029
	4	0.032	0.073	0.033
	6	0.044	0.101	0.064
	8	0.054	0.136	0.129
	10	0.062	0.161	0.197
	12	0.055	0.154	0.152

（续）

不同组合	月份	树龄		
		2 年生	3 年生	4 年生
N2×Y	2	0.023	0.047	0.028
	4	0.026	0.053	0.032
	6	0.032	0.072	0.055
	8	0.040	0.098	0.099
	10	0.045	0.120	0.154
	12	0.046	0.126	0.106
N3×Y	2	0.028	0.060	0.024
	4	0.030	0.066	0.029
	6	0.038	0.092	0.053
	8	0.047	0.134	0.089
	10	0.054	0.144	0.155
	12	0.050	0.144	0.118
N4×Y	2	0.028	0.059	0.027
	4	0.031	0.063	0.032
	6	0.040	0.091	0.056
	8	0.047	0.129	0.096
	10	0.056	0.148	0.182
	12	0.050	0.137	0.124

表 6-22　南方红豆杉×云南红豆杉不同组合、不同树龄间单株 10-DAB 累积量方差分析

差异来源		平方和	自由度	均方	F 值	P 值	显著性
不同组合间	树龄为 2 年生时不同杂交组合间	0.0003	3	0.0001	0.907	0.455	
	树龄为 3 年生时不同杂交组合间	0.003	3	0.001	0.612	0.615	
	树龄为 4 年生时不同杂交组合间	0.002	3	0.001	0.194	0.899	
不同树龄间	N1×Y 红豆杉不同树龄间	0.016	2	0.008	3.593	0.053	
	N2×Y 红豆杉不同树龄间	0.009	2	0.005	3.702	0.049	*
	N3×Y 红豆杉不同树龄间	0.013	2	0.006	4.460	0.030	*
	N4×Y 红豆杉不同树龄间	0.012	2	0.006	3.547	0.055	

注：＊为 $P<0.05$ 水平显著，＊＊为 $P<0.01$ 水平极显著。

由上述测定结果与统计分析可知，杂交子代单株 10-DAB 累积量超过我国红豆杉树种水平；杂交组合间存在着一定的差异，但差异不显著；杂交子代单株 10-DAB 累积量与树龄、季节密切相关，具体如下：

从不同杂种组合上看，单株 10-DAB 累积量以 N1×Y、N3×Y 和 N4×Y 子代较高，

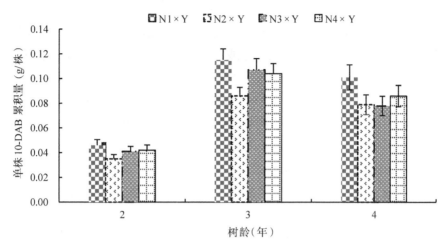

图 6-13　南方红豆杉×云南红豆杉子代不同树龄单株 10-DAB 累积量比较

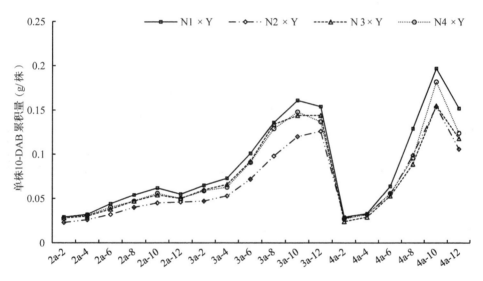

图 6-14　南方红豆杉×云南红豆杉不同组合子代 2~4 年生单株 10-DAB 累积量变化趋势

（注：2a-2 表示树龄为 2 年生第 2 个月）

N2×Y 子代较低。树龄为 2~3 年 4 个杂交组合子代单株 10-DAB 累积量最高分别可达 0.161g、0.126g、0.144g 和 0.148g，远高于我国红豆杉单株 10-DAB 累积量。显著性分析表明，4 个杂交组合子代枝叶中 10-DAB 含量差异不显著（$P > 0.05$）。

从树龄上看，4 个杂交组合子代年均单株 10-DAB 累积量均在 2 年生时最低，随树龄变化表现为先上升后下降的变化趋势，均在 3 年生时年均单株 10-DAB 累积量最高，4 个杂交组合子代年均单株 10-DAB 累积量分别可达 0.115g、0.086g、0.107g、0.104g。显著性分析表明，N1×Y 红豆杉不同树龄间以及 N4×Y 红豆杉不同树龄间差异不显著（$P > 0.05$），N2×Y 红豆杉不同树龄间以及 N3×Y 红豆杉不同树龄间存在显著差异($P<0.05$)。

从不同季节上看，4 个杂交组合子代单株 10-DAB 累积量均受到季节的影响，且表现出相同的变化趋势。每年 2 月到 10 月或 12 月单株 10-DAB 累积量逐渐升高，在 10 月或 12 月达到一年中的峰值，N1×Y 子代杂种Ⅱ红豆杉 2~4 年单株 10-DAB 累积量分别可达 0.062g、0.161g、0.197g；N2×Y 子代 2~4 年单株 10-DAB 累积量分别可达 0.046g、0.126g、0.154g。N3×Y 子代 2~4 年单株 10-DAB 累积量分别可达 0.054g、0.144g、0.155g。N4×Y 子代 2~4 年单株 10-DAB 累积量分别可达 0.056g、0.148g、0.182g。最低值出现在每年的 1 月。

(4) 曼地亚红豆杉×云南红豆杉、曼地亚红豆杉×南方红豆杉和南方红豆杉×云南红豆杉对比分析

对比各杂交组合可知(图 6-15)，总体上以曼地亚红豆杉×云南红豆杉杂交子代单株 10-DAB 累积量最大，南方红豆杉×云南红豆杉次之，曼地亚红豆杉×南方红豆杉最小。

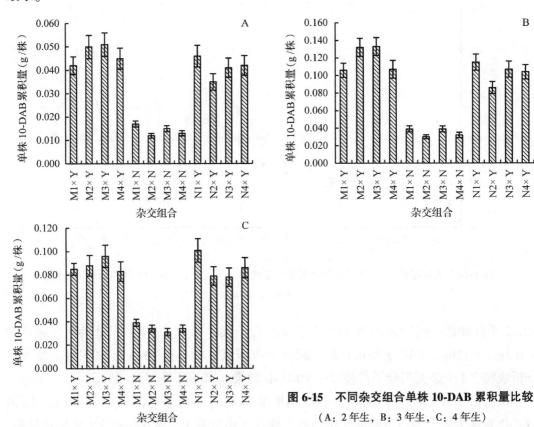

图6-15　不同杂交组合单株 10-DAB 累积量比较
(A：2 年生，B：3 年生，C：4 年生)

幼龄时期(树龄<4 年)，曼地亚红豆杉×云南红豆杉子代单株 10-DAB 累积量可达 0.201g，远高于我国红豆杉水平；南方红豆杉×云南红豆杉单株 10-DAB 累积量为 0.161g，远高于我国红豆杉水平；曼地亚红豆杉×南方红豆杉单株 10-DAB 累积量为

0.058g，接近我国现有红豆杉水平。显著性分析表明树龄为 2~4 年各组合间单株 10-DAB 累积量差异达到显著或极显著水平（表 6-23）。

表 6-23　同一树龄不同杂交组合间枝叶中 10-DAB 含量方差分析

差异来源	平方和	自由度	均方	F 值	P 值	显著性
树龄为 2 年生时不同杂交组合间	0.016	11	0.001	11.195	0.000	＊＊
树龄为 3 年生时不同杂交组合间	0.103	11	0.009	6.445	0.000001	＊＊
树龄为 4 年生时不同杂交组合间	0.047	11	0.004	2.008	0.043	＊

注：＊为 $P<0.05$ 水平显著，＊＊为 $P<0.01$ 水平极显著。

6.1.3　讨论

红豆杉中 10-DAB 含量具有明显的季节动态，已为不少研究所证实。本研究测定结果表明，各红豆杉杂交组合子代枝叶中 10-DAB 含量均受到季节的影响，且呈现出相似的变化规律，即春冬两季 10-DAB 含量偏低，夏秋两季 10-DAB 含量较高。常醉分别对东北红豆杉天然林当年生枝、2 年生枝和多年生枝不同季节 10-DAB 含量进行了测定，其结果显示，不同的部位枝叶中 10-DAB 含量随季节变化有较大差异，其中当年生枝，其 10-DAB 含量在 6~10 月保持上升，于 10 月达到顶峰，而 2 年生枝和多年生枝，其 10-DAB 含量随季节变化一致，均波动较大，其中 6 月和 10 月为最高值，7 月为最低值；王玉震等对南方红豆杉天然林和人工林不同季节当年生枝叶中 10-DAB 含量的测定结果表明：南方红豆杉天然林当年生针叶 10-DAB 含量最高值在 10 月，8 月最低，人工林 10-DAB 含量最高值在 5 月，其次在 10 月，7 月最低；杨逢建等对南方红豆杉植株树冠的不同部位新、老枝叶 10-DAB 含量测定结果表明：10-DAB 含量随季节不同变化较大，分别在 4 月、9 月达到最大值；Hook 等对欧洲红豆杉不同季节针叶中 10-DAB 含量测定分析也得到类似结果。上述研究说明，红豆杉中的 10-DAB 含量与季节具有明显的关系，但 10-DAB 含量最高值出现的时期随树种而有所差异。同时，不同学者开展研究过程中所测定的部位也不一致，这也是导致研究结果不尽相同的重要原因。针对以上分析，虽然不同学者对红豆杉中 10-DAB 含量变化规律研究结果并不完全一致，但其所测得的 10-DAB 含量均在红豆杉生长速度明显减缓的 9~10 月出现一个明显峰值，由此表明，红豆杉枝叶的最佳采集时间是秋季，这也与本研究结果相一致。这一结果对于红豆杉种植企业科学制定 10-DAB 原料采收的标准规程及红豆杉资源合理开发利用具有重要的指导意义。

次生代谢产物是植物在长期繁衍进化过程中与环境相互作用的结果，对提高植物自身保护和生存竞争能力、协调与环境关系上具有重要作用。鞠建明等对 2~6 年生银杏叶中总银杏酸含量测定分析表明，树龄为 2~4 年生时，叶中总银杏酸含量较高，树龄为 5~6 年时，叶中总银杏酸含量较低；黎丹等对不同树龄白蜡树树皮中秦皮素含量研究表明，随着树龄增加秦皮素含量呈降低趋势。本研究中 3 种红豆杉杂交组合子代不同树龄 10-DAB 累积表现出的变化规律，可能是由于在幼龄阶段，为了协调与环境的关系，增强抗逆性，故合成次生代谢产物 10-DAB 的量较高，当生长年限接近第 4 年时，此时已经逐渐适应环境，从而减少了 10-DAB 的合成量，而第 3 年 10 月至次年 2 月的生长时期可能是红豆杉枝叶中 10-DAB 合成能力减弱的一个转折点，后续还需继续开展相关研究。

6.2 灰色排序综合评定模型

林木优良杂交子代的选择往往要考虑多个性状，仅依靠单一性状评价林木的优劣，难免产生片面性。目前，育种学家已将部分综合评价方法应用到优良杂交子代的选择上，使得选择结果更准确、快捷，筛选出的优良杂交子代在生产中发挥巨大作用。本研究在前人基础上，充分考虑红豆杉自身的特点，结合各评价方法优缺点，将灰色排序综合评定模型应用于红豆杉优良杂交组合的评价及选择中，以期筛选出综合性状优良的杂交组合。

6.2.1 灰色排序综合评定模型建立

灰色排序模型的理论及建立过程具体详见"4.4"。

6.2.2 结果与分析

6.2.2.1 数据预处理

由于本研究中枝叶中 10-DAB 含量、枝叶生物量和单株 10-DAB 累积量均以越大越好，故均采用上限公式对 3 个性状数据进行无量纲化处理，结果见表 6-24。

表 6-24 数据的无量纲化处理结果

树龄	指　标	M1×Y	M2×Y	M3×Y	M4×Y	M1×N	M2×N	M3×N	M4×N	N1×Y	N2×Y	N3×Y	N4×Y
2年生	10-DAB 含量(%)	0.991	0.906	1.000	0.943	0.394	0.335	0.342	0.371	0.682	0.643	0.632	0.672
	枝叶生物量(g)	0.617	0.815	0.755	0.701	0.620	0.518	0.628	0.510	1.000	0.813	0.974	0.930
	单株 10-DAB 累积量(g)	0.814	0.977	1.000	0.881	0.325	0.230	0.284	0.249	0.901	0.688	0.810	0.823
3年生	10-DAB 含量(%)	0.987	0.909	1.000	0.947	0.386	0.347	0.345	0.359	0.680	0.638	0.638	0.671
	枝叶生物量(g)	0.632	0.847	0.781	0.659	0.604	0.504	0.658	0.529	1.000	0.797	0.989	0.915
	单株 10-DAB 累积量(g)	0.798	0.990	1.000	0.801	0.294	0.225	0.291	0.243	0.865	0.646	0.800	0.783
4年生	10-DAB 含量(%)	1.000	0.867	1.000	0.960	0.680	0.612	0.569	0.629	0.833	0.722	0.728	0.759
	枝叶生物量(g)	0.746	0.885	0.834	0.761	0.492	0.461	0.487	0.467	1.000	0.941	0.896	0.947
	单株 10-DAB 累积量(g)	0.844	0.868	0.957	0.820	0.389	0.334	0.309	0.340	1.000	0.784	0.774	0.853

6.2.2.2　各性状与最优序列差值的计算

根据最优序列差值计算公式和表 6-24 中数据，计算各性状与最优序列差值。结果见表 6-25。

表 6-25　各性状与最优序列差值

树龄	指标	M1×Y	M2×Y	M3×Y	M4×Y	M1×N	M2×N	M3×N	M4×N	N1×Y	N2×Y	N3×Y	N4×Y
2年生	10-DAB 含量(%)	0.009	0.094	0.000	0.057	0.606	0.665	0.658	0.629	0.318	0.357	0.368	0.328
	枝叶生物量(g)	0.383	0.185	0.245	0.299	0.380	0.482	0.372	0.490	0.000	0.187	0.026	0.070
	单株 10-DAB 累积量(g)	0.186	0.023	0.000	0.119	0.675	0.770	0.716	0.751	0.099	0.312	0.190	0.177
3年生	10-DAB 含量(%)	0.013	0.091	0.000	0.053	0.614	0.653	0.655	0.641	0.320	0.362	0.362	0.329
	枝叶生物量(g)	0.368	0.153	0.219	0.341	0.396	0.496	0.342	0.471	0.000	0.203	0.011	0.085
	单株 10-DAB 累积量(g)	0.202	0.010	0.000	0.199	0.706	0.775	0.709	0.757	0.135	0.354	0.200	0.217
4年生	10-DAB 含量(%)	0.000	0.133	0.000	0.040	0.320	0.388	0.431	0.371	0.167	0.278	0.272	0.241
	枝叶生物量(g)	0.254	0.115	0.166	0.239	0.508	0.539	0.513	0.533	0.000	0.059	0.104	0.053
	单株 10-DAB 累积量(g)	0.156	0.132	0.043	0.180	0.611	0.666	0.691	0.660	0.000	0.216	0.226	0.147

6.2.2.3　性状达标指数的计算

根据表 6-25，最大性状差 $M = \max_i \max_k \Delta_i^k = 0.775$，最小性状差 $m = \min_i \min_k \Delta_i^k = 0$，求得各红豆杉杂交组合性状的达标指数，结果见表 6-26。

表 6-26　不同杂交组合各性状达标指数

树龄	指标	M1×Y	M2×Y	M3×Y	M4×Y	M1×N	M2×N	M3×N	M4×N	N1×Y	N2×Y	N3×Y	N4×Y
2年生	10-DAB 含量(%)	0.977	0.805	1.000	0.872	0.390	0.368	0.371	0.381	0.549	0.520	0.513	0.542
	枝叶生物量(g)	0.503	0.677	0.613	0.564	0.505	0.446	0.510	0.442	1.000	0.674	0.937	0.847
	单株 10-DAB 累积量(g)	0.676	0.944	1.000	0.765	0.365	0.335	0.351	0.340	0.797	0.554	0.671	0.686
3年生	10-DAB 含量(%)	0.968	0.810	1.000	0.880	0.387	0.372	0.372	0.377	0.548	0.517	0.517	0.541
	枝叶生物量(g)	0.513	0.717	0.639	0.532	0.495	0.439	0.531	0.451	1.000	0.656	0.972	0.820
	单株 10-DAB 累积量(g)	0.657	0.975	1.000	0.661	0.354	0.333	0.353	0.339	0.742	0.523	0.660	0.641
4年生	10-DAB 含量(%)	1.000	0.744	1.000	0.906	0.548	0.500	0.473	0.511	0.699	0.582	0.588	0.617
	枝叶生物量(g)	0.604	0.771	0.700	0.619	0.433	0.418	0.430	0.421	1.000	0.868	0.788	0.880
	单株 10-DAB 累积量(g)	0.713	0.746	0.900	0.683	0.388	0.368	0.359	0.370	1.000	0.642	0.632	0.725

6.2.2.4　确定各性状权重系数

根据专家打分确定红豆杉杂交组合各指标权重系数，见表 6-27。

表 6-27　各指标权重

指标	10-DAB 含量	枝叶生物量	单株 10-DAB 累积量	合计
权重系数	0.5	0.2	0.3	1.0

6.2.2.5 灰色排序综合值的计算及最优杂交组合的确定

根据灰色排序综合值计算公式，计算出各杂交组合的灰色综合评判值，并对其进行排序。结果见表6-28。同时，对曼地亚红豆杉×云南红豆杉、曼地亚红豆杉×南方红豆杉和南方红豆杉×云南红豆杉优良度做出判定，结果见表6-29。

从表中可知，曼地亚红豆杉×云南红豆杉 2 ~ 4 年灰色排序综合值均最大（>0.800）；南方红豆杉×云南红豆杉次之（0.600<灰色排序综合值<0.800）；曼地亚红豆杉×南方红豆杉2~4年灰色排序综合值均最小（<0.600）。由此表明，曼地亚红豆杉和云南红豆杉组合最优，南方红豆杉×云南红豆杉次之，曼地亚红豆杉×南方红豆杉相对较差。同时，树龄2~4年，曼地亚红豆杉3号无性系×云南红豆杉杂交子代灰色排序综合值在所有杂交组合中均排第一，为最优杂交组合。

表 6-28 各杂交组合综合评判结果

树龄	指标	M1×Y	M2×Y	M3×Y	M4×Y	M1×N	M2×N	M3×N	M4×N	N1×Y	N2×Y	N3×Y	N4×Y
2 年生	灰色排序综合值	0.792	0.821	0.923	0.778	0.405	0.374	0.393	0.381	0.714	0.561	0.645	0.646
	排序	3	2	1	4	9	12	10	11	5	8	7	6
3 年生	灰色排序综合值	0.784	0.841	0.928	0.744	0.399	0.374	0.398	0.380	0.696	0.547	0.651	0.627
	排序	4	2	1	5	9	12	10	11	3	8	6	7
4 年生	灰色排序综合值	0.835	0.750	0.910	0.782	0.477	0.444	0.431	0.451	0.849	0.657	0.641	0.702
	排序	3	5	1	4	9	11	12	10	2	7	8	6

表 6-29 曼地亚红豆杉×云南红豆杉、曼地亚红豆杉×南方红豆杉和南方红豆杉×云南红豆杉综合评判结果

树龄	指标	曼地亚红豆杉×云南红豆杉	曼地亚红豆杉×南方红豆杉	南方红豆杉×云南红豆杉
2 年生	灰色排序综合值	0.829	0.388	0.642
	排序	1	3	2
3 年生	灰色排序综合值	0.824	0.388	0.630
	排序	1	3	2
4 年生	灰色排序综合值	0.819	0.451	0.712
	排序	1	3	2

6.2.3 讨论

目前，有关红豆杉种间杂交的研究报道较少，仅见曼地亚红豆杉。曼地亚红豆杉是父本为欧洲红豆杉，母本为加拿大产东北红豆杉的天然杂种。本研究结果表明通过开展红豆杉种间杂交，能够选育出达到育种目标的优良杂交子代。

枝叶中 10-DAB 含量是新材料选育最重要的目标性状，也是我们重点关注的对象。从试验结果来看，各杂交组合表现出明显的杂种优势。但是，各杂交组合杂种优势只在幼龄(树龄<4 年)表现出来，这与红豆杉自身的遗传有着重要联系。10-DAB 作为次

生代谢产物，主要受到红豆杉树种遗传影响，会随着树龄增加而下降至较低水平，前文与本章研究结果也证明了这一点。枝叶生物量是单株 10-DAB 产量形成的基础，通过对各红豆杉杂交组合测定，结果表明曼地亚红豆杉×云南红豆杉和南方红豆杉×云南红豆杉子代枝叶生物量达到或超过我国红豆杉水平。各杂交组合单株 10-DAB 累积量随树龄波动较大，这主要是由于各杂交组合在幼龄枝叶中 10-DAB 含量较高，后随着树龄增加而下降，但是生物量却逐年上升，因而造成单株 10-DAB 含量具有较大的波动。大量研究表明，开展远缘杂交可以获得具有明显杂种优势的子代。国内外已在杨树、桉树和楸树等树木开展了种间杂交研究，并获得了优良杂交后代。曼地亚红豆杉属于红豆杉种间杂交所获得的子代，其枝叶中紫杉醇含量高达 0.02%~0.04%，杂种优势显著。由此表明，通过对红豆杉进行种间杂交，可以获得具有明显杂种优势的子代，这对于红豆杉良种选育具有重要参考价值。本试验中，亲本的遗传基础、地理起源以及生态类型均有较大差异，其中亲本之一的曼地亚红豆杉不仅遗传距离更远，同时还拥有欧洲红豆杉的优良基因，因而杂交子代得到遗传改良，出现杂种优势的机会更大。

在对优良子代进行选择时，可对优良杂交组合进行选择，也可以在优良杂交组合选择基础上开展优良单株选择。目前，开展杂交育种的林木树种多为用材林树种，其育种目标多为树高、胸径、材积、干形和分枝角度等生长与形质指标，不仅杂交组合间差异显著，组合内单株间也存在显著差异。从生产对子代要求角度考虑，采用无性繁殖的方式固定树高、胸径和材积等性状，可以获得具有稳定遗传的优良子代。因而优良单株选择对提高林木生产力的效果是明显的。本研究中，进行遗传改良的树种为药用林木，提高其体内的次生代谢产物是我们重要的育种目标，而次生代谢产物受到自身遗传以及外界环境的共同影响。本书"第二章"研究结果表明，红豆杉树种枝叶中 10-DAB 含量与树龄密切相关，在幼龄时期往往具有较高的累积，而随着树龄的增加，枝叶中 10-DAB 含量下降至较低水平，本章对各杂交组合红豆杉子代也表明杂种优势在 2~4 年较强。由此表明，选择最佳的杂交组合，其子代可以产生并保持杂种优势，创造更大的价值和收益。

通过对不同杂交组合各指标测定分析发现，各组合间在 10-DAB 含量、枝叶生物量，以及单株 10-DAB 累积量上均存在显著差异，丰富的遗传变异给优良子代的选择提供了可能。曼地亚红豆杉×云南红豆杉枝叶中 10-DAB 含量较高，但其枝叶生物量相较南方红豆杉×云南红豆杉又偏低，因而只通过一个指标性状对各杂交组合进行筛选，必然带有很大的片面性。而前文所构建的灰色排序综合评定模型，是一种行之有效的方法和手段。其不只局限于 10-DAB 含量或枝叶生物量等单一指标，可以较为全面地综合考虑多个指标，有效避免了仅凭单一指标进行盲目评价，这样能够定性且定量，科学筛选综合性状优良的杂交组合，简化选育过程，使评价结果更加合理。同时，计算过程较为简便。

本研究筛选出的优良杂种组合子代，各指标性状优良，符合育种目标，结果准确可靠，可为日后红豆杉及其他林木的杂交组合的科学筛选工作给予参考。在试验过程中，由于时间、精力等原因，仅选取性状优良的 3 个红豆杉树种作为亲本开展杂交试验。同时，在杂交组合的选择上，也仅选取了部分组合，虽然得到了杂种优势明显的杂种子代，但是在后续研究中也应继续开展其他红豆杉树种之间的杂交，对于丰富我国红豆杉资源以及品种改良具有重要意义。

6.3 杂交子代利用途径

林木杂种优势的利用途径主要有以下两种：一是利用优势组合的亲本建立杂交种子园，这是一种获得大量优质杂种种子、提高树木品质的既快速又经济的途径；二是有性杂交和无性繁殖相结合的利用方式，即取得 F1 杂种后，从中选出优势较强的个体以优良无性系形式投入生产。前文研究结果表明，高含量 10-DAB 红豆杉新材料(曼地亚红豆杉×云南红豆杉)实生苗木在早期(树龄<4 年)存在明显的杂种优势，但随着树龄增加杂种优势有下降的趋势。因此，在对高含量 10-DAB 红豆杉新材料杂种优势利用时，要充分考虑树龄因素。

传统的大田育苗，在移栽造林过程中会对苗木根系造成一定损伤，导致移栽后的苗木成活率低，缓苗期长，生长缓慢，严重影响造林效果，尤其是对根系不发达，再生能力弱的树种影响更大。红豆杉为浅根植物，主根不明显，以须根为主，因而移栽过程中会受到较大影响。前文研究表明，高含量 10-DAB 红豆杉新材料杂种优势利用最佳时期是在幼龄(树龄<4 年)，在此时期提高苗木的枝叶生物量可以获得更大的单株 10-DAB 累积量。相较大田育苗，容器苗由于其独特的生长环境、培育方式及移栽方式，苗木根系不易受损伤，能较好地保持苗木活力，造林后无缓苗期，成林时间短，抗逆性强。目前关于红豆杉容器苗和裸根苗各指标对比分析的报道较少。同时，种子繁殖的容器苗相较裸根苗，其枝叶中 10-DAB 含量有何种变化规律也不清楚。

本研究通过对比分析高含量 10-DAB 红豆杉新材料容器苗、裸根苗造林后枝叶中 10-DAB 含量、枝叶生物量以及单株 10-DAB 累积量的差异，结合各指标变化规律，以期为高含量 10-DAB 红豆杉新材料科学利用提供理论依据。

6.3.1 材料与方法

6.3.1.1 试验材料

曼地亚红豆杉 3 号无性系×云南红豆杉杂种种子。

6.3.1.2 试验地概况

试验地位于都江堰石羊镇红豆杉基地，具体见"2.2.1"。

6.3.1.3　试验方法

（1）红豆杉育苗

2013 年开始人工授粉杂交试验获得的曼地亚红豆杉 3 号无性系×云南红豆杉杂种种子，分别采用容器育苗和大田育苗。

a. 容器苗培育

取发芽种子将其移入塑料薄膜袋中培育，塑料薄膜袋规格为 8cm×12cm。为了控制变量，保证实验结果的准确性，容器苗采用苗床的表层田园土作为育苗基质。

b. 裸根苗培育

取发芽种子将其移入地床培育，具体见"2.2.2.1"播种育苗。

（2）红豆杉造林

试验材料的栽植采用完全随机区组设计。将经过 1 年培育的容器苗与裸根苗一同移栽至地势平坦，具有相同或相似立地条件的地段。为尽量减少立地条件差异的影响，将试验区划分为 3 个重复栽植小区，栽植株行距为 0.5m×0.5m。由于对每种苗木不同年龄（2~4 年）和年内不同月份间 10-DAB 含量的测定需要经过 18 次收获取样，每种苗木收获 3 株，则 2 种苗木总共需要栽植 3（株）×2（播种方式）×18（收获）×3（小区）= 324 株，再加 10%保险系数，则全部试验总共应栽植 356 株。整个试验期间，水肥条件保持一致。具体操作及移栽后抚育管理措施及方法见"2.2.2.2"。

6.3.1.4　样品采集

取样工作于 2016 年 2 月下旬开始，到 2018 年 12 月截止，开展实生容器苗和裸根苗的取样工作。每两个月进行一次，采用随机取样的方式分别选取容器苗和裸根苗各 3 株，重复 3 次，共计 9 株/（苗木·树龄·月），剪下每株的全部枝叶，做好标记，备用。

6.3.1.5　测定指标及方法

枝叶中 10-DAB 含量测定、枝叶生物量测定及单株 10-DAB 累积量计算见"2.2.3.2"。

6.3.2　结果与分析

6.3.2.1　高含量 10-DAB 红豆杉新材料容器苗和裸根苗各指标对比分析

（1）枝叶中 10-DAB 含量对比分析

以高含量 10-DAB 红豆杉新材料 2~4 年生容器苗和裸根苗为材料，按照"6.3.1"试验方法采集样品和测定枝叶中 10-DAB 含量，并对不同月份测定的 3 个重复值结果求平均值，得到高含量 10-DAB 红豆杉新材料容器苗和裸根苗 2~4 年生不同月份枝叶中 10-DAB 含量。各生长时期容器苗和裸根苗枝叶中 10-DAB 含量如图 6-16 所示。

由上述测定结果与统计分析可知，高含量 10-DAB 红豆杉新材料容器苗和裸根苗枝叶中 10-DAB 含量随生长的变化趋势基本相似，即均在幼龄（树龄<4 年）具有较高水

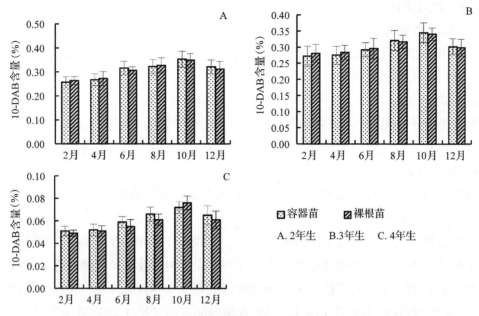

图 6-16 高含量 10-DAB 红豆杉新材料容器苗和裸根苗枝叶中 10-DAB 含量比较

(注：不同字母表示同一生长时期不同苗木间差异显著，$P<0.05$)

平，此后随树龄增加而逐年降低至较低水平。同时，容器苗和裸根苗在幼龄时期，枝叶中 10-DAB 含量变异系数均小于 10%，表明此时期个体间 10-DAB 含量差异较小。显著性分析表明，高含量 10-DAB 红豆杉新材料容器苗和裸根苗各生长时期枝叶中 10-DAB 含量差异均不显著($P>0.05$)。以上分析表明，高含量 10-DAB 红豆杉新材料枝叶中 10-DAB 含量与 2 种播种育苗方式与无明显相关性。

(2)枝叶生物量对比分析

以高含量 10-DAB 红豆杉新材料 2~4 年生容器苗和裸根苗为材料，按照"6.3.1"试验方法采集样品和测定枝叶生物量，并对不同月份测定的 3 个重复值结果求平均值，得到高含量 10-DAB 红豆杉新材料容器苗和裸根苗 2~4 年生不同月份枝叶生物量。各生长时期容器苗和裸根苗枝叶中 10-DAB 含量如图 6-17 所示。

由上述测定结果与统计分析可知，采用容器育苗方式培育的高含量 10-DAB 红豆杉新材料子代相较其裸根苗，枝叶生物量在幼龄时期(树龄<4 年)具有显著优势。

树龄为 2~4 年时(从 2 年生的 2 月开始到 4 年生的 9 月)，高含量 10-DAB 红豆杉新材料容器苗枝叶生物量均大于高含量 10-DAB 红豆杉新材料裸根苗。其中，树龄为 2 年生时，容器苗枝叶生物量与裸根苗枝叶生物量差异均超过 20%；树龄为 3 年生时，差异在 18.2%~28.1%之间浮动；树龄为 4 年生的前 6 个月，差异均超过 10%。此后，容器苗和裸根苗枝叶生物量差异逐渐减小。显著性分析表明，从 2 年生的 2 月开始到 4 年生的 6 月，高含量 10-DAB 红豆杉容器苗枝叶生物量与其裸根苗枝叶生物量差异显

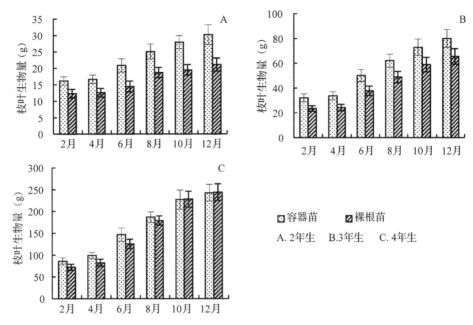

图 6-17　高含量 10-DAB 红豆杉新材料容器苗和裸根苗枝叶生物量比较

(注：不同字母表示同一生长时期不同苗木间差异显著，$P<0.05$)

著($P<0.05$)，此后差异不显著($P>0.05$)。

　　综上所述，在幼龄时期(树龄<4 年)，高含量 10-DAB 红豆杉新材料容器苗相较裸根苗枝叶生物量具有显著优势，表明采用容器育苗可以显著提高高含量 10-DAB 红豆杉新材料子代枝叶生物量。因此，应选用实生容器苗营建高含量 10-DAB 红豆杉新材料药用原料林。

　　(3)单株 10-DAB 累积量对比分析

　　以高含量 10-DAB 红豆杉新材料 2~4 年生容器苗和裸根苗为材料，按照"2.2.3.2"方法计算出单株 10-DAB 累积量后，并对不同月份测定的 3 个重复值结果求平均值，得到高含量 10-DAB 红豆杉新材料容器苗和裸根苗 2~4 年生不同月份单株 10-DAB 累积量。各生长时期容器苗和裸根苗枝叶中 10-DAB 含量如图 6-18 所示。

　　由上述测定结果与统计分析可知，采用种子繁殖的两种方式(裸根苗和容器苗)培育的高含量 10-DAB 红豆杉新材料苗木，其单株 10-DAB 累积量在不同的生长时期，具有不同的差异表现。

　　高含量 10-DAB 红豆杉新材料容器苗和裸根苗单株 10-DAB 累积量随生长变化趋势基本相似，但各时期单株 10-DAB 累积量具有一定的差异。树龄为 2~4 年时(从 2 年生的 2 月开始到 4 年生的 8 月)，容器苗单株 10-DAB 累积量均大于裸根苗。树龄为 2 年生时，容器苗单株 10-DAB 累积量与裸根苗单株 10-DAB 累积量差异均超过 20%；树龄为 3 年生时，差异在 19%~26% 之间浮动；树龄为 4 年生的前 7 个月，差异均超过

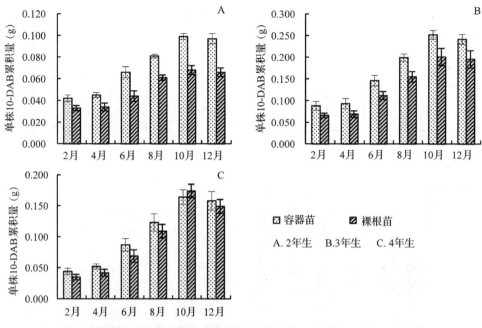

图 6-18　高含量 10-DAB 红豆杉新材料容器苗和裸根苗单株 10-DAB 累积量比较

(注：不同字母表示同一生长时期不同苗木间差异显著，$P<0.05$)

10%。此后，容器苗和裸根苗单株 10-DAB 累积量差异逐渐减小。容器苗和裸根苗单株 10-DAB 累积量较高的时期均出现在 3 年生的 10 月和 12 月，均超过 0.190g/株，最高值均出现在 3 年生的 10 月，分别可达 0.252g/株、0.201g/株。显著性分析表明，树龄为 2~3 年生时，除 2 年生 2 月和 4 月外，其余各生长时期高含量 10-DAB 红豆杉容器苗，其单株 10-DAB 累积量与其裸根苗单株 10-DAB 累积量差异显著（$P<0.05$）；树龄为 4 年生时，除 4 年生 5 月和 7 月外，其余各生长时期采高含量 10-DAB 红豆杉容器苗，其单株 10-DAB 累积量与其裸根苗单株 10-DAB 累积量差异均不显著（$P>0.05$）。

综上所述，在前 4 年，高含量 10-DAB 红豆杉新材料容器苗相较裸根苗单株 10-DAB 累积量具有显著优势，表明采用容器育苗可以提高高含量 10-DAB 红豆杉新材料子代单株 10-DAB 累积量，应选用容器苗营建高含量 10-DAB 红豆杉新材料药用原料林。

6.3.2.2　高含量 10-DAB 红豆杉新材料利用途径

（1）利用优势组合建立杂交种子园，保证种子品质和数量

高含量 10-DAB 红豆杉新材料在幼龄（树龄<4 年）表现出明显杂种优势，枝叶中 10-DAB 含量超过 0.300%，远高于国内红豆杉枝叶中 10-DAB 含量，也超过欧洲红豆杉枝叶中 10-DAB 含量，此后枝叶中 10-DAB 含量随树龄增加降至较低水平。以上结果表明，高含量 10-DAB 红豆杉新材料杂种优势的利用与树龄有较大关系，因而通过扦插、嫁接等无性繁殖固定杂种优势的方式在高含量 10-DAB 红豆杉新材料杂种优势利

用上较难实现。

综上所述，高含量 10-DAB 红豆杉新材料杂种优势利用的最佳途径是以曼地亚红豆杉 3 号无性系为母本，云南红豆杉为父本建立杂交种子园，以年年制种方式，大量生产性状优良的杂交种子。

(2)选用容器苗作为原料林的建园材料，可显著提高枝叶生物量

通过种子繁殖的高含量 10-DAB 红豆杉新材料容器苗和裸根苗枝叶生物量对比分析可知，在幼龄时期(树龄<4 年)容器苗的枝叶生物量显著大于裸根苗，表明选用实生容器苗营建高含量 10-DAB 红豆杉新材料药用原料林，可以显著提高苗木枝叶生物量。同时，在此时期容器苗单株 10-DAB 累积量相较裸根苗也具有显著优势。

综上所述，在高含量 10-DAB 红豆杉新材料药用原料林的营建过程中，应选用容器苗作为建园材料。

(3)幼龄(树龄<4 年)全株利用，获得最大收益

高含量 10-DAB 红豆杉新材料子代最佳利用时间不能简单由某个指标或因素所决定，要根据各指标变化规律及多指标联合做出判断，从而确定最佳采收时间。基于以上分析结果，枝叶生物量高，并不一定意味着 10-DAB 含量高，而枝叶 10-DAB 含量高的生长时期，其枝叶生物量又不一定理想。综合这两个因素，在枝叶中 10-DAB 含量大于等于育种目标(10-DAB 含量>0.2%)的前提下，以单株 10-DAB 累积量为指标来确定最佳采收时间最为适宜。在苗木生长到 3 年第 10 个月的时候进行采收，同时，在采收方式上，采用全株利用的模式，即全株挖掘，此时采收的单株枝叶生物量达0.252g，可以获得最大收益。

6.3.3 讨论

林木繁殖的多样性，决定了其杂种优势利用途径的多样性，理论上可以通过强优势组合获取杂种优势较强的 F_1 代，也可以通过 F_1 选优后再通过无性繁殖固定其杂种优势。目前，我国主要用材林树种是通过无性繁殖方式固定其杂种优势，再以优良无性系的方式投入生产，如杨树、桉树，杉木、马尾松等。用材林树种其育种目标性状多为生长量、材性和抗性(抗病虫害、抗涝、耐寒、耐盐碱)等指标，这些性状在不同的杂交组合以及组合内的单株间均存在着丰富的变异，因此需选择优良单株，采用无性繁殖将其优良性状固定下来。红豆杉作为药用林木，其枝叶中 10-DAB 是我们关注的重要目标性状，在对其杂种优势利用时，要区别于以材性、抗性等作为育种目标的其他林木。研究结果表明，高含量 10-DAB 红豆杉新材料子代枝叶中 10-DAB 含量随树龄增加而逐年降低至较低水平。因此，在对其杂种优势利用时，要充分考虑树龄因素，即在早期对其进行利用，才可以获得较高利用价值。基于此，高含量 10-DAB 红豆杉新材料杂种优势利用的最好途径是营建曼地亚红豆杉和云南红豆杉杂交种子园，通过

年年制种，在控制好树龄情况下，可获得具有明显杂种优势的优良子代。

已有研究表明，种子繁殖下的容器苗相较裸根苗，具有较好的造林成效，可以提高苗木生长速度，目前在桉树、木麻黄、马尾松、漆树等树种的造林过程中已广泛应用。楚秀丽等研究结果表明马尾松容器苗造林效果优势显著，马尾松容器苗造林效果相较裸根苗，其平均树高、地径及当年新梢生长量分别增长了 18.25%、31.71% 和 21.13%；木荷容器苗造林效果也表现出较大优势，当年的新梢生长量较裸根苗增长了 19.68%，其中在单株干质量方面，两树种容器苗造林的苗木是裸根苗的 2 倍左右。罗雪等对漆树的研究也表明选用容器苗造林可显著提高造林质量。本研究也表明，采用容器苗造林的苗木，其枝叶生物量和单株 10-DAB 累积量在前 3 年均显著大于裸根苗（$P<0.05$）。其原因是在造林初期，苗木的根系生长较为缓慢，对于土壤养分吸收受到限制，因而用裸根苗造林后有一定的缓苗期，在此期间苗木生长放缓。而容器苗受到塑料薄膜容器的保护，能形成完整的根团，在移栽过程中根系可以被完整保存下来，不易受损伤，因而移栽后没有缓苗期，可以保障根系在造林初期对养分的吸收，使其具有较好的造林效果。红豆杉由于根系不发达，在造林起苗时根系又受到不同程度的损伤，因而对其生长活力造成较大影响。当苗木逐渐适应生长环境，同时由于自身修复作用，损伤的根系得到修复，生长速度也逐渐加快。同时，也有研究表明，实生容器苗培育过程中，基质也会对造林效果产生影响，可以提高生长速度，因此在后续研究中应继续开展相关研究。

第七章

云曼红豆杉苗木生长及次生代谢物对光照的响应

光照强度是影响红豆杉生长的重要环境因子。有研究表明，红豆杉虽然耐荫，但过于荫蔽的生长环境会增加成树死亡率，抑制幼树更新，红豆杉在林隙或稀疏的冠层下会生长更好。过强的光照会削弱损伤茎尖和侧芽，导致枯梢，生长3年以下的红豆杉苗木对于直射光尤其敏感。研究选取的是2年生云曼红豆杉实生苗木，具备研究光照对其生长影响的意义，分析了在4种不同遮光强度(0%、50%、70%、90%)下苗木在四个取样时间(3月、6月、9月、12月)的地径、苗高生长以及枝叶生物量的变化。

7.1 光照强度对云曼红豆杉生长的影响

7.1.1 材料与方法

7.1.1.1 试验材料

人工栽培长势均匀的两年生云曼红豆杉实生苗。

7.1.1.2 试验地概况

试验地位于四川省凉山州西昌市开元乡古鸠莫村，是国家林业草原红豆杉西南工程技术研究中心的试验基地。该区距凉山州首府西昌市区20km。地理位置为北纬27°30′，东经102°04′，海拔1600~2200m，属南亚热带高原季风气候区。年平均气温11.1~14.6℃，七月平均气温16.5~20.0℃，年降水量1200~1400mm，年相对湿度70%~75%，无霜期达250d。

7.1.1.3 试验设计

选取长势均匀的2年生云曼红豆杉实生苗约320株，于2019年12月移栽至地势平坦且土壤水分和温度等生境条件均匀一致的实验地，栽植株行距0.35m×0.30m。利用不同密度遮阴网进行光照梯度设置，共分为4个光区域，分别为0%(无遮光)、50%、70%和90%，遮阴网设置光区域离地面1m处，长12m，宽2m。整日受照射变化及天气条件变化影响一致，苗木生长期间养分、水分持续供应充足，按照常规技术管理，定期除草，以最大限度地避免光照条件与其他环境因子的交互作用影响。

7.1.1.4 样品采集

自 2020 年 3 月中旬起，至 2020 年 12 月中旬止，每间隔 3 个月，分别在 4 块不同光区域中随机采集长势相对均匀的两年生云曼红豆杉苗木(全株)，3 株为一个重复，重复 5 次，每组采样株数 15 株/次，4 组共计 60 株/次。

7.1.1.5 主要仪器和试剂

（1）仪器

高效液相色谱仪(日本岛津公司)，配置 LC-20ATvp 输液泵、SPD-20Avp 可变波长紫外检测器、CTO-10AS 柱温箱、N2000 色谱数据处理系统、TU-180PC 紫外-可见分光光度计(北京普析通用仪器有限公司)、5804R 离心机(德国 Eppendorf 公司)、KQ-500 超声波清洗器(昆山市超声仪器有限公司)、FA2004 电子天平(上海舜宇恒平科学仪器有限公司)、枝剪、试管、烧杯、容量瓶、玻璃棒、胶头滴管等。

（2）试剂

紫杉醇、10-DAB 对照品购自成都德锐可生物科技有限公司(经核磁和质谱鉴定，采用峰面积归一法计算，纯度>99%)。甲醇、乙腈为色谱试剂；其他试剂均为分析试剂；水为二次蒸馏水(自制)。

7.1.1.6 测定指标与方法

（1）苗木地径、苗高生长量测定

用钢卷尺、游标卡尺分别测量种植在不同遮光强度区域下的云曼红豆杉两年生苗木的地径与苗高生长量。

（2）枝叶生物量测定

用电子称测定每株枝叶的湿重 $A(g)$，70℃烘干至恒重，称准确测定每株枝叶的干重 $B(g)$，含水率 $H=[(A-B)/A]\times100\%$，结果保留至小数点后一位。

（3）紫杉醇含量测定

按"3.1"方法进行检测。

（4）紫杉醇累积量测定

单株紫杉醇累积量(g/株)：即单株紫杉醇产量，是枝叶中紫杉醇含量(%)和单株枝叶生物量的乘积(g/株)。

$$单株紫杉醇累积量=枝叶紫杉醇含量\times单株枝叶生物量/100$$

（5）10-DAB 含量测定

按"3.2"方法进行检测。

（6）10-DAB 累积量测定

单株 10-DAB 累积量(g/株)：即单株 10-DAB 产量(%)，是枝叶中 10-DAB 含量(%)和单株枝叶生物量的乘积(g/株)。

$$单株 10\text{-}DAB 累积量=枝叶 10\text{-}DAB 含量\times单株枝叶生物量/100$$

7.1.2　不同遮光强度下云曼红豆杉幼苗生长差异

在 2019 年 12 月移栽时，测量选取的 2 年生云曼红豆杉苗木的地径平均值为 3.01mm、苗高平均值为 30.70cm，测定其单株枝叶生物量平均值为 7.01g/株。计算第一次采样的地径、苗高及枝叶生物量增长量均以此为基础。

7.1.2.1　不同遮光强度下云曼红豆杉幼苗地径生长量差异

测量 2 年生云曼红豆杉苗木在不同遮光强度下的地径值，地径统计见表7-1，显著性分析见表7-2，地径增长量见表7-3。

表 7-1　不同遮光强度下一年内云曼红豆杉地径测量结果　　mm

遮光度	地径	3 月	6 月	9 月	12 月
0%	平均值	3.07	4.05	5.96	6.31
	标准差	0.557	0.764	0.426	0.353
50%	平均值	3.99	5.44	7.79	8.09
	标准差	0.552	0.427	0.497	0.384
70%	平均值	3.98	6.05	9.21	9.66
	标准差	0.365	0.315	0.362	0.377
90%	平均值	3.13	4.77	7.81	8.19
	标准差	0.344	0.457	0.352	0.282

表 7-2　云曼红豆杉不同遮光度、不同月份间地径方差分析

差异来源		平方和	自由度	均方	F 值	P 值	显著性
不同遮光度间	3 月不同遮光度间	3.899	3	1.300	5.996	0.006	＊＊
	6 月不同遮光度间	11.178	3	3.726	13.874	0.000	＊＊
	9 月不同遮光度间	25.669	3	8.890	52.087	0.000	＊＊
	12 月不同遮光度间	28.214	3	9.405	76.295	0.000	＊＊
不同月份间	0%遮光度不同月份间	35.753	3	11.918	39.720	0.000	＊＊
	50%遮光度不同月份间	57.566	3	19.189	87.154	0.000	＊＊
	70%遮光度不同月份间	108.729	3	36.234	286.955	0.000	＊＊
	90%遮光度不同月份间	89.170	3	29.723	244.006	0.000	＊＊

注：＊为 $P<0.05$ 水平显著，＊＊为 $P<0.01$ 水平极显著。

表 7-3　不同遮光强度下云曼红豆杉地径增长量　　mm

遮光度	3 月	6 月	9 月	12 月
0%	0.15	0.98	1.91	0.35
50%	0.87	1.45	2.35	0.30
70%	0.92	2.07	3.16	0.45
90%	0.18	1.64	2.41	0.38

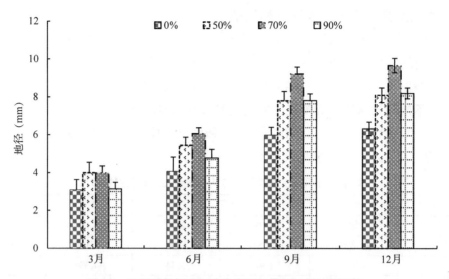

图 7-1　不同月份间不同遮光度下云曼红豆杉地径比较

由上述测定结果(表 7-1)以及显著性分析(表 7-2)可知,不同遮光强度、生长时间对 2 年生云曼红豆杉苗木的地径生长具有明显影响。

从遮光度上看,各遮光度(0%、50%、70%、90%)间地径差异极显著($P<0.01$),由于移栽时测量各个遮光度之间地径差异只是显著水平,因此可从四次取样时间(3月、6月、9月、12月)所测量的结果可得出,总体 70% 遮光条件下地径值最大,对地径生长影响最大,其次为 90%>50%>0%;从生长时间上看,各月份(3月、6月、9月、12月)间地径差异极显著($P<0.01$),2 年生云曼红豆杉苗木的地径是随着生长时间增加而增长。

根据每月每个遮光度 5 个重复值的平均值来计算每个遮光度下不同月份的地径增长量(表 7-3),可以得出以下结论:

从遮光度上看,70% 遮光条件下的地径增长量在四个取样时间(3月、6月、9月、12月)均大于其他遮光度(0%、50%、90%),50% 遮光度和 90% 遮光度下地径增长量差异不显著,在 0% 遮光度下的地径增长量最小。从生长时间上看,6~9 月的地径增长量在四个遮光强度(0%、50%、70%、90%)下均大于其他月份,其次是 3~6 月>9~12月>12月至翌年 3月,可以得出 6~9 月是 2 年生云曼红豆杉苗木地径的生长旺盛期,9月至次年 3月生长逐渐放缓,3月后逐渐增加(图 7-1)。

7.1.2.2　不同遮光强度下云曼红豆杉苗高生长量差异

测量 2 年生云曼红豆杉苗木在不同遮光强度下的苗高值,苗高统计见表 7-4 和图 7-2,差异显著性分析见表 7-5,苗高增长量见表 7-6。

表 7-4　不同遮光强度下一年内云曼红豆杉苗高测量结果　　　　　　　cm

遮光度	苗高	3月	6月	9月	12月
0%	平均值	30.75	32.57	38.56	40.75
	标准差	1.562	1.495	0.744	1.166
50%	平均值	34.85	37.53	43.66	46.33
	标准差	1.391	1.409	1.480	1.473
70%	平均值	35.29	39.55	47.51	50.82
	标准差	1.409	1.248	1.374	1.482
90%	平均值	31.52	33.47	38.95	40.46
	标准差	1.439	1.651	1.436	1.789

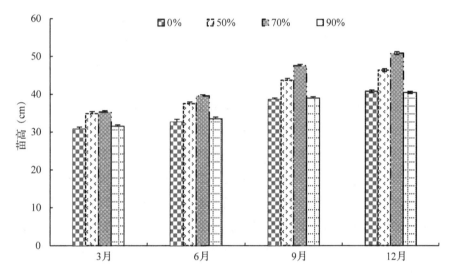

图 7-2　不同月份间不同遮光度下云曼红豆杉苗高比较

表 7-5　云曼红豆杉不同遮光度、不同月份间苗高方差分析

差异来源		平方和	自由度	均方	F 值	P 值	显著性
不同遮光度间	3月不同遮光度间	79.501	3	26.500	12.571	0.000	＊＊
	6月不同遮光度间	164.584	3	54.861	25.806	0.000	＊＊
	9月不同遮光度间	270.520	3	90.173	53.873	0.000	＊＊
	12月不同遮光度间	367.966	3	122.655	54.958	0.000	＊＊
不同月份间	0%遮光度不同月份间	340.228	3	113.409	68.835	0.000	＊＊
	50%遮光度不同月份间	423.288	3	141.096	68.148	0.000	＊＊
	70%遮光度不同月份间	762.569	3	254.190	133.307	0.000	＊＊
	90%遮光度不同月份间	275.450	3	91.817	36.512	0.000	＊＊

注：＊为 $P<0.05$ 水平显著，＊＊为 $P<0.01$ 水平极显著。

表 7-6　不同遮光强度下云曼红豆杉苗高增长量　　　　　　　　mm

遮光度	3 月	6 月	9 月	12 月
0%	1.08	1.82	5.99	2.19
50%	3.11	2.68	6.13	2.67
70%	3.94	4.26	7.96	3.31
90%	1.49	1.95	5.48	1.51

由苗高统计以及差异显著性分析可知，不同遮光强度、生长时间对 2 年生云曼红豆杉苗木的苗高生长具有明显影响，具体如下：

从遮光度上看，各遮光度（0%、50%、70%、90%）间苗高差异极显著（$P < 0.01$），由于移栽时测量各个遮光度之间苗高差异只是显著水平，因此可从四次取样时间（3 月、6 月、9 月、12 月）所测量的结果可得出，总体 70% 遮光条件下苗高最高，对苗高生长影响最大，其次为 50%>0%>90%；从生长时间上看，各月份（3 月、6 月、9 月、12 月）间苗高差异极显著（$P < 0.01$），2 年生云曼红豆杉苗木的苗高是随着生长时间增加而增长。

根据每月每个遮光度 5 个重复值的平均值来计算每个遮光度下不同月份的苗高增长量，如表 7-6 所示，可以得出以下结论：

从遮光度上看，70% 遮光条件下的苗高增长量在四个取样时间（3 月、6 月、9 月、12 月）均大于其他遮光度（0%、50%、90%），其次为 50% 遮光度，0% 遮光度和 90% 遮光度下苗高增长量差异不显著。从生长时间上看，6~9 月的苗高增长量在四个遮光强度（0%、50%、70%、90%）下均大于其他月份，其次是 3~6 月>9~12 月>12 月至翌年 3 月，可以得出 6~9 月是 2 年生云曼红豆杉苗木的苗高生长旺盛期，9 月至翌年 3 月生长逐渐放缓，3 月后逐渐增加。

7.1.2.3　不同遮光强度下云曼红豆杉幼苗枝叶生物量差异

测定不同遮光强度下云曼红豆杉 2 年生苗木枝叶生物量（图 7-3），枝叶生物量统计如表 7-7 所示，差异显著性分析如表 7-8 所示，枝叶生物量增长量如表 7-9 所示。

表 7-7　不同遮光强度下云曼红豆杉枝叶生物量测定结果　　　　　　g/株

遮光度	生物量	3 月	6 月	9 月	12 月
0%	平均值	7.07	7.96	11.84	12.13
	标准差	1.000	0.826	1.131	1.600
50%	平均值	7.13	8.79	13.50	15.64
	标准差	0.992	1.299	0.704	1.371
70%	平均值	8.79	11.81	18.42	20.74
	标准差	0.990	1.296	1.318	1.445
90%	平均值	8.11	9.58	13.93	15.03
	标准差	0.967	1.587	1.389	1.085

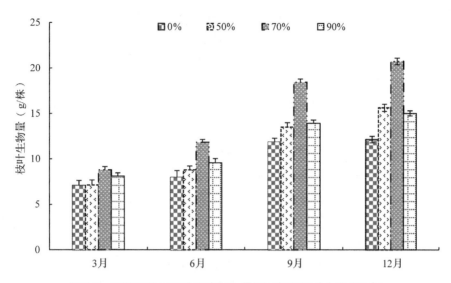

图 7-3　不同月份不同遮光度下云曼红豆杉苗枝叶生物量比较

表 7-8　云曼红豆杉不同遮光度、不同月份间枝叶生物量方差分析

差异来源		平方和	自由度	均方	F 值	P 值	显著性
不同遮光度间	3 月不同遮光度间	10.298	3	3.433	3.522	0.039	*
	6 月不同遮光度间	41.019	3	13.673	8.326	0.001	* *
	9 月不同遮光度间	118.504	3	39.501	29.037	0.000	* *
	12 月不同遮光度间	192.253	3	64.084	33.267	0.000	* *
不同月份间	0%遮光度不同月份间	102.286	3	34.095	24.703	0.000	* *
	50%遮光度不同月份间	237.013	3	79.004	62.629	0.000	* *
	70%遮光度不同月份间	467.011	3	155.670	95.985	0.000	* *
	90%遮光度不同月份间	167.044	3	55.681	33.950	0.000	* *

注：* 为 $P<0.05$ 水平显著，* * 为 $P<0.01$ 水平极显著。

表 7-9　不同遮光强度下云曼红豆杉枝叶生物量增长量　　　　　　　　g/株

遮光度	3 月	6 月	9 月	12 月
0%	0.05	0.89	3.88	0.29
50%	0.09	1.66	4.71	2.14
70%	1.66	3.02	6.61	2.32
90%	0.87	1.47	4.35	1.10

　　由上述测定结果以及差异显著性分析可知，不同遮光强度、生长时间对 2 年生云曼红豆杉苗木的枝叶生物量具有明显影响，具体如下：

　　从遮光度上看，四次取样时间(3 月、6 月、9 月、12 月)中 6 月、9 月、12 月所测定的四个遮光强度(0%、50%、70%、90%)间枝叶生物量差异极显著($P<0.01$)，3 月

所测定的四个遮光强度间枝叶生物量差异显著（$0.01<P<0.05$）。由于移栽时测定各个遮光强度之间枝叶生物量差异小，因此可从所测量的结果可得出，70%遮光条件下枝叶生物量在四次取样时间均大于其他遮光强度，对枝叶生物量影响最大，其次为90%>50%>0%，全光照不利于苗木枝叶生物量的积累；从生长时间上看，各月份（3月、6月、9月、12月）间枝叶生物量差异极显著（$P<0.01$），2年生云曼红豆杉苗木的枝叶生物量是随着生长时间增加而增长。

根据每月每个遮光度5个重复值的平均值来计算每个遮光度下不同月份的枝叶生物量增长量，如表7-9所示，可以得出以下结论：

从遮光度上看，70%遮光条件下的枝叶生物量增长量在四个取样时间（3月、6月、9月、12月）均大于其他遮光度（0%、50%、90%），70%遮光条件下枝叶生物量增长量占3月总增长量的62%、占6月总增长量的43%，占9月总增长量的34%，占12月总增长量的40%；其次为50%遮光度、90%遮光度；在0%遮光度下的枝叶生物量增长量最小。从生长时间上看，6~9月的枝叶生物量增长量在四个遮光强度（0%、50%、70%、90%）下均大于其他月份，其次是3~6月>9~12月>12月至翌年3月，可以得出6~9月是2年生云曼红豆杉苗木的枝叶生物量增长旺盛期，9月至翌年3月生长逐渐放缓，3月后逐渐增加。

7.1.2.4　小结

（1）不同遮光强度、生长时间对2年生云曼红豆杉苗木的地径、苗高生长以及枝叶生物量积累具有明显影响。各遮光度间地径、苗高、枝叶生物量差异极显著（$P<0.01$），总体70%遮光条件下地径、苗高、枝叶生物量最大，其增长量在四个取样时间均大于其他遮光度；各月份间地径差异极显著（$P<0.01$），2年生云曼红豆杉苗木的地径、苗高、枝叶生物量均随着生长时间增加而增长，6~9月的三个生长指标的增长量在四个遮光强度下均大于其他月份，可以得出6~9月是2年生云曼红豆杉苗木地径、苗高及枝叶生物量的生长旺盛期。

（2）以上三个生长指标在一年的不同遮光处理下的生长变化基本一致，结果表明70%遮光强度下最有利于2年生云曼红豆杉苗木地径、苗高以及枝叶生物量的增加，且能得出夏季（6~9月）是苗木的生长旺盛期，其次为春季（3~6月），秋季和冬季生长逐渐放缓。

药用林木的栽培，考虑的不仅仅是植株的生长，其目的是追求植株单株药用活性成分累积量的最大化。因此，确定何种遮光强度对药用林木云曼红豆杉苗木栽培具最佳效，还需要对各方面因素进行综合评定后才能得出结论。

7.2　光照强度对枝叶紫杉醇含量及累积量的影响

紫杉醇以其独特的药理作用机制而得到人们的广泛认可，云曼红豆杉人工栽培是提供紫杉醇的重要而稳定的来源之一。云曼红豆杉枝叶紫杉醇累积量取决于其枝叶的生物量以及紫杉醇含量两者的乘积。

光照强度是影响红豆杉紫杉醇含量及其衍生物的关键因子之一，本研究设置 4 个不同遮光强度测定其对 2 年生云曼红豆杉苗木枝叶中紫杉醇含量及其累积量的影响和对比分析。

7.2.1　不同遮光强度下云曼红豆杉幼苗枝叶紫杉醇含量差异

测定不同遮光强度下云曼红豆杉 2 年生苗木枝叶中紫杉醇含量（图 7-4），枝叶紫杉醇含量统计如表 7-10 所示，差异显著性分析如表 7-11 所示。

表 7-10　不同遮光强度下云曼红豆杉枝叶紫杉醇含量测定结果　　%

遮光度	含量	3 月	6 月	9 月	12 月
0%	平均值	0.035	0.038	0.035	0.033
	标准差	0.007	0.004	0.005	0.005
50%	平均值	0.033	0.033	0.033	0.028
	标准差	0.006	0.003	0.003	0.002
70%	平均值	0.030	0.033	0.030	0.023
	标准差	0.007	0.004	0.004	0.002
90%	平均值	0.028	0.030	0.028	0.020
	标准差	0.005	0.006	0.006	0.004

表 7-11　云曼红豆杉不同遮光度、不同月份间枝叶紫杉醇含量方差分析

差异来源		平方和	自由度	均方	F 值	P 值	显著性
不同遮光度间	3 月不同遮光度间	0.000	3	0.000	1.122	0.369	*
	6 月不同遮光度间	0.000	3	0.000	0.699	0.566	*
	9 月不同遮光度间	0.000	3	0.000	1.039	0.402	*
	12 月不同遮光度间	0.000	3	0.000	4.998	0.092	*
不同月份间	0%遮光度不同月份间	0.000	3	0.000	0.352	0.788	*
	50%遮光度不同月份间	0.000	3	0.000	0.423	0.739	*
	70%遮光度不同月份间	0.000	3	0.000	1.422	0.273	*
	90%遮光度不同月份间	0.000	3	0.000	2.136	0.136	*

注：* 为 $P<0.05$ 水平显著，* * 为 $P<0.01$ 水平极显著。

由上述测定结果以及差异显著性分析可知，不同遮光强度以及生长时间下 2 年生云曼红豆杉苗木的枝叶紫杉醇含量差异不显著，具体如下：

从遮光度上看，不同遮光强度处理下的苗木枝叶紫杉醇含量差异不显著（$P>0.05$），但对比具体数据可得出：在不遮光的条件下（0%遮光度），苗木紫杉醇含量在

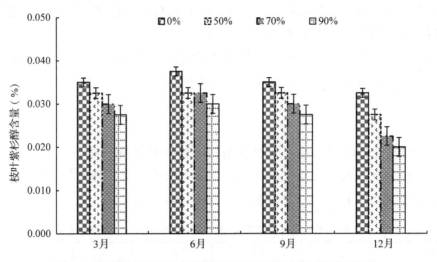

图 7-4　不同月份不同遮光度下云曼红豆杉枝叶紫杉醇含量比较

4 次取样时间(3 月、6 月、9 月、12 月)所得结果均高于其他三个遮光度,0%遮光度条件下苗木枝叶紫杉醇含量峰值分别是对应 50%遮光度条件下苗木枝叶紫杉醇含量峰值的 1.2 倍、70%遮光度条件下苗木枝叶紫杉醇含量峰值的 1.3 倍、90%遮光度条件下苗木枝叶紫杉醇含量峰值的 1.4 倍。由此可得,不同遮光强度对 2 年生云曼红豆杉苗木枝叶紫杉醇的合成具有一定的影响,全光照条件更有利于 2 年生云曼红豆杉苗木枝叶紫杉醇的合成;过度遮光如 70%、90%遮光度不利于苗木枝叶紫杉醇的合成,因此还需进一步分析遮光对 2 年生云曼红豆杉苗木枝叶紫杉醇累积量的影响。

从生长时间上看,各月份(3 月、6 月、9 月、12 月)间苗木枝叶紫杉醇含量差异不显著($P > 0.05$),但对比具体数据可得出:四个不同遮光强度处理下(0%、50%、70%、90%)2 年生云曼红豆杉苗木枝叶紫杉醇含量在 6 月都出现较高峰值,其紫杉醇含量峰值为 0.015%(0%遮光度)、0.013%(50%遮光度)、0.013%(70%遮光度)、0.012%(90%遮光度);3 月和 9 月所测得 2 年生云曼红豆杉苗木枝叶紫杉醇含量差异不大,12 月苗木紫杉醇含量最低。由此可得,6~9 月是 2 年生云曼红豆杉苗木枝叶紫杉醇合成的高峰期。

2 年生云曼红豆杉苗木枝叶紫杉醇含量在 12 月的 90%遮光条件下出现整个试验周期的最低值,低至 0.008%;在 6 月的 0%遮光条件下出现整个试验周期的最高值,达到 0.015%,是最低值的 1.9 倍。因此,2 年生云曼红豆杉苗木枝叶中紫杉醇合成的最佳遮光强度为 0%,最佳时间为 6 月。

7.2.2　不同遮光强度下云曼红豆杉单株紫杉醇累积量差异

计算出单株紫杉醇累积量(图 7-5),再计算各重复的平均值,结果见表 7-12。不同遮光强度、不同生长时间 2 年生云曼红豆杉苗木单株紫杉醇累积量的差异显著性分析见表7-13。

表 7-12　不同遮光强度下云曼红豆杉单株紫杉醇累积量测定结果　　　mg／株

遮光度	累积量	3 月	6 月	9 月	12 月
0%	平均值	2.473	2.955	2.963	3.958
	标准差	0.157	0.179	0.153	0.160
50%	平均值	2.293	2.795	4.400	4.325
	标准差	0.186	0.137	0.188	0.217
70%	平均值	2.943	3.863	5.543	4.675
	标准差	0.201	0.240	0.225	0.213
90%	平均值	2.218	2.848	3.838	3.021
	标准差	0.240	0.176	0.161	0.192

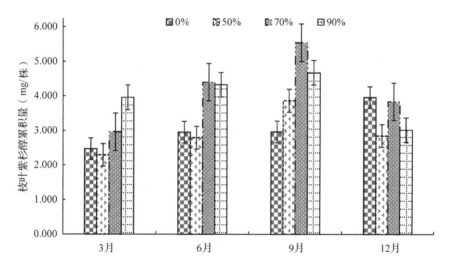

图 7-5　不同月份不同遮光度下云曼红豆杉枝叶紫杉醇累积量比较

表 7-13　云曼红豆杉不同遮光度、不同月份间单株紫杉醇累积量方差分析

差异来源		平方和	自由度	均方	F 值	P 值	显著性
不同遮光度间	3 月不同遮光度间	0.252	3	0.084	8.793	0.001	＊＊
	6 月不同遮光度间	0.606	3	0.202	24.636	0.000	＊＊
	9 月不同遮光度间	2.804	3	0.935	116.482	0.000	＊＊
	12 月不同遮光度间	1.250	3	0.417	43.569	0.000	＊＊
不同月份间	0%遮光度不同月份间	0.928	3	0.309	48.916	0.000	＊＊
	50%遮光度不同月份间	2.759	3	0.920	111.662	0.000	＊＊
	70%遮光度不同月份间	2.970	3	0.990	85.409	0.000	＊＊
	90%遮光度不同月份间	1.062	3	0.354	38.479	0.000	＊＊

注：＊为 $P<0.05$ 水平显著，＊＊为 $P<0.01$ 水平极显著。

由上述测定结果以及差异显著性分析可知，不同遮光强度以及生长时间对 2 年生云曼红豆杉苗木单株紫杉醇累积量具有明显影响，具体如下：

从遮光度上看，不同遮光强度处理下的苗木单株紫杉醇累积量差异极显著（$P <$ 0.01），对比具体数据可得出：70% 遮光度条件下，单株紫杉醇累积量在 4 次取样时间（3 月、6 月、9 月、12 月）所得结果均高于其他三个遮光度，70% 遮光度条件下苗木单株紫杉醇累积量峰值，分别是对应 0 遮光度条件下苗木单株紫杉醇累积量的 1.9 倍、50% 遮光度条件下苗木枝叶紫杉醇含量峰值的 1.3 倍、90% 遮光度条件下苗木枝叶紫杉醇含量峰值的 1.4 倍。由此可得，2 年生云曼红豆杉苗木单株紫杉醇的积累与光照强度密切相关，在遮光 70% 条件下最有利于苗木单株紫杉醇累积量的增加；全光照下虽然其枝叶紫杉醇含量最高，但单株枝叶生物量最小，因此全光照不利于 2 年生云曼红豆杉苗木单株紫杉醇累积量的提高。

从生长时间上看，各月份（3 月、6 月、9 月、12 月）间苗木单株紫杉醇累积量差异极显著（$P < 0.01$），对比具体数据可得出：四个不同遮光强度处理（0%、50%、70%、90%）下 2 年生云曼红豆杉苗木单株紫杉醇累积量在 9 月都出现较高峰值，其单株紫杉醇累积量峰值为 2.963mg/株（0% 遮光度）、4.401mg/株（50% 遮光度）、5.543mg/株（70% 遮光度）、3.838mg/株（90% 遮光度）；其次依次为 12 月、6 月、3 月。由此可得，9 月是 2 年生云曼红豆杉苗木单株紫杉醇累积量增加的高峰期；由于 12 月至次年 3 月苗木生长缓慢，枝叶生物量增量小，所以冬季苗木单株紫杉醇累积量增长最慢。

2 年生云曼红豆杉苗木枝叶单株紫杉醇累积量在 3 月的 90% 遮光条件下出现整个试验周期的最低值，低至 2.218mg/株；在 9 月的 70% 遮光条件下出现整个试验周期的最高值，达到 5.543mg/株，是最低值的 2.5 倍。因此，2 年生云曼红豆杉苗木单株 10-DAB 累积量增加的最佳遮光强度为 70%，最佳时间为 9 月。

7.2.3　小结

本研究选取的是 2 年生云曼红豆杉实生苗木为试验材料，分析其在不同遮光强度处理（0%、50%、70%、90%）下枝叶紫杉醇含量以及单株紫杉醇累积量的差异，以及随月份变化而变化的趋势。

（1）在一年的试验周期内，不同遮光强度以及生长时间下 2 年生云曼红豆杉苗木的枝叶紫杉醇含量差异不显著。但通过对比具体数值可得出：从遮光度上看，在不遮光的条件下（0% 遮光度），苗木紫杉醇含量均高于其他三个遮光度，全光照条件更有利于 2 年生云曼红豆杉苗木枝叶紫杉醇的合成，过度遮光如 70%、90% 遮光度不利于苗木枝叶紫杉醇的合成；从生长时间上看，四个不同遮光强度处理下 2 年生云曼红豆杉苗木枝叶紫杉醇含量年变化趋势为先升高后降低，夏秋两季含量偏高，冬春两季含量偏低。

（2）在一年的试验周期内，不同遮光强度以及生长时间下 2 年生云曼红豆杉苗木单株紫杉醇累积量差异极显著。从遮光度上看，70% 遮光度条件下单株紫杉醇累积量均高于其他三个遮光度，70% 遮光度条件下苗木单株紫杉醇累积量峰值是对应 0% 遮光度条件下苗木单株紫杉醇累积量的 1.9 倍。由此可得，2 年生云曼红豆杉苗木单株紫杉醇的积累与光照强度密切相关，在遮光 70% 条件下最有利于苗木单株紫杉醇累积量的增加，全光照不利于 2 年生云曼红豆杉苗木单株紫杉醇累积量的提高。从生长时间上看，四个不同遮光强度处理下 2 年生云曼红豆杉苗木单株紫杉醇累积量在 9 月都出现较高峰值，其次依次为 12 月、6 月、3 月。由此可得，9 月是 2 年生云曼红豆杉苗木单株紫杉醇累积量增加的高峰期。

由此分析可得，不同遮光强度处理以及生长时间对 2 年生云曼红豆杉苗木枝叶紫杉醇含量影响较小。但栽植药用人工林的目的是追求单株紫杉醇累积量，从分析结果可以看出遮光强度以及生长时间对 2 年生云曼红豆杉苗木单株紫杉醇累积量具有明显的影响，综合考虑遮光强度以及生长时间，2 年生云曼红豆杉苗木最佳单株紫杉醇累积的遮光度为 70%，时间为 9 月。

7.3 光照强度对枝叶 10-DAB 含量及单株累积量的影响

10-DAB 是一线光谱抗癌药物紫杉醇及其衍生物生物合成、人工半合成的前体物质，在一定程度上解决了天然紫杉醇原料短缺的问题。因此，如何提高红豆杉属植物中 10-DAB 含量成了当今科学界广泛关注的热点。

10-DAB 作为次生代谢产物，光照强度对其在红豆杉中的含量影响较大。本研究设置 4 个不同遮光强度测定其对 2 年生云曼红豆杉苗木枝叶中 10-DAB 含量及其累积量的影响和对比分析，探究提高 2 年生云曼红豆杉苗木单株 10-DAB 累积量最佳遮光强度。

7.3.1 不同遮光强度下云曼红豆杉枝叶 10-DAB 含量差异

测定不同遮光强度下云曼红豆杉 2 年生苗木枝叶中 10-DAB 含量（图 7-6），枝叶 10-DAB 含量统计如表 7-14 所示，差异显著性分析如表 7-15 所示。

表 7-14　不同遮光强度下云曼红豆杉枝叶 10-DAB 含量测定结果　　　　　　%

遮光度	10-DAB 含量	3 月	6 月	9 月	12 月
0%	平均值	0.613	0.946	1.208	0.715
	标准差	0.030	0.063	0.026	0.014
50%	平均值	0.591	0.807	1.161	0.703
	标准差	0.008	0.021	0.011	0.053

（续）

遮光度	10-DAB 含量	3 月	6 月	9 月	12 月
70%	平均值	0.512	0.725	0.876	0.582
	标准差	0.016	0.024	0.029	0.052
90%	平均值	0.356	0.527	0.671	0.519
	标准差	0.042	0.046	0.043	0.032

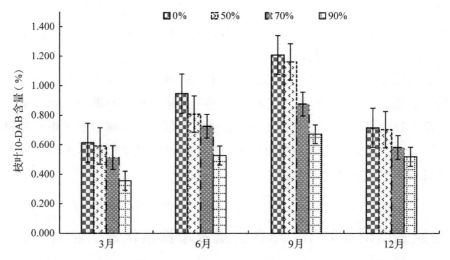

图 7-6　不同月份不同遮光度下云曼红豆杉苗枝叶 10-DAB 含量比较比较

表 7-15　不同遮光度、不同月份间云曼红豆杉苗枝叶 10-DAB 含量方差分析

差异来源		平方和	自由度	均方	F 值	P 值	显著性
不同遮光度间	3 月不同遮光度间	0.204	3	0.068	91.332	0.000	＊＊
	6 月不同遮光度间	0.462	3	0.154	86.657	0.000	＊＊
	9 月不同遮光度间	0.956	3	0.319	366.414	0.000	＊＊
	12 月不同遮光度间	0.135	3	0.045	26.608	0.000	＊＊
不同月份间	0%遮光度不同月份间	1.051	3	0.350	245.729	0.000	＊＊
	50%遮光度不同月份间	0.914	3	0.305	349.294	0.000	＊＊
	70%遮光度不同月份间	0.389	3	0.130	118.822	0.000	＊＊
	90%遮光度不同月份间	0.250	3	0.083	49.126	0.000	＊＊

注：＊为 $P<0.05$ 水平显著，＊＊为 $P<0.01$ 水平极显著。

由上述测定结果（表 7-14）以及显著性分析（表 7-15）可知，不同遮光强度以及生长时间对 2 年生云曼红豆杉苗木枝叶 10-DAB 含量具有明显影响，具体如下：

从遮光度上看，不同遮光强度处理下的苗木枝叶 10-DAB 含量差异极显著（$P<0.01$），分析相同月份不同遮光度的 10-DAB 含量可以发现：在不遮光的条件下（0%遮光度），苗木 10-DAB 含量在 4 次取样时间（3 月、6 月、9 月、12 月）所得结果均高于

其他三个遮光度(排序为 0%>50%>70%>90%),0%遮光度条件下苗木枝叶紫杉醇含量峰值分别是对应 50%遮光度条件下苗木枝叶紫杉醇含量峰值的 1.1 倍、70%遮光度条件下苗木枝叶紫杉醇含量峰值的 1.4 倍、90%遮光度条件下苗木枝叶紫杉醇含量峰值的 1.8 倍。由此可得,不同遮光强度对 2 年生云曼红豆杉苗木枝叶 10-DAB 的合成具有一定的影响,全光照条件更有利于 2 年生云曼红豆杉苗木枝叶 10-DAB 的合成;过度遮光如 90%遮光度明显不利于苗木枝叶 10-DAB 的合成;但对于栽培云曼红豆杉药用林的目的是追求高 10-DAB 累积量,因此还需进一步分析遮光对 2 年生云曼红豆杉苗木枝叶 10-DAB 累积量的影响。

从生长时间上看,各月份(3 月、6 月、9 月、12 月)间苗木枝叶紫杉醇含量差异极显著($P<0.01$),分析相同遮光度不同月份的 10-DAB 含量可以发现:四个不同遮光强度处理下(0%、50%、70%、90%)2 年生云曼红豆杉苗木枝叶 10-DAB 含量在 9 月都出现较高峰值(排序为 9 月>6 月>12 月>3 月),其 10-DAB 含量峰值为 1.208%(0%遮光度)、1.161%(50%遮光度)、0.876%(70%遮光度)、0.671%(90%遮光度)。由此可得,9 月是 2 年生云曼红豆杉苗木枝叶 10-DAB 合成的高峰期。

2 年生云曼红豆杉苗木枝叶 10-DAB 含量在 3 月的 90%遮光条件下出现整个试验周期的最低值,低至 0.356%;在 9 月的 0%遮光条件下出现整个试验周期的最高值,达到 1.208%,是最低值的 3.4 倍。因此,2 年生云曼红豆杉苗木枝叶中 10-DAB 合成的最佳遮光强度为 0%,最佳时间为 9 月。

7.3.2　不同遮光强度下云曼红豆杉单株 10-DAB 累积量差异

计算出 10-DAB 累积量(图 7-7),再计算各重复的平均值,结果见表 7-16。不同遮光强度、不同生长时间 2 年生云曼红豆杉苗木单株 10-DAB 累积量的显著性分析见表 7-17。

表 7-16　不同遮光强度下云曼红豆杉单株 10-DAB 累积量测定结果　　　　　　　g/株

遮光度	10-DAB 含量	3 月	6 月	9 月	12 月
0%	平均值	0.043	0.075	0.143	0.087
	标准差	0.005	0.007	0.006	0.004
50%	平均值	0.042	0.071	0.157	0.110
	标准差	0.006	0.007	0.005	0.008
70%	平均值	0.045	0.086	0.161	0.121
	标准差	0.005	0.004	0.007	0.008
90%	平均值	0.036	0.042	0.087	0.075
	标准差	0.032	0.049	0.095	0.084

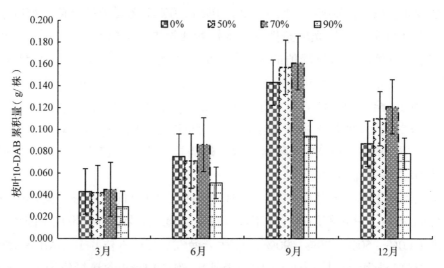

图 7-7　不同月份不同遮光度下云曼红豆杉苗木枝叶 10-DAB 累积量比较

表 7-17　不同遮光度、不同月份间云曼红豆杉苗枝叶 10-DAB 含量方差分析

处　理		平方和	自由度	均方	F 值	P 值	显著性
不同遮光度间	3 月不同遮光度间	0.001	3	0.000	9.201	0.001	＊＊
	6 月不同遮光度间	0.003	3	0.001	27.624	0.000	＊＊
	9 月不同遮光度间	0.014	3	0.005	109.846	0.000	＊＊
	12 月不同遮光度间	0.006	3	0.002	44.954	0.000	＊＊
不同月份间	0% 遮光度不同月份间	0.026	3	0.009	268.329	0.000	＊＊
	50% 遮光度不同月份间	0.037	3	0.012	297.850	0.000	＊＊
	70% 遮光度不同月份间	0.037	3	0.012	309.748	0.000	＊＊
	90% 遮光度不同月份间	0.012	3	0.004	97.724	0.000	＊＊

注：＊为 $P<0.05$ 水平显著，＊＊为 $P<0.01$ 水平极显著。

由上述测定结果以及差异显著性分析可知，不同遮光强度以及生长时间对 2 年生云曼红豆杉苗木单株 10-DAB 累积量具有明显影响，具体如下：

从遮光度上看，不同遮光强度处理下的苗木单株 10-DAB 累积量差异极显著($P<$ 0.01)，分析相同月份不同遮光度的单株 10-DAB 累积量可以发现：70% 遮光度条件下，单株 10-DAB 累积量在 4 次取样时间(3 月、6 月、9 月、12 月)所得结果均高于其他三个遮光度(排序为 70%>50%>0%>90%)，70% 遮光度条件下苗木单株 10-DAB 累积量峰值分别是对应 0% 遮光度条件下苗木单株 10-DAB 累积量的 1.1 倍、50% 遮光度条件下苗木枝叶 10-DAB 累积量峰值的 1.0 倍、90% 遮光度条件下苗木枝叶 10-DAB 累积量峰值的 1.7 倍。由此可得，2 年生云曼红豆杉苗木单株 10-DAB 的积累与光照强度密切相关，在遮光 70% 条件下最有利于苗木单株 10-DAB 累积量的增加；全光照下虽然其枝叶 10-DAB 含量最高，但其单株枝叶生物量最小，而 90% 遮光度下虽然枝叶生物量位于第二，但枝叶中 10-DAB 含量最低，因此全光照和过度遮光（遮光度 90%）不利于 2 年生云曼红豆杉苗木单株 10-DAB 累积量的提高。

从生长时间上看，各月份（3 月、6 月、9 月、12 月）间苗木单株紫杉醇累积量差异极显著（$P<0.01$），分析相同遮光度不同月份的单株紫杉醇累积量可以发现：四个不同遮光强度处理（0%、50%、70%、90%）下 2 年生云曼红豆杉苗木单株紫杉醇累积量在 9 月都出现较高峰值，其单株紫杉醇累积量峰值为 0.143g/株（0%遮光度）、0.157g/株（50%遮光度）、0.161g/株（70%遮光度）、0.094g/株（90%遮光度）；其次依次为 12 月、6 月、3 月。由此可得，9 月是 2 年生云曼红豆杉苗木单株 10-DAB 累积量增加的高峰期；由于 12 月至次年 3 月苗木生长缓慢，枝叶生物量增量小，所以冬季苗木单株 10-DAB 累积量增长最慢。2 年生云曼红豆杉苗木单株 10-DAB 累积年变化与单株紫杉醇累积年变化规律一致。

2 年生云曼红豆杉苗木单株 10-DAB 累积量在 3 月的 90%遮光条件下出现整个试验周期的最低值，低至 0.029g/株；在 9 月的 70%遮光条件下出现整个试验周期的最高值，达到 0.161g/株，是最低值的 5.6 倍。因此，2 年生云曼红豆杉苗木单株 10-DAB 累积量增加的最佳遮光强度为 70%，最佳时间为 9 月。

7.3.3　小结

本研究选取的是 2 年生云曼红豆杉实生苗木为试验材料，分析其在不同遮光强度处理（0%、50%、70%、90%）下枝叶 10-DAB 含量以及单株 10-DAB 累积量的差异，以及随月份的变化趋势。

（1）在一年的试验周期内，不同遮光强度以及生长时间下 2 年生云曼红豆杉苗木的枝叶 10-DAB 含量差异极显著。从遮光度上看，在不遮光的条件下（0%遮光度），苗木 10-DAB 含量均高于其他三个遮光度，全光照条件更有利于 2 年生云曼红豆杉苗木枝叶 10-DAB 的合成，过度遮光如 90%遮光度不利于苗木枝叶 10-DAB 的合成；从生长时间上看，四个不同遮光强度处理下 2 年生云曼红豆杉苗木枝叶 10-DAB 含量年变化趋势为先升高后降低，夏秋两季含量偏高，冬春两季含量偏低，结论与 2 年生云曼红豆杉苗木枝叶紫杉醇含量年变化趋势一致。

（2）在一年的试验周期内，不同遮光强度以及生长时间下 2 年生云曼红豆杉苗木单株 10-DAB 累积量差异极显著。从遮光度上看，70%遮光度条件下单株 10-DAB 累积量明显高于其他三个遮光度，最有利于苗木单株紫杉醇累积量的增加，全光照不利于 2 年生云曼红豆杉苗木单株 10-DAB 累积量的提高。从生长时间上看，四个不同遮光强度处理下 2 年生云曼红豆杉苗木单株 10-DAB 累积量在 9 月都出现较高峰值，其次依次为 12 月、6 月、次年 3 月。由此可得，9 月是 2 年生云曼红豆杉苗木单株 10-DAB 累积量增加的高峰期。

　　由此分析可得，不同遮光强度处理以及生长时间对 2 年生云曼红豆杉苗木枝叶 10-DAB 含量以及单株 10-DAB 累积量具有明显的影响，综合考虑遮光强度以及生长时间，2 年生云曼红豆杉苗木最佳单株 10-DAB 累积的遮光度为 70%，时间为 9 月，这与 2 年生云曼红豆杉苗木最佳单株紫杉醇累积的遮光度和时间一致。

第八章

云曼红豆杉苗木生长及次生代谢物对营养元素的响应

8.1 幼苗生长及次生代谢物动态变化规律

8.1.1 材料与方法

8.1.1.1 试验材料

同一种源，长势均一，无明显病虫害，生长条件相同的 2 年生云曼红豆杉。

8.1.1.2 试验地概况

试验地位于四川省宜宾市南溪区马家乡，是四川亚源红豆杉科技股份有限公司（前身为鸿亚种植专业合作社）下属的试验基地。该区地势北高南低，地貌以丘陵为主，间有平坝，海拔高度 254~592m。属亚热带湿润型季风气候区，年均降水量达1072.71mm，年均无霜期达 348d。土壤类型为山地黄棕壤，土壤肥力中等。经检测试验地土壤条件较为均一。

8.1.1.3 试验设计

选取来自同一种源，长势基本均一，无明显病虫害的 2 年生云曼红豆杉实生苗约800 株。于 2019 年 12 月统一移栽至试验地，移栽株行距为 0.3m×0.4m，该试验地地势平坦，土壤条件较为均一，光照、温度条件相同。将试验样品分为两组，一组 100株，作为云曼红豆杉实生苗木生长情况及药用活性成分动态监测试验样品。另一组700 株，按照表 8-1 的因素水平进行响应面设计施肥试验，试验设计如表 8-2 所示。实验所用肥料为尿素（N≥465g/kg），过磷酸钙（P_2O_5≥120g/kg）、氯化钾（K_2O≥600g/kg）。所有肥料分四次施用，分别在 1 月 15 日、3 月 15 日、6 月 15 日、9 月 15 日。施肥方式为条播，在距离植株 10~15cm 的地方挖宽 5~8cm 深 10~20cm 的施肥沟，施入肥料后将土壤进行回填。每次施肥后及时浇水，避免烧苗现象。两组样品按照相同的技术进行管理，定期除草、浇水，以最大限度保证生长条件一致。

表 8-1　试验因素、水平及编码

因素	编码	水平		
		−1	0	1
施氮量	A	1	2	3
施磷量	B	1	3	5
施钾量	C	2	4	6

　　研究主要采用多因素响应面分析，响应面分析原多用于某种工艺的优化，是通过对一系列的多变量、确定性试验，模拟真实极限状态曲面，达到工艺优化，得出最优解的一种分析方法。近几年也有用于农林生产试验的，利用响应面分析最优解的状态下理论最佳产值。对数据利用二次多项式多元线性拟合。

$$y = \beta_0 + \sum_{i=1}^{m}\beta_i x_i + \sum_{i=1}^{m}\beta_{ii} x_i x_i + \sum_{\substack{i,i=1\\i\neq j}}^{m}\beta_{ij} x_i x_j + \varepsilon \tag{8-1}$$

　　公式(8-1)中 y 为输出变量，x_i ($i=1$, 2, 3, …, m) 为输入变量，β 为系数，ε 为观测误差。

表 8-2　基于 Box-Behnken 中心组设计施肥试验

试验号	施氮量	施磷量	施钾量
1	2	5	2
2	2	5	6
3	2	3	4
4	3	3	6
5	2	3	4
6	2	3	4
7	1	1	4
8	2	1	2
9	2	3	4
10	2	1	6
11	2	3	4
12	3	3	2
13	1	5	4
14	3	1	4
15	3	5	4
16	1	3	2
17	1	3	6

8.1.1.4　样品采集

　　未施肥样品于 2020 年 1 月 15 日起，每个 3 个月进行一次随机采样，至 2020 年 12

月 15 日止。每次采样随机选取 10 株云曼红豆杉苗木进行全株采集，4 次采样共计 40 株。对样品进行株高、地径、枝叶生物量进行测量，以及 10-DAB 含量、紫杉醇含量的测定。

响应面施肥的样品采集，自 2020 年 1 月 15 日起，至 2020 年 12 月 15 日止，每 3 个月进行一次随机采样。每个实验组随机采集 10 株，17 个实验组共计采集样品 170 株，4 次采样共计 680 株。

8.1.1.5 主要仪器和试剂

（1）仪器

高效液相色谱仪（型号 LC 20AB，日本岛津公司），配备配置 LC-20ATvp 输液泵、SPD-20Avp 可变波长紫外检测器、CTO-10AS 柱温箱、N2000 色谱数据处理系统、JJW-2KVA 精密交流精华稳压电源、UV1050 紫外–可见分光光度计（北京普析通用仪器有限公司）。5804R 离心机（德国 Eppendorf 公司）、KQ-500 超声波清洗器（昆山市超声仪器有限公司）、万分之一电子天平（上海佑科仪器仪表有限公司）、电子天平（JY002）、6202 粉粹机（欣镇企业有限公司）、GM-0.33A 隔膜真空泵、微孔过滤膜（有机，0.45μm 孔径）、2mL 注射器、100μL 微量注射器、过滤膜（0.45μm 孔径）、恒温烘干箱、修枝剪、电子游标卡尺、钢卷尺、容量瓶、玻璃棒、量筒、烧杯、胶头滴管、40 目筛网、移液管。

（2）试剂

紫杉醇、10-DAB 标准品购自成都德锐可生物科技有限公司（经核磁和质谱鉴定，采用峰面积归一法计算，纯度>99%）。甲醇 AR 分析纯（西陇科学）、甲醇 HPLC 色谱醇（西陇科学）、HPLC 乙腈（诺尔施）、超纯水。

8.1.1.6 测定指标与方法

（1）云曼红豆杉苗木株高、地径生长量测定

钢卷尺测量样品株高结果保留小数点后一位；电子游标卡尺测量样品地径结果保留小数点后两位。

（2）云曼红豆杉苗木枝叶生物量测定

将采集的样品全部枝叶放入恒温烘干箱 75℃烘干至恒重，百分之一电子天平精确称量样品烘干后的干重，此时的干重即为枝叶生物量。

（3）紫杉醇含量测定

按"3.1"方法进行检测。

色谱条件 参照《中国药典》2015 版，优化处理试验色谱条件。Inertsil ODS-HLC18 色谱柱（5μm，4.6×250mm）；流动相乙腈—水（30∶41）；体积流量 1.0mL/min；柱温 32℃；检测波长 227nm；进样量 10μL。结果：紫杉醇保留时间 27.5min 左右，色谱峰与相邻峰的分离度大于 1.5，理论塔板数大于 4500，对照品溶液和供试液色谱图见图 8-1。

对照品溶液配制　万分之一天平精确称量紫杉醇标准品粉末 20.0mg（精确至 0.001g），将称量好的标准品粉末全部倒入 1000mL 容量瓶中，加入甲醇（AR）溶解并定容至刻度线，至于超声波清洗器中震荡 30min，充分溶解后可得 0.198mg/mL 标准品储备液。

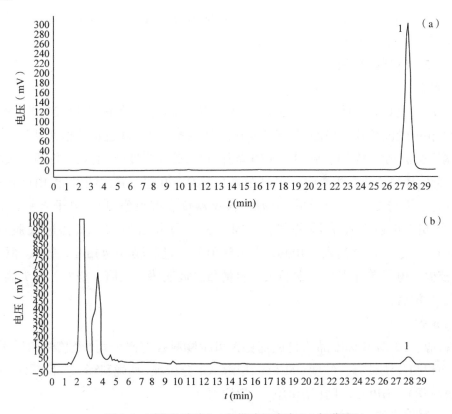

图 8-1　对照品溶液（a）和供试品溶液（b）色谱图

供试品溶液制备　红豆杉枝叶烘干至恒重后先用粉碎机粉碎成粉状，再将粉末过 40 目筛，万分之一天平精确称取粉末 1~2g（精确到 0.0001g）。称量好的粉末置于带塞试管中，再加入 15mL 60% 甲醇（AR）进行提取，室温下静置 3h 后超声提取（500W，40HZ）30min，转移至离心机内离心 5min，转速 5000r/min。滤渣加入 15mL 60% 甲醇（AR）继续提取，重复两次。离心滤液均置于同一 50mL 容量瓶中，60% 甲醇定容，摇匀，0.45μm 滤膜过滤，即得供试品溶液。

移液管精密吸取制备的对照品溶液 0.2、0.4、0.6、0.8、1.2、1.6mL 于 25mL 容量瓶中，加入甲醇定容摇匀，取 10μL，在色谱条件下分析。横坐标（X）为进样量（μg），

表 8-3　紫杉醇的回归方程和线性范围

成分	回归方程	相关系数	线性范围（μg/mL）
紫杉醇	$Y = 267837X - 183$	0.9996	0.0147~0.147

纵坐标(Y)为峰面积，绘制紫杉醇含量标准曲线图，结果见表 8-3，紫杉醇在 0.0147~0.147μg 范围内线性关系良好。

精密度试验　精密吸取"11.1.6"中同一紫杉醇标准品溶液 10μL，重复进样 6 次，测得紫杉醇峰面积相对标准偏差(RSD)为 0.33%，表明仪器精密度良好。

重复性试验　精密称取同一枝叶粉末 6 份，平行制备供试品溶液，按色谱条件进样，测得紫杉醇含量相对标准偏差为 0.23%，结果表明具有可重复性。

稳定性试验　取同一供试品溶液，分别在室温下静置 0、2、4、6、8、12h 后按色谱条件每次进样 10μL，计算紫杉醇峰面积相对标准偏差为 0.18%，表明供试品溶液在 12h 内稳定性良好。

加样回收率试验　取已知紫杉醇含量(0.46mg/g)的样品 6 份，精确称量每份约 1g(精确的 0.0001)。每份样品中加入紫杉醇标准品储备液(0.198mg/mL)2.4mL，制备供试品溶液，按色谱条件进样分析，计算回收率。由表 8-4 可知，紫杉醇的回收率为 100.95%，相对标准偏差为 1.56%，表明该方法准确。

表 8-4　加样回收率试验结果($n=6$)

称样量(g)	原有量(mg)	加入量(mg)	测得量(mg)	回收率(%)	平均回收率(%)	RSD(%)
0.0173	0.4680	0.4752	0.9567	101.43		
1.0225	0.4708	0.4752	0.9717	102.72		
0.0124	0.4658	0.4752	0.9521	101.18	100.95	1.56
1.0163	0.4674	0.4752	0.9298	98.64		
1.0046	0.4622	0.4752	0.9583	102.23		
1.0087	0.4640	0.4752	0.9346	99.51		

(4)紫杉醇累积量测定

单株紫杉醇累积量：枝叶紫杉醇含量与单株枝叶生物量乘积。

紫杉醇单株累积量(g)＝单株紫杉醇含量(%)×红豆杉单株枝叶生物量(g)

(5)10-DAB 含量测定

按"3.2"方法进行检测

色谱条件　参照《中国药典》2015 版，对色谱条件进行优化处理。Inertsil ODS-HLC$_{18}$ 色谱柱(5μm，4.6×250mm)；流动相乙腈—水(30∶41)；体积流量 1.0mL/min；柱温 30℃；检测波长 227nm；进样量 10μL。结果：10-DAB 保留时间为 13.3min 左右，色谱峰与相邻峰的分离度大于 1.5，理论塔板数大于 4000，对照品溶液和供试品溶液色谱图见图 8-2。

对照品溶液配制　万分之一天平精确称量紫杉醇标准品粉末 20.0mg(精确至 0.001g)，将称量好的标准品粉末全部倒入 1000mL 容量瓶中，加入甲醇(AR)溶解并定容至刻度线，置于超声波清洗器中震荡 30min，充分溶解后可得 0.198mg/mL 标准品储备液。

供试品溶液制备 红豆杉枝叶烘干至恒重后先用粉碎机粉碎呈粉状，再将粉末筛过过 40 目筛，万分之一天平精确称取粉末 1~2g（精确到 0.0001g）。称量好的粉末置于带塞试管中，再加入 15mL 60% 甲醇（AR）进行提取，室温下静置 3h 后超声提取（500W，40HZ）30min，转移至离心机内离心 5min，转速 5000r/min。滤渣加入 15mL 60% 甲醇（AR）继续提取，重复两次。离心滤液均置于同一 50mL 容量瓶中，60% 甲醇定容，摇匀，0.45μm 滤膜过滤，即得供试品溶液。

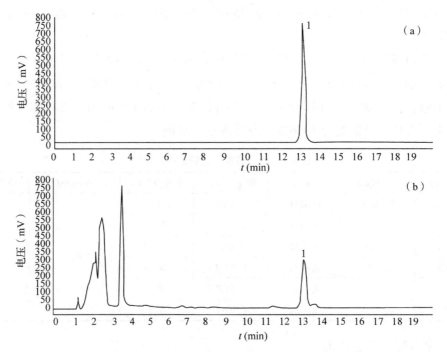

图 8-2 对照品溶液（a）和供试品溶液（b）的色谱图

线性关系分析 精密吸取对照品溶液 0.2、0.4、0.6、0.8、1.2、1.6mL 于 25mL 容量瓶中，加入甲醇定容摇匀，取 10μL，在色谱条件下分析。以峰面积为纵坐标（Y），进样量（μg）为横坐标（X）绘制标准曲线，结果显示，10-DAB 在 0.0158~0.158μg 范围内线性关系良好（表 8-5）。

表 8-5 10-DAB 的回归方程和线性范围

成分	回归方程	相关系数	线性范围（μg/mL）
10-DAB	$Y = 17425X + 122.55$	0.9996	0.0158~0.158

精密度试验 精密吸取同一 10-DAB 对照品溶液 10μL，重复进样 6 次，测得 10-DAB 峰面积 RSD（相对标准偏差）为 1.03%，表明仪器精密度良好。

重复性试验 精密称取同一枝叶粉末 6 份，平行制备供试品溶液，按色谱条件进样，测得 10-DAB 含量相对标准偏差为 1.17%，结果表明该方法重复性良好，可重复性高。

稳定性试验　取同一供试品溶液，分别在室温下静置 0、2、4、6、8、12h 后按色谱条件每次进样 10μL，计算 10-DAB 峰面积相对标准偏差为 0.82%，表明供试品溶液在 12h 内稳定性良好。

加样回收率试验　取已知 10-DAB 含量（1.99mg/g）的样品 6 份，精确称取每份约 1g（精确到 0.0001）。每份样品中加入 10-DAB 对照品储备液（0.198mg/mL）1mL，制备供试品溶液，按色谱条件进样分析，计算回收率。由表 8-6 可知，10-DAB 的回收率为 100.68%，相对标准偏差为 1.17%，表明该方法准确。

表 8-6　加样回收率试验结果（$n=6$）

称样量（g）	原有量（mg）	加入量（mg）	测得量（mg）	回收率（%）	平均回收率（%）	RSD（%）
1.0054	2.0013	0.1980	2.1975	99.92		
1.0163	2.0228	0.1980	2.2670	102.08		
1.0012	1.9934	0.1980	2.1701	99.03	100.68	1.17
1.0121	2.0147	0.1980	2.2505	101.71		
1.0215	2.0322	0.1980	2.2331	100.13		
1.0123	2.0141	0.1980	2.2389	101.21		

（6）10-DAB 累积量测定

10-DAB 单株累积量（g）= 10-DAB 含量（%）×红豆杉单株枝叶生物量（g）

8.1.1.7　数据分析

使用 SPSS25.0 软件进行数据分析，单因素方差分析不同月份各生长指标增长量的差异显著性。使用 Design-Expert 8.0.6 软件对数据进行分析，揭示配比施肥对云曼红豆杉各生长指标、紫杉醇含量及累积量、10-DAB 含量及累积量的影响，通过曲面方程计算出最佳施肥配比及最佳施肥配比下各因变量的数值。

8.1.2　云曼红豆杉生长及紫杉醇、10-DAB 单株累积量变化规律

于 2020 年 1 月在都江堰芳华园林试验基地对 2 年生云曼红豆杉实生苗生长指标进行测量。测得数据，地径 2.84mm，株高为 20.31cm，枝叶生物量为 2.45g。10-DAB 含量为 0.429%，紫杉醇含量为 0.0311%。对该试验地样品进行为期一年的地径、株高、枝叶生物量等生长指标以及紫杉醇、10-DAB 含量动态观测。揭示 2 年生云曼红豆杉实生苗各生长指标动态变化规律以及紫杉醇、10-DAB 含量和单株累积量的动态规律。

8.1.2.1　云曼红豆杉实生苗生长指标动态变化规律

通过对云曼红豆杉 2 年生实生苗木进行一年的生长指标动态监测，揭示云曼红豆杉苗木地径、株高、枝叶生物量动态变化规律。云曼红豆杉各生长指标年变化情况如

图 8-3 所示。利用 SPSS 25.0 软件对各生长指标月份间的增长量进行数据分析。云曼红豆杉各生长指标特征结果见表 8-7，对各指标进行显著性分析结果见表 8-8。

表 8-7　云曼红豆杉苗各生长指标特征

月份	地径（mm）	株高（cm）	枝叶生物量（g）
1 月	2.84±0.04c	20.31±0.78c	2.45±0.13c
3 月	2.98±0.04c	22.18±0.71c	2.78±0.10c
6 月	4.77±0.09bd	35.18±1.66bd	8.58±0.21bd
9 月	5.69±0.09ac	38.00±0.91ac	11.76±0.08ac
12 月	5.92±0.11a	39.33±1.04a	12.04±0.07a

注：数值表示为平均值±标准误，不同字母表示相同指标不同月之间差异显著，$P<0.05$。

表 8-8　云曼红豆杉苗各生长指标不同月份方差分析

指标		平方和	自由度	均方	F 值	P 值	显著性
地径	组间	76.812	4	19.203	320.338	0.000	＊＊
	组内	2.398	40	0.060			
	总计	79.210	44				
株高	组间	2830.188	4	707.547	67.986	0.000	＊＊
	组内	416.287	40	10.407			
	总计	3246.476	44				
枝叶生物量	组间	789.298	4	197.324	1326.774	0.000	＊＊
	组内	5.949	40	0.149			
	总计	795.247	44				

通过对 2 年生云曼红豆杉为期一年的生长指标动态检测，得到结果如图 8-3 所示。利用 SPSS 软件对各生长指标进行 LSD 显著性分析，得到表 8-7、表 8-8。地径全年增长了 3.07mm，地径年变化规律为 3~6 月和 6~9 月是云曼红豆杉地径生长的旺盛期，在一年中 3~6 月是一个地径生长的高峰期，在此期间地径增长量为 1.79mm，达到全年生长量的 58%，6~9 月是地径生长的另一旺盛期，生长量可达 0.92mm，是全年地径生长量的 30%。1~3 月和 9~12 月地径生长缓慢，增长量仅有 0.14mm 和 0.22mm。对不同月份地径生长量进行差异显著性分析，发现不同月份间地径生长量差异显著性达到极显著水平，3~6 月和 6~9 月地径生长量差异达到极显著水平。株高在 3~6 月和 6~9 表现出生长旺盛的情况，其中 3~6 月增长量达到 11.00cm，达到全年生长量的 58%，株高生长次高峰为 6~9 月增长量为 4.8cm，达到全年生长量的 25%。对株高进行显著性分析，3~6 月和 6~9 月株高生长均达到极显著水平。枝叶生物量全年净生长 9.59g，生长旺盛期为 3~6 月和 6~9 月，枝叶生物量分别增长 5.80g 和 3.18g。对枝叶生物量进行差异显著性分析，3~6 月和 6~9 月均达到极显著水平。

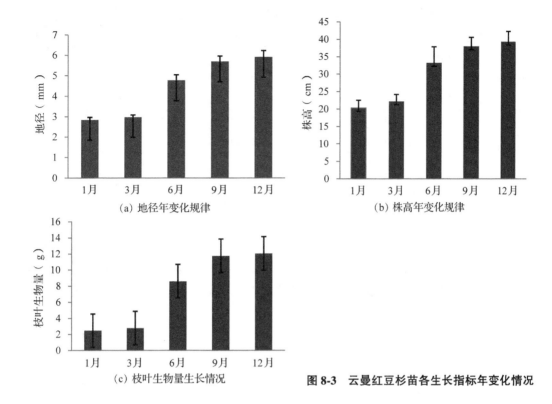

（a）地径年变化规律　　　　　　　　（b）株高年变化规律

（c）枝叶生物量生长情况　　　　　　**图8-3　云曼红豆杉苗各生长指标年变化情况**

由此可见，云曼红豆杉苗木在3~9月各生长指标均处于生长旺盛阶段，在此期间可以加强抚育管理，使云曼红豆杉生长更旺盛。

8.1.2.2　云曼红豆杉实生苗紫杉醇含量及单株累积量变化规律

紫杉醇是红豆杉中最重要的药用活性成分，紫杉醇自问世以来就因其独特的抗癌机制成为癌症晚期的最后一道防线。云曼红豆杉相较于国内现有其他红豆杉紫杉醇含量明显较高。研究云曼红豆杉中紫杉醇含量及单株累积量动态变化，可以为更好地掌握紫杉醇含量在云曼红豆杉中变化规律，紫杉醇单株累积量变化规律提供理论依据。

表8-9　云曼红豆杉苗紫杉醇含量及单株累积量不同月份差异性比较

月份	紫杉醇含量（%）	紫杉醇单株累积量（g）
1月	0.0311±0.0025a	0.0008±0.0001c
3月	0.0360±0.0043a	0.0010±0.0002c
6月	0.0472±0.0049a	0.0039±0.0005b
9月	0.0553±0.0056a	0.0065±0.0007ac
12月	0.0544±0.0012a	0.0066±0.0002a

注：数值表示为平均值±标准误，不同字母表示相同指标不同月之间差异显著，$P<0.05$。

表8-10   云曼红豆杉苗紫杉醇含量及单株累积量不同月份方差分析

误差来源		平方和	自由度	均方	F 值	P 值	显著性
紫杉醇含量	组间	0.004	4	0.001	7.231	0.000	＊＊
	组内	0.006	40	0.000			
	总计	0.10	44				
紫杉醇单株累积量	组间	0.000	4	0.000	54.153	0.000	＊＊
	组内	0.000	40	0.000			
	总计	0.000	44				

通过对云曼红豆杉苗木紫杉醇含量及单株累积量年动态观测(表8-9、表8-10、图8-4),可以发现紫杉醇含量在一年中先升高在降低,年变化不显著,在9月时紫杉醇含量达到最大值0.0553%;紫杉醇单株累积量在一年中持续上升,在12月时达到最高值0.0066g。通过对云曼红豆杉苗木不同月份紫杉醇含量和紫杉醇单株累积量显著性分析,发现紫杉醇年变化不明显;紫杉醇单株累积量在3~6月、6~9月显著上升。

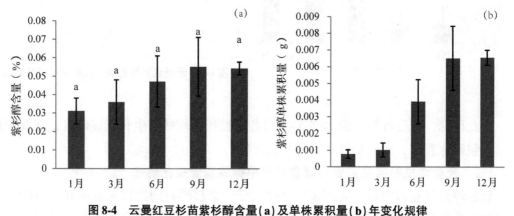

图8-4   云曼红豆杉苗紫杉醇含量(a)及单株累积量(b)年变化规律

8.1.2.3   云曼红豆杉实生苗 10-DAB 含量及单株累积量变化规律

10-DAB 是人工半合成紫杉醇的重要原料,利用 10-DAB 人工半合成紫杉醇提取工艺较为简单,可以降低生产成本。对云曼红豆杉苗木 10-DAB 含量及单株累积量年变化情况如图 8-5 所示,可以看出 10-DAB 含量在一年的变化是先升高在降低再升高,1~6月 10-DAB 含量持续升高,到6月时达到最高值,0.579%,6~9月 10-DAB 含量下降。9~12月 10-DAB 含量升高,但幅度变化并不显著。10-DAB 单株累积量在一年中持续增长,最大值在12月,为0.062g,其次是9月达到0.059g。对云曼红豆杉苗木不同月份 10-DAB 含量和 10-DAB 单株累积量进行显著性分析,可以看出 10-DAB 含量在3~6月增长显著,6月时 10-DAB 含量相较于3月和12月达显著水平;10-DAB 单株累积量在3~6月和6~9月变化显著,9~12月 10-DAB 单株累积量相较于6~9月增长不显著(表8-11、表8-12)。

表 8-11 云曼红豆杉苗 10-DAB 含量及单株累积量不同月份差异性比较

月份	10-DAB 含量(%)	10-DAB 单株累积量(g)
1 月	0.429±0.035b	0.011±0.001c
3 月	0.444±0.033b	0.013±0.002c
6 月	0.579±0.037ac	0.048±0.005bd
9 月	0.500±0.034ab	0.059±0.005ac
12 月	0.512±0.026ab	0.062±0.005a

表 8-12 云曼红豆杉苗 10-DAB 含量及单株累积量月份方差分析

差异来源		平方和	自由度	均方	F 值	P 值	显著性
10-DAB 含量	组间	0.001	4	0.000	2.876	0.035	*
	组内	0.005	40	0.000			
	总计	0.006	44				
10-DAB 单株累积量	组间	0.000	4	0.000	57.361	0.000	* *
	组内	0.000	40	0.000			
	总计	0.000	44				

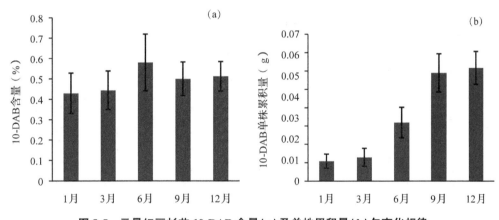

图 8-5 云曼红豆杉苗 10-DAB 含量(a)及单株累积量(b)年变化规律

8.1.2.4 小结

通过对 2 年生云曼红豆杉实生苗木各生长指标的动态监测发现：

云曼红豆杉生长旺盛期在 3~6 月，株高生长 11.00cm，地径生长 1.79mm，枝叶生物量生长 5.80g。次生长高峰期为 6~9 月。在 3~6 月和 6~9 月地径、株高、枝叶生物量的增长达到极显著水平。

云曼红豆杉苗木紫杉醇含量年变化规律并不明显，整体呈先上升后下降的趋势，在 9 月时含量达到最高，为 0.0553%；紫杉醇单株累积量整体变化趋势呈上升趋势，紫杉醇单株累积量在 3~6 月和 6~9 月变化显著，在 12 月时紫杉醇单株累积量最高达到 0.0066g。

云曼红豆杉苗木 10-DAB 含量年变化规律大体呈现为先上升再下降再上升，1~6 月 10-DAB 含量持续上升，6 月时达到最高值 0.579%，6~9 月 10-DAB 含量下降但下降幅度不显著，9~10 月 10-DAB 含量略有回升，幅度较小不显著。10-DAB 单株累积量在一年中持续增长，最大值在 12 月为 0.062g，其次是 9 月达到 0.059g。3~6 月和 6~9 月 10-DAB 单株累积量增长显著，其他月份变化均不显著。

8.2 氮磷钾对云曼红豆杉实生苗生长的影响

利用 Design-Expert 8.0.6 软件对数据进行分析，揭示配比施肥对云曼红豆杉各生长指标的影响。根据表 8-7 中结果 2 年生云曼红豆杉苗木在一年中春夏两季生长旺盛，紫杉醇累积量和 10-DAB 累积量在 6 月和 9 月均达到显著水平，云曼红豆杉最佳采收时间为 2 年生 9 月，因此仅对 9 月采集样品测得数据进行分析，其他月份不做比较。结合表 8-13 的试验数据，分别建立不同水肥配比(A 为施氮量、B 为施磷量、C 为施钾量)对云曼红豆杉苗木地径、株高、枝叶生物量影响的二次回归拟合曲面，并进行差异显著性分析。

表 8-13 响应面施肥对曼地亚生长指标影响试验结果

试验号	地径(mm)	株高(cm)	生物量(g)
1	6.91	45.8	14.55
2	6.87	45.7	14.57
3	7.11	45.1	14.82
4	6.71	42.9	14.66
5	7.06	44.4	14.78
6	7.13	45.4	14.77
7	6.74	41.4	11.41
8	6.91	43.1	14.36
9	7.15	45.3	14.67
10	6.86	43.3	14.47
11	7.14	45.6	14.62
12	6.88	42.6	14.52
13	6.85	45.6	14.31
14	6.91	40.1	14.34
15	6.51	41.8	14.42
16	6.94	45.8	14.11
17	6.87	46.1	13.99

（1）响应面施肥对 2 年生云曼红豆杉实生苗地径生长影响

利用 Design-Expert 8.0.6 软件对数据（表 8-14）进行分析，对地径进行二次回归分析，得曲面方程为：

$$地径 = 7.12 - 0.049 \times A - 0.035 \times B - 0.041 \times C - 0.13 \times A \times B - 0.025 \times A \times C + 2.500 e^{-3} \times$$
$$B \times C - 0.20 \times A^2 - 0.16 \times B^2 - 0.067 \times C^2 \tag{8-2}$$

对曲面方程（8-2）进行显著性分析，得到结果见表 8-15；进行可信度分析，得到结果见表 8-16。利用 Design-Expert 8.0.6 软件绘制各因素交互作用对地径影响的响应曲

表 8-14　地径回归模型显著性分析

差异来源	平方和	自由度	均方	F 值	P 值	显著性
模型	0.44	9	0.049	17.65	0.0005	＊＊
A(N)	0.019	1	0.019	6.84	0.0346	＊
B(P)	$9.800e^{-3}$	1	$9.800e^{-3}$	3.53	0.1025	
C(K)	0.014	1	0.014	4.90	0.0625	
AB	0.065	1	0.065	23.40	0.0019	＊＊
AC	$2.500e^{-3}$	1	$2.500e^{-3}$	0.90	0.3745	
BC	$2.500e^{-5}$	1	$2.500e^{-5}$	$8.995e^{-3}$	0.9271	
A^2	0.17	1	0.17	1.51	0.0001	＊＊
B^2	0.11	1	0.11	40.75	0.0004	＊＊
C^2	0.019	1	0.019	6.70	0.0360	＊
残差	0.019	7	$2.779e^{-3}$			
失拟项	0.014	3	$4.792e^{-3}$	3.77	0.1161	
纯误差	$5.080e^{-3}$	4	$1.270e^{-3}$			
总离差	0.46	16				

注：＊为 P<5%水平显著；＊＊为 P<1%水平极显著。

表 8-15　地径回归方程可信度分析

项目	数值	项目	数值
标准差	0.053	复相关系数	0.9578
平均值	6.91	校正相关系数	0.9035
变异系数（%）	0.76	预测相关系数	0.4839
预测误差平方和	0.24	信噪比	14.264

表 8-16　地径响应面施肥最大值预测

响应变量	预测值	标准误	95%置信区间最低值	95%置信区间最高值
地径（mm）	7.1274	0.0527	6.9911	7.2637

面图及等高线，响应曲面图是根据因素两两交互作用下的响应值绘制的三维空间曲面，可直观反映试验因素变化引起的响应值的变化情况。等高线和响应曲面的陡峭程度可反映各因素的交互作用，等高线越趋近于圆形、响应曲面越平缓，则表明交互作用越不明显，若等高线呈现为椭圆形且响应曲面陡峭，则表明因素间交互作用显著（图 8-6）。

由表 8-16 可见，模型 $P = 0.0005 < 0.01$，表明拟合曲面达到极显著水平；失拟项 $P = 0.1161 > 0.05$，说明模型拟合与实际情况相类似，拟合情况较好。由表 8-18 可见，相关系数 $R^2 = 0.9578$，变异系数 $CV = 0.76\%$，表明曲面方程对试验拟合较好。

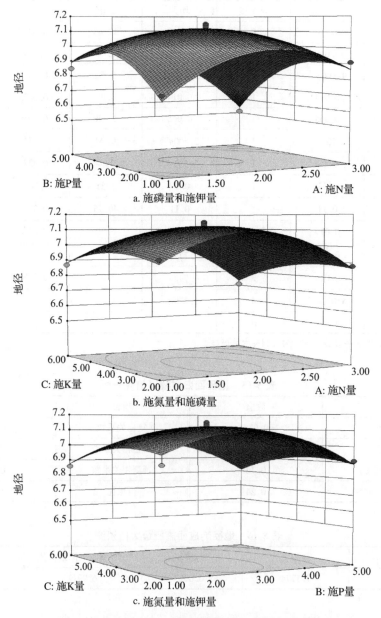

图 8-6　各因素交互作用对地径的响应曲面和等高线

从表8-13和图8-6可以看出，在施肥的作用下所有的实验组地径均比同月不施肥大，说明施肥对地径生长有促进作用。施氮量$A(P=0.0346)$和$C^2(P=0.0360)$对云曼红豆杉苗木地径影响达显著水平，二次项$A^2(P=0.0001)$和$B^2(P=0.0004)$对云曼红豆杉苗木地径影响达极显著水平，说明对云曼红豆杉苗木地径生长起决定性作用的因素是施氮量A，施磷量$B(P=0.1025)$和施钾量$C(P=0.0625)$对地径影响不显著；对云曼红豆杉苗木地径生长影响排序为$A>C>B$。AB等高线呈椭圆形，说明施氮量和施磷量对云曼红豆杉苗木生长具有交互作用。AC、BC的P值较大，等高线平滑接近圆形，AC、BC交互作用均不显著。

根据响应曲面分析得出最有利于地径生长的最佳施肥量为：施氮量为1.92g/株、施磷量为2.84g/株、施钾量为3.41g/株，由曲面方程可预测出最佳施肥量下地径为7.13mm，是同等条件下不施肥的1.25倍。

（2）响应面施肥对2年生云曼红豆杉株高生长的影响

林木在生长过程中，会受到多种因素的影响，株高是衡量云曼红豆杉生长状况的一个重要生长指标，研究施肥对株高的影响可以进而对云曼红豆杉生长情况进行分析。利用Design-Expert 8.0.6软件对数据（表8-13）进行分析，对株高进行二次回归分析，得曲面方程为：

$$株高=45.16-1.44\times A+1.38\times B+0.088\times C-0.63\times A\times B+0.0001\times A\times C-0.075\times$$
$$B\times C-1.53\times A^2-1.40\times B^2+0.72\times C^2 \tag{8-3}$$

对曲面方程(8-3)进行显著性分析，得到结果见表8-17；进行可信度分析，得到结果见表8-18。绘制各因素交互作用对株高影响的响应曲面图及等高线，如图8-7所示。

表8-17　株高回归模型显著性分析

差异来源	平方和	自由度	均方	F值	P值	显著性
模型	53.79	9	5.98	35.62	0.0001	*
$A(N)$	16.53	1	16.53	98.53	0.0001	＊＊
$B(P)$	15.13	1	15.13	90.14	0.0001	＊＊
$C(K)$	0.061	1	0.061	0.37	0.5648	
AB	1.56	1	1.56	9.31	0.0185	*
AC	$7.105e^{-15}$	1	$7.105e^{-15}$	$4.235e^{-14}$	1.0000	
BC	0.023	1	0.023	0.13	0.7250	
A^2	9.86	1	9.86	58.74	0.0001	＊＊
B^2	9.31	1	9.31	49.54	0.0002	＊＊
C^2	2.18	1	2.18	13.01	0.0087	＊＊
残差	1.17	7	0.17			
失拟项	0.32	3	0.11	0.50	0.6996	
纯误差	0.85	4	0.21			
总离差	54.96	16				

注：＊为$P<0.05$水平显著；＊＊为$P<0.01$水平极显著。

表 8-18　株高回归方程可信度分析

项　目	数值	项　目	数值
标准差	0.41	复相关系数	0.9786
平均值	44.12	校正相关系数	0.9512
变异系数(%)	0.93	预测相关系数	0.8819
预测误差平方和	6.49	信噪比	18.581

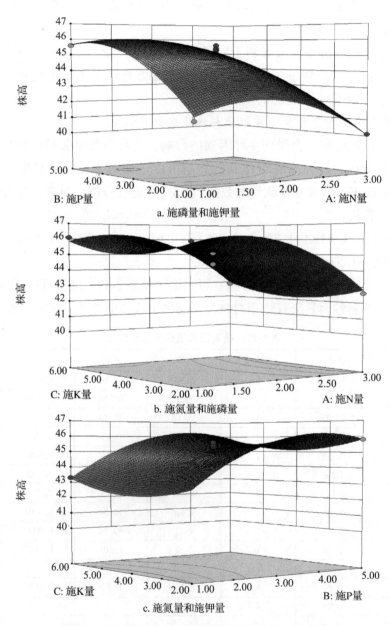

图 8-7　各因素交互作用对株高的响应曲面和等高线

表 8-19　株高响应面施肥最高值预测

响应变量	预测值	标准误	95%置信区间最低值	95%置信区间最高值
株高(cm)	46.3177	0.4096	45.1102	47.5251

对株高数据进行分析结果由表 8-17 可知，拟合所得模型 $P=0.0001$，拟合曲面达到显著水平；失拟项 $P=0.6996$，说明模型拟合与实际情况相类似，拟合情况较好。由表 8-18 可见，相关系数 $R^2=0.9786$，变异系数 $CV=0.93\%$，表明曲面方程对试验拟合较好。

从表 8-17 中可以看出，施 N 量 $A(P=0.0001)$ 和施磷量 $B(P=0.0001)$ 对云曼红豆杉苗木株高影响达极显著水平，由此可见对云曼红豆杉苗木株高生长起决定性作用的因素是施氮量 A 和施磷量 B，施 K 量 $C(P=0.5648)$ 对株高生长影响不显著。二次项 A^2 $(P=0.0001)$、$B^2(P=0.0002)$ 和 $C^2(P=0.0087)$ 对株高影响达极显著水平。由表 8-17 和图 8-7-a 可知，$AB(P=0.0185)$，说明 AB 交互作用对云曼红豆杉株高影响达显著水平，由图 8-7-a 可看出响应曲面陡峭，交互作用显著。AC、BC 的 P 值较大均大于 0.05，且响应曲面平缓坡度小等高线平滑接近圆形，因此 AC、BC 交互作用均不显著。

根据响应曲面分析得出最有利于株高生长的最佳施肥量为：施氮量 1.17g/株、施磷量 3.33g/株、施钾量 5.93g/株，由曲面方程可预测出最佳施肥量下株高为 46.32cm，是不施肥状态下（表 8-19）的 1.22 倍。

(3)响应面施肥对 2 年生云曼红豆杉枝叶生物量的影响

枝叶生物量是衡量植物生长的一个重要指标。同时红豆杉中重要的药用活性成分 10-DAB 在云曼红豆杉枝叶中含量最高，因此研究施肥对红豆杉枝叶生物量的影响十分有必要。利用 Design-Expert 8.0.6 软件对数据（表 8-13）进行分析，对红豆杉枝叶生物量进行二次回归分析，得曲面方程为：

$$枝叶生物量 = 14.73 + 0.26 \times A + 0.18 \times B + 0.019 \times C - 0.18 \times A \times B + 0.04 \times A \times C +$$
$$2.500\,e^{-3} \times B \times C - 0.40 \times A^2 - 0.18 \times B^2 - 0.035 \times C^2 \tag{8-4}$$

对曲面方程(8-4)进行显著性分析，得到结果见表 8-20；进行可信度分析，得到结果见表 8-21。绘制各因素交互作用对株高影响的响应曲面图及等高线，如图 8-8 所示。

对枝叶生物量数据进行分析结果如图 8-8 所示，拟合所得模型 $P=0.0011<0.01$，拟合曲面达到极显著水平；失拟项 $P=0.1252>0.05$，模型与实际情况拟合较好。由表 8-8 可见，相关系数 $R^2=0.9475$，变异系数 $CV=0.84\%$，表明曲面方程对试验拟合较好。

从表 8-20 中可以看出，施氮量 $A(P=0.0004)$ 和施磷量 $B(P=0.0036)$ 对云曼红豆杉苗木枝叶生物量影响达极显著水平，二次项 $A^2(P=0.0002)$ 对枝叶生物量影响达极显著水平，$B^2(P=0.0166)$ 对枝叶生物量影响达显著水平。由表 8-20 和图 8-8-a 可以看

表 8-20　枝叶生物量回归模型显著性分析

差异来源	平方和	自由度	均方	F 值	P 值	显著性
模型	1.85	9	0.21	14.03	0.0011	＊＊
A(N)	0.56	1	0.56	38.33	0.0004	＊＊
B(P)	0.27	1	0.27	18.43	0.0036	＊＊
C(K)	$2.813e^{-3}$	1	$2.813e^{-3}$	0.19	0.6746	
AB	0.13	1	0.13	8.84	0.0207	＊
AC	$6.400e^{-3}$	1	$6.400e^{-3}$	0.44	0.5299	
BC	$2.500e^{-5}$	1	$2.500e^{-5}$	$1.706e^{-3}$	0.9682	
A^2	0.68	1	0.68	46.48	0.0002	＊＊
B^2	0.14	1	0.14	9.80	0.0166	＊
C^2	$5.084e^{-3}$	1	$5.084e^{-3}$	0.35	0.5744	
残差	0.10	7	0.015			
失拟项	0.075	3	0.025	3.57	0.1252	
纯误差	0.028	4	$6.970e^{-3}$			
总离差	1.95	16				

注：＊为 P<0.05 水平显著；＊＊为 P<0.01 水平极显著。

表 8-21　枝叶生物量回归方程可信度分析

项　目	数值	项　目	数值
标准差	0.12	复相关系数	0.9475
平均值	14.44	校正相关系数	0.8799
变异系数(%)	0.84	预测相关系数	0.3655
预测误差平方和	1.24	信噪比	13.093

表 8-22　枝叶生物量响应面施肥最大值预测

响应变量	预测值	标准误	95%置信区间最低值	95%置信区间最高值
枝叶生物量(g)	14.8056	0.1211	14.4926	15.1186

出 AB(P=0.0207)对云曼红豆杉枝叶生物量影响达显著水平，且施氮量与施磷量的等高线是规则的椭圆形，说明 AB 交互作用明显，达显著水平；AC、BC 的 P 值均较大，等高线更接近于圆形，表明 AC、BC 交互作用不显著。

根据响应曲面分析得出最有利于枝叶生物量增长的最佳施肥量为：施氮量 2.27g/株、施磷量 3.74g/株、施钾量 4.87g/株，由曲面方程可预测出最佳施肥量下枝叶生物量为 14.81g，是不施肥状态下枝叶生物量的 1.26 倍(表 8-22)。

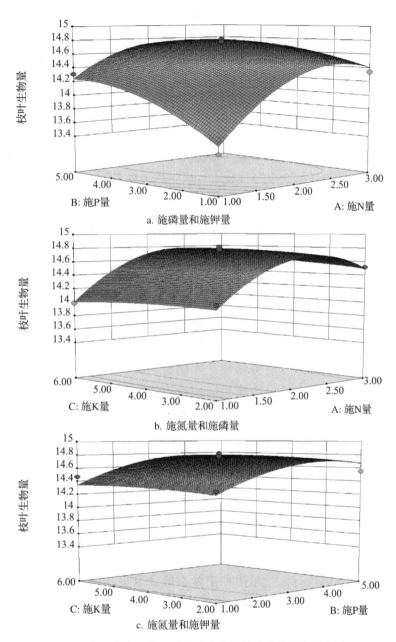

图 8-8　各因素交互作用对枝叶生物量的响应曲面和等高线

（4）小结

试验研究了 2 年生云曼红豆杉实生苗苗木的株高、地径、枝叶生物量各生长指标对响应面施肥的响应。传统紫杉醇提取通常对红豆杉资源造成不可逆的危害，相较于传统挖根剥皮的提取紫杉醇手段，从红豆杉枝叶中提取紫杉醇不失为一种可持续利用红豆杉资源的方法，但紫杉醇在红豆杉枝叶中含量较低。有研究表明红豆杉中重要的药用活性成分 10-DAB 主要存在于红豆杉枝叶中，较之紫杉醇的含量低，提取工艺复杂，10-DAB 有含量高、生产成本低、提取工艺简单的优点。因此研究通过营林手段提高云曼红豆杉枝叶生物量，进而提高红豆杉中紫杉醇和 10-DAB 产量有着积极意义。

施氮量 A 和 C^2 对云曼红豆杉苗木地径影响达显著水平，另二次项 A^2 和 B^2 对云曼红豆杉苗木地径影响达极显著水平，说明对云曼红豆杉苗木地径生长起决定性作用的因素是施氮量 A。AB 交互作用达极显著水平。根据响应曲面分析得出最有利于地径生长的最佳施肥量为：施氮量 1.92g/株、施磷量 2.84g/株、施钾量 3.41g/株，由曲面方程可预测出最佳施肥量下地径为 7.13mm，是同等条件下不施肥的 1.25 倍。

对于株高生长而言，施氮量 A 和施磷量 B 对云曼红豆杉苗木株高影响达极显著水平，二次项 A^2、B^2 和 C^2 对株高影响达极显著水平。AB 交互作用对云曼红豆杉株高影响达显著水平。AC、BC 交互作用均不显著。根据响应曲面分析得出最有利于株高生长的最佳施肥量为：施氮量 1.17g/株、施磷量 3.33g/株、施钾量 5.93g/株，由曲面方程可预测出最佳施肥量下株高为 46.32cm，是不施肥状态下的 1.22 倍。

就枝叶生物量来说，施氮量 A 和施磷量 B 对云曼红豆杉苗木枝叶生物量影响达极显著水平，AB 达显著水平，施氮量和施磷量交互作用明显，AC、BC 有交互作用但不显著。由此可以看出提高云曼红豆杉枝叶生物量的决定因素是施氮量和施磷量。根据响应曲面分析得出最有利于枝叶生物量增长的最佳施肥量为：施氮量 2.27g/株、施磷量 3.74g/株、施钾量 4.87g/株，由曲面方程可预测出最佳施肥量下枝叶生物量为 14.81g，是不施肥状态下枝叶生物量的 1.26 倍。

8.3 氮磷钾对云曼红豆杉苗木枝叶紫杉醇及单株累积量的影响

紫杉醇是红豆杉中最具抗癌效果的成分，紫杉醇自问世以来就因抗癌疗效好，可治疗多种癌症，而被誉为"晚期癌症的最后一道防线"。制备紫杉醇的主要原料是红豆杉，云曼红豆杉是我国现有红豆杉树种中紫杉醇含量最高的。研究响应面施肥对云曼红豆杉紫杉醇的影响规律可以为合理提高云曼红豆杉紫杉醇产量提供理论基础。

根据上述结果可知紫杉醇含量年变化不显著，云曼红豆杉枝叶生物量生长最旺盛时期为 3~9 月。因此讨论数据仅为 2 年生 9 月时响应面施肥对云曼红豆杉紫杉醇含量及单株累积量的影响。

利用 Design-Expert 8.0.6 软件对数据表 8-23 进行分析，揭示响应面施肥对云曼红豆杉枝叶中紫杉醇含量及单株累积量的影响。

(1)响应面施肥对云曼红豆杉苗木枝叶紫杉醇含量的影响

利用 Design-Expert 8.0.6 软件对响应面施肥影响云曼红豆杉苗木紫杉醇含量的数据(表 8-23)进行分析，对紫杉醇含量进行二次回归分析，得曲面方程为：

紫杉醇含量 $= 0.065 - 3.020\ e^{-3} \times A + 2.118\ e^{-4} \times B + 1.449\ e^{-3} \times C + 4.349\ e^{-3} \times A \times B -$
$1.0821\ e^{-3} \times A \times C - 1.275\ e^{-3} \times B \times C - 0.010\ e^{-3} \times A^2 - 2.929\ e^{-3} \times B^2 - 4.715\ e^{-3} \times C^2$ （8-5）

表 8-23　响应面施肥对云曼红豆杉枝叶紫杉醇含量及单株累积量影响试验结果

试验号	紫杉醇含量（%）	紫杉醇单株累积量（g）
1	0.0607835	0.008844
2	0.0581021	0.008465
3	0.0618916	0.009172
4	0.0535246	0.007847
5	0.0682172	0.010083
6	0.0651555	0.009623
7	0.0629898	0.008447
8	0.0547183	0.007858
9	0.0644828	0.00946
10	0.0571349	0.008267
11	0.0668975	0.00978
12	0.0454331	0.005726
13	0.0516228	0.007387
14	0.0441920	0.005491
15	0.0502214	0.007242
16	0.0495800	0.006996
17	0.0533424	0.007463

对曲面方程（8-5）进行显著性分析，结果见表 8-24；可信度分析结果见表 8-24。利用 Design-Expert 8.0.6 软件绘制各因素交互作用对云曼红豆杉苗木紫杉醇含量影响的响应曲面图及等高线，如图 8-9 所示。

表 8-24　紫杉醇含量回归模型显著性分析

差异来源	平方和	自由度	均方	F 值	P 值	显著性
模型	$7.862e^{-4}$	9	$8.736e^{-5}$	6.52	0.0109	*
$A(N)$	$7.299e^{-5}$	1	$7.299e^{-5}$	5.45	0.0523	
$B(P)$	$3.590e^{-7}$	1	$3.590e^{-7}$	0.027	0.8746	
$C(K)$	$1.679e^{-5}$	1	$1.679e^{-5}$	1.25	0.2999	
AB	$7.566e^{-5}$	1	$7.566e^{-5}$	5.65	0.0492	*
AC	$4.685e^{-6}$	1	$4.685e^{-6}$	0.35	0.5729	

（续）

差异来源	平方和	自由度	均方	F 值	P 值	显著性
BC	$6.497e^{-6}$	1	$6.497e^{-6}$	0.48	0.5087	
A^2	$4.332e^{-4}$	1	$4.332e^{-4}$	32.33	0.0007	* *
B^2	$3.612e^{-5}$	1	$3.612e^{-5}$	2.70	0.1446	
C^2	$9.362e^{-5}$	1	$9.362e^{-5}$	6.99	0.0333	*
残差	$9.379e^{-5}$	7	$1.340e^{-5}$			
失拟项	$7.043e^{-5}$	3	$2.348e^{-5}$	4.02	0.1062	
纯误差	$2.336e^{-5}$	4	$5.841e^{-6}$			
总离差	$8.800e^{-4}$	16				

注：* 为 $P<0.05$ 水平显著；* * 为 $P<0.01$ 水平极显著。

由表 8-24 可见，模型 $P=0.0109$，失拟项 $P=0.1062>0.05$，表明拟合曲面达到极显著水平，模型与实际情况拟合较好。由表 8-25 可见，相关系数 $R^2=0.8934$，变异系数 $CV=6.43\%$，曲面方程对试验情况拟合较好，可信度较高。

表 8-25　紫杉醇含量回归方程可信度分析

项　目	数值	项　目	数值
标准差	$3.660e^{-3}$	复相关系数	0.8934
平均值	0.057	校正相关系数	0.7564
变异系数	6.43	预测相关系数	-0.3220
预测误差平方和	$1.163e^{-3}$	信噪比	7.357

从表 8-24 和图 8-9 中可以看出，施氮量 A、施磷量 B 和施钾量 C 对紫杉醇含量影响均不显著。二次项 $A^2(P=0.0140)$ 对紫杉醇含量影响达极显著水平，$C^2(P=0.0333)$ 达极显著水平。虽然施氮量和施钾量对紫杉醇含量有影响，但影响不显著，$AB(P=0.0492)$ 云曼红豆杉苗木枝叶中紫杉醇含量交互作用达显著水平，$AC(P=0.5729)$、$BC(P=0.5087)$ 对云曼红豆杉苗木枝叶中紫杉醇含量交互作用均不显著。

根据响应曲面分析得出最有利于紫杉醇含量增长的最佳施肥量为：施氮量 1.83g/株、施磷量 2.76g/株、施钾量 4.30g/株，由曲面方程可预测出最佳施肥量下云曼红豆杉苗木紫杉醇含量为 0.065677%（表 8-26）。

表 8-26　紫杉醇含量响应面施肥最高值预测

响应变量	预测值	标准误	95%置信区间最低值	95%置信区间最高值
紫杉醇含量(%)	0.065677	0.0036605	0.056212	0.075142

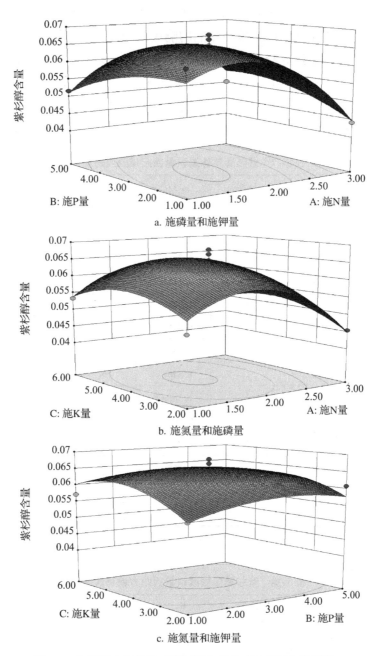

图 8-9　各因素交互作用对紫杉醇含量的响应曲面和等高线

（2）响应面施肥对云曼红豆杉苗木枝叶紫杉醇单株累积量的影响

对数据（表 8-23）进行分析，对紫杉醇单株累积量进行二次回归分析，得曲面方程为：

紫杉醇单株累积量 $=9.624\,e^{-3}-4.984\,e^{-4}\times A+2.345\,e^{-4}\times B+3.274\,e^{-4}\times C+7.026\,e^{-4}\times A\times B+4.135\,e^{-4}\times A\times C-1.971\,e^{-4}\times B\times C-1.916\,e^{-4}\times A^2-5.655\,e^{-4}\times B^2-6.996\,e^{-4}\times C^2$ 　（8-6）

对曲面方程(8-6)进行显著性分析，结果见表 8-27；进行可信度分析，结果见表 8-28。绘制各因素交互作用对株高影响的响应曲面图及等高线，如图 8-10 所示。

响应面施肥对云曼红豆杉苗木紫杉醇单株累积量影响的显著分析结果见表 8-27，可知拟合模型 $P=0.0025$，拟合曲面达到显著水平；失拟项 $P=0.1003>0.05$，不显著。说明模型拟合与实际情况相类似，拟合情况较好。由表 8-28 可见，相关系数 $R^2=0.9320$，变异系数 $CV=6.46\%$，曲面方程拟合情况较好。

表 8-27　紫杉醇单株累积量回归模型显著性分析

误差来源	平方和	自由度	均方	F 值	P 值	显著性
模型	$2.641e^{-5}$	9	$2.934e^{-6}$	10.66	0.0025	*
$A(N)$	$1.987e^{-6}$	1	$1.987e^{-6}$	7.22	0.0312	*
$B(P)$	$4.398e^{-7}$	1	$4.398e^{-7}$	1.60	0.2467	
$C(K)$	$8.575e^{-7}$	1	$8.575e^{-7}$	3.12	0.1209	
AB	$1.975e^{-6}$	1	$1.975e^{-6}$	7.18	0.0316	*
AC	$6.841e^{-7}$	1	$6.841e^{-7}$	2.49	0.1589	
BC	$1.554e^{-7}$	1	$1.554e^{-7}$	0.56	0.4769	
A^2	$1.546e^{-5}$	1	$1.546e^{-5}$	56.19	0.0001	* *
B^2	$1.346e^{-6}$	1	$1.346e^{-6}$	4.89	0.0626	
C^2	$2.061e^{-6}$	1	$2.061e^{-6}$	7.49	0.0291	*
残差	$1.927e^{-6}$	7	$2.752e^{-7}$			
失拟项	$1.461e^{-6}$	3	$4.869e^{-7}$	4.18	0.1003	
纯误差	$4.657e^{-7}$	4	$1.164e^{-7}$			
总离差	$2.833e^{-5}$	16				

注：* 为 $P<0.05$ 水平显著；* * 为 $P<0.01$ 水平极显著。

表 8-28　紫杉醇单株累积量回归方程可信度分析

项　目	数值	项　目	数值
标准差	$5.246e^{-4}$	复相关系数	0.9320
平均值	$8.127e^{-3}$	校正相关系数	0.8446
变异系数	6.46	预测相关系数	0.1494
预测误差平方和	$2.410e^{-5}$	信噪比	9.736

从表 8-27 中可以看出，施氮量 $A(P=0.0312)$ 对云曼红豆杉苗木紫杉醇单株累积量影响达显著水平，施磷量 B 和施钾量 C 影响均不显著，二次项 $A^2(P=0.0001)$ 达极显著水平，$C^2(P=0.0291)$ 达显著水平，说明对云曼红豆杉紫杉醇累积量的影响，施

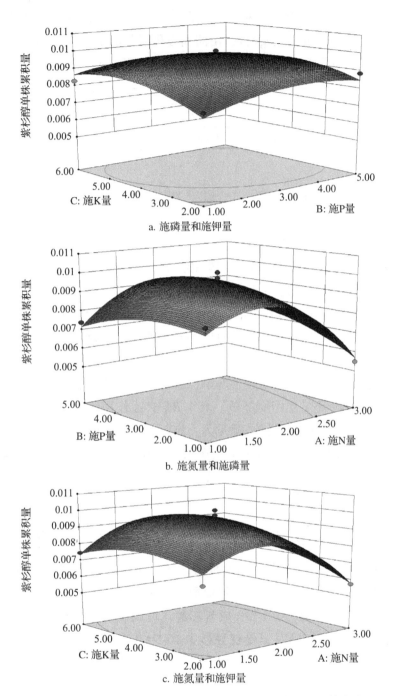

图 8-10　各因素交互作用对紫杉醇单株累积量的响应曲面和等高线

氮量和施钾量不仅仅是线性影响。$AB(P = 0.0316)$，响应曲面较为陡峭，施氮量和施磷量交互作用显著。$AC(P = 0.1589)$、$BC(P = 0.4769)$响应曲面坡度平缓，等高线十分接近正圆形，交互作用不显著。

根据响应曲面分析得出最有利于紫杉醇累积的最佳施肥量为：施氮量 1.0g/株、施磷量 2.17g/株、施钾量 3.99g/株，由曲面方程可预测出最佳施肥量下云曼红豆杉苗木紫杉醇单株累积量为 0.00830257g，是不施肥状态下的 1.28 倍。

表 8-29　紫杉醇单株累积量响应面施肥预测值

响应变量	预测值	标准误	95%置信区间最低值	95%置信区间最高值
紫杉醇单株累积量(g)	0.00830257	0.000524612	0.00683738	0.00976776

（3）小结

紫杉醇具有高效的抗癌作用，其含量受多种因素的影响，研究云曼红豆杉苗木枝叶中紫杉醇含量及单株累积量对响应面施肥的响应可以为合理施肥提高云曼红豆杉紫杉醇产量提供理论基础。

施氮量 A、施磷量 B 和施钾量 C 对紫杉醇含量影响均不显著。AB 云曼红豆杉苗木枝叶中紫杉醇含量交互作用达显著水平，AC、BC 交互作用均不显著。根据响应曲面分析得出最有利于紫杉醇含量增长的最佳施肥量为：施氮量 1.83g/株、施磷量 2.76g/株、施钾量 4.30g/株，由曲面方程可预测出最佳施肥量下云曼红豆杉苗木紫杉醇含量为 0.065677%。

施氮量 A 对云曼红豆杉苗木紫杉醇单株累积量影响达显著水平，AB 响应曲面较为陡峭，施氮量和施磷量交互作用显著。AC、BC 交互作用不显著。根据响应曲面分析得出最有利于紫杉醇累积的最佳施肥量为：施氮量 1.0g/株、施磷量 2.17g/株、施钾量 3.99g/株，由曲面方程可预测出最佳施肥量下云曼红豆杉苗木紫杉醇单株累积量为 0.00830257g，是不施肥状态下的 1.28 倍。

8.4　氮磷钾对云曼红豆杉苗木枝叶 10-DAB 及单株累积量的影响

10-DAB 是红豆杉中重要药用活性成分之一，主要存在于红豆杉枝叶中。10-DAB 是人工半合成紫杉醇的重要原料。传统提取紫杉醇的方式往往会对红豆杉资源造成不可逆的破坏，利用 10-DAB 人工半合成紫杉醇，可以改变原有对红豆杉资源破坏的提取紫杉醇的方式。研究施肥对云曼红豆杉中 10-DAB 含量及累积量的影响对解决紫杉醇生产原料短缺问题有积极意义。根据结果可知为实现 10-DAB 价值最大化，2 年生 6 月时云曼红豆杉 10-DAB 含量最高，9 月 10-DAB 累积量显著大于 6 月。云曼红豆杉提取 10-DAB 最佳利用时间为 2 年生 9 月。

利用 Design-Expert 8.0.6 软件对数据表 8-30 进行分析，揭示配比施肥对云曼红豆杉中 10-DAB 含量及累积量的影响。

表 8-30 响应面施肥对云曼红豆杉枝叶 10-DAB 含量及单株累积量影响试验结果

试验号	10-DAB 含量(%)	10-DAB 单株累积量(g)
1	0.470937	0.068521
2	0.579944	0.084498
3	0.599074	0.088783
4	0.381757	0.055966
5	0.569905	0.084232
6	0.559433	0.082628
7	0.474578	0.063641
8	0.462765	0.066453
9	0.534037	0.078343
10	0.458990	0.066416
11	0.581657	0.085038
12	0.425999	0.051855
13	0.377152	0.053970
14	0.357115	0.051210
15	0.411044	0.059273
16	0.533048	0.075213
17	0.476901	0.066718

(1)响应面施肥对云曼红豆杉苗木枝叶 10-DAB 含量的影响

利用 Design-Expert 8.0.6 软件对响应面影响云曼红豆杉 10-DAB 含量的数据(表 8-30)进行分析,对 10-DAB 含量进行二次回归分析,得曲面方程为:

$$10\text{-DAB 含量} = 0.057 - 3.572 \, e^{-3} \times A + 0.070 \, e^{-3} \times B + 6.054 \, e^{-5} \times C - 3.784 \, e^{-3} \times A \times B + 2.976 \, e^{-4} \times A \times C + 2.820 \, e^{-3} \times B \times C - 0.010 \times A^2 - 6.256 \, e^{-3} \times B^2 - 1.310 \, e^{-3} \times C^2 \quad (8\text{-}7)$$

对曲面方程(8-7)进行显著性分析,结果见表 8-31;对曲面方程进行可信度分析,结果见表 8-32。响应曲面和等高线可反应各因素间的交互作用对云曼红豆杉苗木 10-DAB 含量的影响。

表 8-31 10-DAB 含量回归模型显著性分析

差异来源	平方和	自由度	均方	F 值	P 值	显著性
模型	$8.482e^{-4}$	9	$9.424e^{-5}$	5.02	0.0225	*
$A(N)$	$1.021e^{-4}$	1	$1.021e^{-4}$	5.43	0.0525	
$B(P)$	$9.165e^{-6}$	1	$9.165e^{-6}$	0.49	0.5074	
$C(K)$	$2.932e^{-8}$	1	$2.932e^{-8}$	$1.561e^{-3}$	0.9696	
AB	$5.727e^{-5}$	1	$5.727e^{-5}$	3.05	0.1243	
AC	$3.543e^{-7}$	1	$3.543e^{-7}$	0.019	0.8946	

（续）

差异来源	平方和	自由度	均方	F 值	P 值	显著性
BC	$3.180e^{-5}$	1	$3.180e^{-5}$	1.69	0.2344	
A^2	$4.320e^{-4}$	1	$4.320e^{-4}$	23.00	0.0020	＊＊
B^2	$1.648e^{-4}$	1	$1.648e^{-4}$	8.77	0.0210	＊
C^2	$7.230e^{-6}$	1	$7.230e^{-6}$	0.38	0.5546	
残差	$1.315e^{-4}$	7	$1.878e^{-5}$			
失拟项	$1.077e^{-4}$	3	$3.590e^{-5}$	6.03	0.0576	
纯误差	$2.379e^{-5}$	4	$5.948e^{-6}$			
总离差	$9.797e^{-4}$	16				

注：＊为 $P<0.05$ 水平显著；＊＊为 $P<0.01$ 水平极显著。

由表 8-31 可见，模型 $P=0.0225$ 表明拟合曲面达到显著水平；失拟项 $P=0.0576>$ 0.05，模型与实际情况拟合较好。由表 8-32 可见，相关系数 $R^2=0.8658$，变异系数 $CV=8.93\%$，曲面方程对试验情况拟合较好。

从表 8-31 中可以看出，施氮量 A、施磷量 B 和施钾量 C 对云曼红豆杉苗木 10-DAB 含量影响均不显著，二次项 $A^2(P=0.0020)$ 对云曼红豆杉 10-DAB 含量影响达到极显著水平，$B^2(P=0.0210)$ 对云曼红豆杉 10-DAB 含量影响达到显著水平。$AB(P=0.1243)$、$AC(P=0.8946)$、$BC(P=0.2344)$ P 值均较大，响应曲面较为平缓，等高线接近圆形，交互作用不明显。为提高云曼红豆杉枝叶中 10-DAB 含量可适量施用氮肥和磷肥。

根据响应曲面分析得出最有利于 10-DAB 含量增长的最佳施肥量为：施氮量 1.83g/株、施磷量 3.10g/株、施钾量 4.11g/株，由曲面方程可预测出最佳施肥量下 10-DAB 含量为 0.572069%。

表 8-32　10-DAB 含量回归方程可信度分析

项 目	数值	项 目	数值
标准差	$4.334e^{-3}$	复相关系数	0.8658
平均值	0.049	校正相关系数	0.6932
变异系数	8.93	预测相关系数	-0.7967
预测误差平方和	$1.760e^{-3}$	信噪比	7.464

表 8-33　10-DAB 含量响应面施肥最高值预测

响应变量	预测值	标准误	95%置信区间最低值	95%置信区间最高值
10-DAB 含量(%)	0.572069	0.043339	0.459913	0.684225

（2）响应面施肥对云曼红豆杉苗木枝叶 10-DAB 累积量的影响

利用 Design-Expert 8.0.6 软件对数据（表 8-30）进行分析，对 10-DAB 单株累积量进行二次回归分析，得曲面方程为：

$$10\text{-DAB 单株累积量} = 0.33 - 0.022 \times A + 0.013 \times B - 0.016 \times C + 0.011 \times A \times B + 9.594\,e^{-4} \times A \times C - 0.027\,e^{-3} \times B \times C - 0.042 \times A^2 - 0.023 \times B^2 + 0.026 \times C^2 \tag{8-8}$$

对曲面方程（8-8）进行显著性分析，结果见表 8-34；进行可信度分析，结果见表 8-35。

表 8-34　10-DAB 单株累积量回归模型显著性分析

误差来源	平方和	自由度	均方	F 值	P 值	显著性
模型	$2.315e^{-5}$	9	$2.573e^{-6}$	6.94	0.0091	*
$A(N)$	$2.126e^{-6}$	1	$2.126e^{-6}$	5.73	0.0478	*
$B(P)$	$4.298e^{-7}$	1	$4.298e^{-7}$	1.16	0.3173	
$C(K)$	$1.669e^{-7}$	1	$1.669e^{-7}$	0.45	0.5238	
AB	$7.861e^{-7}$	1	$7.861e^{-7}$	2.12	0.1887	
AC	$3.972e^{-7}$	1	$3.972e^{-7}$	1.07	0.3350	
BC	$6.411e^{-7}$	1	$6.411e^{-7}$	1.73	0.2299	
A^2	$1.350e^{-5}$	1	$1.350e^{-5}$	36.42	0.0005	* *
B^2	$3.315e^{-6}$	1	$3.315e^{-6}$	8.94	0.0202	*
C^2	$5.038e^{-7}$	1	$5.038e^{-7}$	1.36	0.2819	
残差	$2.595e^{-6}$	7	$3.707e^{-7}$			
失拟项	$2.018e^{-6}$	3	$6.727e^{-7}$	4.66	0.0855	
纯误差	$5.770e^{-7}$	4	$1.442e^{-7}$			
总离差	$2.575e^{-5}$	16				

注：* 为 $P<0.05$ 水平显著；* * 为 $P<0.01$ 水平极显著。

表 8-35　10-DAB 单株累积量回归方程可信度分析

项　目	数值	项　目	数值
标准差	$6.089e^{-4}$	复相关系数	0.8992
平均值	$6.957e^{-3}$	校正相关系数	0.7696
变异系数	8.75	预测相关系数	−0.2890
预测误差平方和	$3.319e^{-5}$	信噪比	8.284

对 10-DAB 单株累积量数据进行分析结果由表 8-34 可知，拟合所得模型 $P=0.0091$，拟合曲面达到显著水平；失拟项 $P=0.0855$，说明模型拟合与实际情况相类似，拟合情况较好。由表 8-35 可见，相关系数 $R^2=0.8992$，变异系数 $CV=8.75\%$，曲面方程拟合情况较好。

从表 8-34 中可以看出，施氮量 A（$P=0.0478$）对云曼红豆杉苗木 10-DAB 单株累积量影响达显著水平，$A^2(P=0.0005)$ 对云曼红豆杉 10-DAB 单株累积量的影响极显著。根据响应曲面分析得出最有利于 10-DAB 单株累积的最佳施肥量为：施氮量 1.90g/株、施磷量 3.33g/株、施钾量 4.51g/株，由曲面方程可预测出最佳施肥量下 10-DAB 单株累积量为 0.00844g，是不施肥状态下的 1.43 倍(表 8-36)。

表 8-36　10-DAB 单株累积量响应面施肥最大值预测

响应变量	预测值	标准误	95%置信区间最低值	95%置信区间最高值
10-DAB 单株累积量(g)	0.0844406	0.00608876	0.0687075	0.1001740

（3）小结

10-DAB 细胞毒性低，是人工半合成紫杉醇的重要原料。相较于紫杉醇拥有提取工艺简单，生产成本易控，提取制备原材料均来自红豆杉干枝叶等优点。施肥是提高作物生物量及次生代谢产物的一种有效手段。因此，研究响应面施肥对红豆杉枝叶中 10-DAB 含量及累积量的影响，可以为合理施肥、提高云曼红豆杉 10-DAB 产量提供理论依据。

施氮量 A、施磷量 B 和施钾量 C 对云曼红豆杉苗木 10-DAB 含量影响均不显著，二次项 A^2 对云曼红豆杉 10-DAB 含量影响达到极显著水平，B^2 对云曼红豆杉 10-DAB 含量影响达到显著水平。AB、AC、BC 交互作用不明显。根据响应曲面分析得出最有利于 10-DAB 含量增长的最佳施肥量为：施氮量 1.83g/株、施磷量 3.10g/株、施钾量 4.11g/株，由曲面方程可预测出最佳施肥量下 10-DAB 含量为 0.0572069%。

施氮量 A 对云曼红豆杉苗木 10-DAB 单株累积量影响达显著水平，A^2 对云曼红豆杉 10-DAB 单株累积量的影响极显著，B^2 达显著水平。AB、AC、BC 交互作用不显著。根据响应曲面分析得出最有利于 10-DAB 单株累积的最佳施肥量为施氮量 1.90g/株，施磷量 3.33g/株，施钾量 4.51g/株，由曲面方程可预测出最佳施肥量下 10-DAB 单株累积量为 0.0844g，是不施肥状态下的 1.43 倍。

第九章

10-DAB 代谢关键基因差异表达

    10-DAB 作为一种二萜类紫杉烷类衍生物，是人工半合成抗癌药物紫杉醇的重要原料，主要来自于红豆杉枝叶中。近年来，由于 10-DAB 市场供需矛盾突出，生物合成与代谢工程已成为提高红豆杉中 10-DAB 产量的潜在途径。其主要手段包括化学合成、半生物合成、细胞培养等。但是，无论是人工合成 10-DAB 还是对红豆杉中 10-DAB 的合成进行调控，均离不开对红豆杉自然植物资源中 10-DAB 基础合成的探究。因此，在基因表达水平上研究红豆杉 10-DAB 含量差异形成的原因具有重要意义。

    红豆杉中 10-DAB 的生物合成过程是一个较为复杂的代谢过程，其生物合成途径分为 2 个部分：一是合成萜类化合物的通用前体异戊烯焦磷酸（IPP）和甲基丙烯基焦磷酸（DMAPP）；二是以 GGPPS 为起点经过多步酶促反应合成 10-去乙酰基巴卡亭Ⅲ（10-deacety baccatinⅢ）。参与 10-DAB 合成的相关酶基因主要包括紫杉烯合酶、紫杉烷 5α-羟基化酶、紫杉烯醇 5α-乙酰氧化基转移酶、紫杉烷 10β-羟基化酶、紫杉烷 13α-羟基化酶、紫杉烷 2α-苯甲酰基转移酶。虽然 10-DAB 的天然合成途径复杂，但是 10-DAB 合成途径中合成相关酶基因的表达模式直接影响 10-DAB 的含量。本研究成功选育出 10-DAB 含量较高的新品种，是国内红豆杉树种枝叶中 10-DAB 含量的 2~3 倍，这为 10-DAB 代谢途径相关基因的差异表达研究提供了较好的实验材料。

    本研究以 10-DAB 含量具有明显差异的红豆杉树种为材料，采用实时荧光定量 PCR（quantitative real-time PCR）技术测定分析各红豆杉树种不同树龄 10-DAB 合成相关基因的表达量，研究各树种间及各树龄间 10-DAB 合成相关基因的差异表达模式，分析 10-DAB 合成相关酶基因表达和 10-DAB 含量的相关性及影响权重，揭示 10-DAB 生物合成的关键基因，为今后利用基因工程手段提高 10-DAB 含量提供研究基础。

9.1　10-DAB 含量与基因表达量 Spearman 矩阵构建

9.1.1　材料与方法

9.1.1.1　植物材料

    本试验选用的材料为树龄 2~5 年的高含量 10-DAB 红豆杉新品种（曼地亚红豆杉 3

号无性系×云南红豆杉)、云南红豆杉、南方红豆杉及曼地亚红豆杉实生苗。试验材料种植于四川省都江堰石羊镇红豆杉基地及四川省宜宾市南溪区马家乡红豆杉基地。

9.1.1.2 样品采集

2018 年 8 月,进行样品采集。每种红豆杉各树龄(2~5 年)挑选 5 株生长正常,长势一致的作为取样植株。取样部位为当年生成熟叶片,取样后混合作为一个重复,每个树龄取 3 个重复,做好标记,液氮速冻后保存于−80℃备用。

9.1.1.3 主要试剂和仪器

(1)主要试剂

本研究所用主要试剂见表 9-1。

表 9-1 主要试剂一览表

主要试剂	生产公司
植物 RNA 提取试剂盒	上海博亚生物公司
RNA 反转录试剂盒	TaKaRa 公司
荧光定量试剂盒 SYBR green mix	杭州港驰生物技术有限公司

(2)主要仪器

本研究所用主要仪器见表 9-2。

表 9-2 主要仪器一览表

主要仪器	生产公司
PCR 仪	BIO-RAD 公司
凝胶成像仪	BIO-RAD 公司
荧光定量 PCR 仪(StepOne Plus)	Applied Biosystems
超低温冰箱	Thermo 公司
低温高速离心机	Thermo 公司
Nanodrop2000	Thermo 公司

9.1.1.4 试验方法

(1)10-DAB 含量测定

具体见"3.2"。

(2)总 RNA 的提取

RNA 的提取使用 EASYspin Plant RNA Kit 总 RNA 提取试剂盒,主要步骤如下:

①取 500μL 裂解液 RLT,转入 1.5mL 离心管中,加 500μL PLANTaid 混匀备用。

②液氮研磨适量植物组织,取 500~1000mg 细粉转入上述装有 RLT 和 PLANTaid 的离心管,立即用手剧烈震荡,充分裂解。

③将裂解物 13000rpm 离心 5~10min。

④取裂解物上清液转到一个新的离心管。加入上清液体积一半的无水乙醇,立即混匀。

⑤将混合物加入一个吸附柱中，13000rpm 离心 2min，弃掉废液。

⑥加 700μL 去蛋白液 RW1，室温放置 1min，13000rpm 离心 30s，弃掉废液。

⑦加入 500μL 漂洗液 RW，13000rpm 离心 30s，弃掉废液。加入 500μL 漂洗液 RW，重复一遍。

⑧将吸附柱 RA 放回空收集管中，13000rpm 离心 2min。

⑨取出吸附柱 RA，放入一个 RNase free 离心管中，在吸附膜的中间部位加 35μL RNase free water，室温放置 1min，12000rpm 离心 1min。

（3）cDNA 的反转录与合成

A. 消除基因组 DNA 反应体系（表9-3）：

表 9-3　DNA 去除体系

加入样品	加入量
总 RNA	2μL
5×g DNA Erase Buffer	2μL
gDNA Eraser	1μL
ddH$_2$O	5μL

将上述样品在 PCR 仪中 42℃反应 2min。

B. 反转录体系（表9-4）：

表 9-4　反转录体系

加入样品	加入量
5×primescript Buffer 2	4μL
Primescript Enzyme Mix	1μL
RT primer Mix	1μL
ddH$_2$O	4μL

将上述样品在 PCR 仪中 37℃反应 15min，85℃反应 5s。

（4）定量 PCR 引物设计

从 NCBI 中下载 6 个 10-DAB 合成相关酶基因及 β-actin 基因（作为内参）的 CDS（coding sequence）序列，根据荧光定量 PCR 引物设计原则，采用 Primer Premier5.0 软件，分别设计内参基因和目的基因的引物（表9-5）。引物由擎科（成都）生物有限公司提供。

表 9-5　10-DAB 合成相关酶基因荧光定量 PCR 引物

基因名	GenBank ID	荧光定量引物(5'-3')
TS	AY365032. 2	F：AACTCTTCGCACGCACGGAT
		R：GCATCGTCCATAGCTCCTTCGT

（续）

基因名	GenBank ID	荧光定量引物(5'-3')	
TBT	AF297618.1	F：TGCTGGAAGGCTGAGAAACAC	
		R：GTAATACTGAAAGGTCGTTGTCCG	
T5αH	AY741375.1	F：GCCTCCTATGACACCACCACTT	
		R：ATTTCTTCGCCCTCCTCTTTGT	
T10βH	AF318211.1	F：AGGGTAAAGATGAAGTGAAGGTGC	
		R：GTTTCCAGAAGATGATGAAGTTGCT	
T13αH	AY056019.1	F：GAGTATTTCAAGGACGCCGATCA	
		R：TCCCACCCTGGACAAACACG	
TAT	AY078285.1	F：ACAGCAATCCATCATTCCAGCAG	
		R：CACTCCAACAACAAAGCCTCCA	
β-Actin	JF735995.1	F：ATGCCCTGAAGTCTTGTTCCA	
		R：ACATGGTAGATCCTCCGCTGA	

（5）实时荧光定量 PCR 分析

PCR 扩增产物送样测序，验证序列的正确性后，使用 Bio-Rad 公司的 SsoFast EvaGreen Supermix 试剂和 Bio-Rad CFX96 荧光定量 PCR 仪进行样品表达量的检测；$2^{-\triangle\triangle CT}$ 进行法用于检测样品的相对表达量。将 cDNA 浓度稀释至 10ng/μL 反复吸打混匀，前后引物稀释至 1μM 充分震荡混匀后向定量板孔内加入以下体系：

加入的反应体系见表 9-6。

表 9-6　荧光定量 PCR 反应体系

反应试剂	加入量
cDNA	20ng
Primer1（1μM）	1.5μL
Primer2（1μM）	1.5μL
2×SYBR Green Mix	5μL
H$_2$O	至 10μL

加好反应体系后，在 Bio-Rad CFX96 荧光定量 PCR 仪上进行检测，反应程序见表 9-7。

表 9-7　荧光定量 PCR 反应程序

反应温度	时间
预变性 95℃	3min
变性 95℃	15s
退火 58℃	15s
延伸 72℃	20s
40 个循环	

9.1.2　数据建模

9.1.2.1　10-DAB 含量与基因表达量 Spearman 矩阵构建及显著性分析

（1）Spearman 相关矩阵构建原理

对于容量为 n 的样本，n 个原始数据被转换成等级数据，具体转换是依据其在总体数据中平均的降序位置，被分配了一个相应的等级方式（表9-8），则 Spearman（斯皮尔曼）相关系数的计算式为：

$$\rho = \frac{\sum_i (x_i - \bar{x})(y_i - \bar{y})}{\sqrt{\sum_i (x_i - \bar{x})^2 (y_i - \bar{y})^2}} \tag{9-1}$$

表 9-8　数据等级编排方式

变量 x_i	x_1	x_2	x_3	x_4	x_5
原始数据	0.8	1.2	1.1	2.3	18
降序位置	5	3	4	2	1
等级 x_i	5	3	4	2	1

在实际计算中，可直接利用被观测的两个变量的等级的差值来代替原始数据的差值，此时 ρ 可通过式（9-2）来计算。

$$\rho = 1 - \frac{6 \sum d_i^2}{n(n^2 - 1)} \tag{9-2}$$

Spearman 相关系数侧重反映独立变量 X 和依赖变量 Y 的相关方向。如果当 X 增加时，Y 趋向于增加，Spearman 相关系数则为正。如果当 X 增加时，Y 趋向于减少，斯皮尔曼相关系数则为负。斯皮尔曼相关系数为零表明当 X 增加时 Y 没有任何趋向性。当 X 和 Y 越来越接近完全的单调相关时，斯皮尔曼相关系数会在绝对值上增加。当 X 和 Y 完全单调相关时，斯皮尔曼相关系数的绝对值为 1。Spearman 相关系数最大的优点是不需要先验知识，便可以准确获取 X 与 Y 的采样概率分布。

（2）显著性检验

Spearman 相关系数是以 ρ 值是否显著不为零作为原假设，并使用分层排列测试进行检验，其优势在于它考虑了样本中的数据个数和在使用样本计算等级相关系数的风险。即令

$$F(r) = \frac{1}{2} \ln \frac{1+r}{1-r} = \text{arctan}h(r) \tag{9-3}$$

当 $F(r)$ 是 r 的 Fisher 变换，则

$$z = \sqrt{\frac{n-3}{1.06}} F(r) \tag{9-4}$$

其中，r 在统计依赖($\rho = 0$)的零假设下近似服从标准正态分布，其在零假设下近似服从自由度为 $n-2$ 的 t 分布，此时采用 t 检验：

$$t = r\sqrt{\frac{n-2}{1-r^2}} \tag{9-5}$$

通常情况下斯皮尔曼相关系数在预测观测数据时有一个特定的顺序，对条件间趋势的显著性检验具有 Page 趋势测验的特点。

9.2　10-DAB 含量与基因表达量多元岭回归模型

岭回归主要用于处理特征数多于样本数的情况，现在也用于在估计中加入偏差，从而得到更好的估计。对于线性回归来讲，通过引入惩罚项 $\sum_{j=1}^{n} \theta_j^2$ 来减少不重要的参数，这在统计学里面成为缩减(shrinkage)。其中损失函数定义为：

$$J(\theta) = \frac{1}{2}\left((x_i^T\theta - y_i)^2 + \lambda\sum_{j=1}^{n}\theta_j^2\right) \tag{9-6}$$

对该损失函数求参数向量 θ 中每个参数的偏导，式(9-7)为具体计算公式，然后使用批梯度下降(式 9-8)和随机梯度下降(式 9-9)进行参数更新。

$$\frac{\partial_{x_i}J(\theta)}{\partial\theta_j} = \frac{1}{2} \times 2 \times (x_i^T\theta - y_i)x_{ij} + \frac{1}{2} \times 2 \times \lambda \times \theta_j \tag{9-7}$$

$$\theta_j = \theta_j - \eta\frac{1}{m}\sum_{i=1}^{m}((x_i^T\theta - y_i)x_{ij} + \lambda\theta_j) \tag{9-8}$$

$$\theta_j = \theta_j - \eta((x_i^T\theta - y_i)x_{ij} + \lambda\theta_j) \tag{9-9}$$

将式(9-6)、式(9-7)、式(9-8)、式(9-9)用矩阵形式进行求解为：

$$J(\theta) = \frac{1}{2}[(X\theta - y)^T(X\theta - y) + \lambda\theta^T I\theta]$$

$$= \frac{1}{2}(\theta^T X^T WX\theta - \theta^T X^T y - y^T WX\theta + y^T y + \lambda\theta^T I\theta)$$

$$= \frac{1}{2}(tr(\theta^T X^T WX\theta) - 2tr(y^T WX\theta) + y^T y + \lambda tr(\theta^T I\theta)) \tag{9-10}$$

其中，I 为对角矩阵。所以求解矩阵对 θ 的矩阵导数有

$$\nabla_\theta J(\theta) = \frac{1}{2}\nabla_\theta(tr(\theta^T X^T WX\theta) - 2tr(y^T WX\theta) + y^T y + \lambda tr(\theta^T I\theta))$$

$$= X^T X\theta - X^T y + \lambda(I\theta) = 0 \tag{9-11}$$

那么最终求得岭回归计算公式为

$$\theta = (X^T X + \lambda I)^{-1}X^T y \tag{9-12}$$

9.3 10-DAB含量及代谢基因表达量差异性分析

9.3.1 10-DAB含量差异分析

以2~5年生的4种红豆杉实生苗为材料，采样后测定枝叶中10-DAB含量，不同树龄、不同树种红豆杉枝叶中10-DAB含量对比分析，结果如图9-1所示。

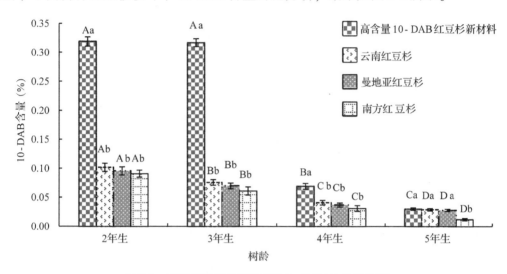

图9-1 不同红豆杉各树龄枝叶中10-DAB含量比较

(注：不同的大写字母表示同一树种不同树龄间存在显著性差异，$P<0.05$；

不同小写字母表示同一树龄不同树种间存在显著性差异，$P<0.05$)

由上述测定结果与统计分析可知，4种红豆杉苗木枝叶中10-DAB含量与树龄、树种密切相关，具体如下：

从树龄上看，4种红豆杉枝叶中10-DAB的含量均随树龄增长表现出相同的变化模式，即在幼龄时期(树龄<4年)，枝叶中10-DAB含量达最高，之后随树龄增加而逐年下降。树龄为5年生时各红豆杉树种枝叶中10-DAB含量均较低。显著性分析表明，高含量10-DAB红豆杉新品种树龄为2年和3年枝叶中10-DAB含量差异不显著($P>0.05$)，均显著大于树龄为4年和5年($P<0.05$)；其他3种红豆杉各树龄间枝叶中10-DAB含量差异均显著($P<0.05$)。

从树种上看，树龄为2~4年时，枝叶中10-DAB含量均以高含量10-DAB红豆杉新品种最高，显著大于其他红豆杉树种($P<0.05$)；树龄为5年生时，高含量10-DAB红豆杉枝叶中10-DAB含量与云南红豆杉和曼地亚红豆杉差异不显著($P>0.05$)。

9.3.2 基因相对表达量差异性分析

9.3.2.1 各红豆杉不同树龄基因表达量变化

高含量 10-DAB 红豆杉新品种中各基因表达量均在 2 年生时最高（图 9-2）；TS、*T5αH*、*TAT*、*T10βH* 基因的表达量均随着树龄增加显著下降（*P*<0.05）；*T13αH* 基因表

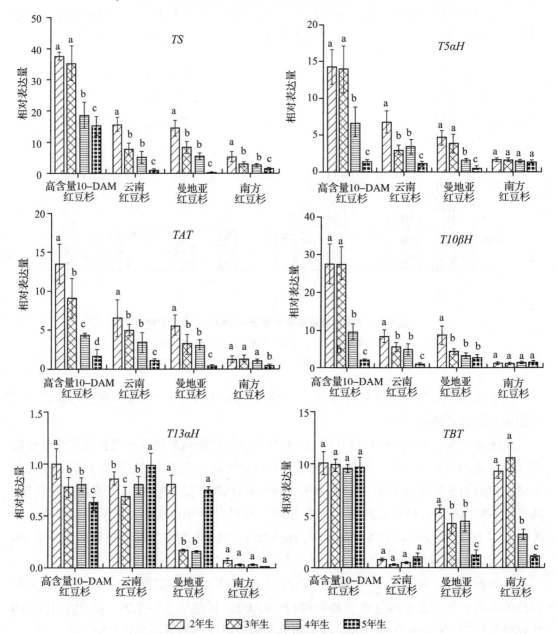

图 9-2　各红豆杉不同树龄基因表达量分析

（注：不同的字母表示同一树种不同树龄间存在显著性差异，*P*<0.05）

达量表现为先下降后上升再下降的趋势，变化差异显著($P<0.05$)；TBT 基因表达量总体趋于平稳，变化差异不显著($P>0.05$)。

云南红豆杉中 TS、$T5\alpha H$、TAT、$T10\beta H$ 基因表达量也在 2 年生时最高，且随树龄变化趋势与高含量 10-DAB 红豆杉新品种相一致，即随生长年限增加表现为显著下降趋势($P<0.05$)，其中 $T5\alpha H$ 基因表达量 3~4 年略有上升，2~5 年总体趋势为下降；$T13\alpha H$ 和 TBT 基因表达量变化随树龄变化表现为先下降后上升趋势，其中 $T13\alpha H$ 基因表达量变化差异显著($P<0.05$)，TBT 基因表达量变化差异不显著($P>0.05$)。

曼地亚红豆杉中各基因表达量均在 2 年生时最高；TS、$T5\alpha H$、TAT、$T10\beta H$ 基因的表达量随着生长年限增加显著下降($P<0.05$)；TBT 基因表达量先下降后上升再下降的趋势，总体趋势为下降，变化差异显著($P<0.05$)；$T13\alpha H$ 基因表达量随树龄表现出先下降后上升的变化趋势，变化差异显著($P<0.05$)。

南方红豆杉中除 TBT 基因外，其余各基因相对表达量均较低；TS 基因表达量随着树龄增加而显著下降($P<0.05$)，$T13\alpha H$ 基因差异不显著($P>0.05$)；$T5\alpha H$、TAT、$T10\beta H$、TBT 基因表达量表现为先上升后下降的趋势，均在第三年达到最高，其中 $T5\alpha H$、$T10\beta H$ 基因差异不显著($P>0.05$)，TAT、TBT 基因变化差异显著($P<0.05$)。

9.3.2.2　不同树种基因表达量差异性

生长年限为 2 年生时，各基因的表达量均以高含量 10-DAB 红豆杉新品种最高；除 $T13\alpha H$ 基因外，均显著高于其他红豆杉($P<0.05$)；除 TBT、$T10\beta H$ 基因外，云南红豆杉各基因表达量仅次于高含量 10-DAB 红豆杉新品种；南方红豆杉 TBT 基因表达量仅次于高含量 10-DAB 红豆杉新品种，其他基因表达量均小于其他红豆杉树种。

生长年限为 3 年生时，除 TBT 基因外，其他各基因表达量均以高含量 10-DAB 红豆杉新品种最高；TS、$T5\alpha H$、TAT、$T10\beta H$ 基因表达量均显著高于其他红豆杉树种($P<0.05$)；云南红豆杉中 TS、$T5\alpha H$、TAT、$T10\beta H$ 基因表达量与曼地亚红豆杉差异均不显著($P>0.05$)；南方红豆杉 TBT 基因表达量高于其他树种，其余各基因的表达量均以南方红豆杉最低。

生长年限为 4 年生时，各基因的表达量均以高含量 10-DAB 红豆杉新品种最高，其中 TS、$T5\alpha H$、$T10\beta H$、TBT 基因表达量均显著高于其他红豆杉树种；云南红豆杉中 TS、TAT、$T10\beta H$ 基因表达量与曼地亚红豆杉差异不显著($P>0.05$)；除 TBT 基因外，其他基因表达量均以南方红豆杉最低。

生长年限为 5 年生时，高含量 10-DAB 红豆杉新品种 TS、TBT 基因表达量仍显著高于其他红豆杉树种($P<0.05$)，但是 $T5\alpha H$、TAT、$T10\beta H$ 基因表达量差异不显著($P>0.05$)。

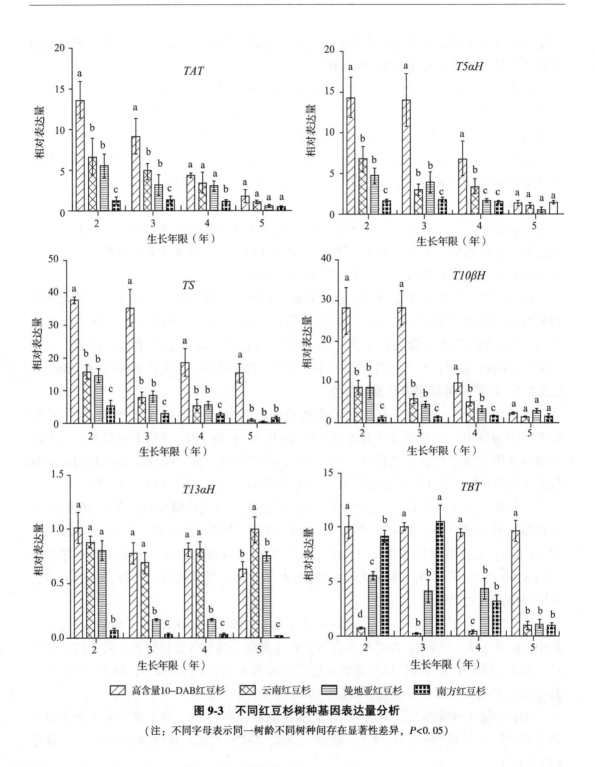

图 9-3 不同红豆杉树种基因表达量分析

（注：不同字母表示同一树龄不同树种间存在显著性差异，$P<0.05$）

9.3.3 不同红豆杉树种基因相对表达量与 10-DAB 含量相关性分析

构建 *TS*、*TAT* 等 6 个基因与高含量 10-DAB 红豆杉新品种、云南红豆杉等 4 个红豆杉树种枝叶中 10-DAB 含量之间的 Spearman 相关系数矩阵(表 9-9),并对计算结果进行显著性分析。

表 9-9　基因相对表达量与不同树种 10-DAB 含量的 Spearman 相关系数矩阵及显著性

基因	高含量 10-DAB 红豆杉新品种		云南红豆杉		曼地亚红豆杉		南方红豆杉	
	相关系数	P 值	相关系数	P 值	相关系数	P 值	相关系数	P 值
TS	0.9965**	0.003	0.9634*	0.037	0.9619*	0.038	0.9477	0.052
TAT	0.9329	0.067	0.9601*	0.040	0.8924	0.108	0.8370	0.163
T5αH	0.9690*	0.031	0.8707	0.129	0.9774*	0.023	0.8539	0.146
T10βH	0.9908**	0.009	0.9174	0.083	0.9445	0.055	0.9569	0.076
TBT	0.9368	0.063	−0.2479	0.752	0.8004	0.200	0.8851	0.115
T13αH	0.6943	0.306	−0.4309	0.569	0.2228	0.777	0.9271	0.073

注:＊为 $P<0.05$ 水平显著,＊＊为 $P<0.01$ 水平极显著。

4 种红豆杉基因相对表达量与 10-DAB 含量相关性分析见表 9-9,从中可以看出,高含量 10-DAB 红豆杉新品种中 *TS*、*T10βH* 基因表达量与 10-DAB 含量极显著正相关($P<0.01$),相关系数依次为 0.9965、0.9908;高含量 10-DAB 红豆杉新品种中 *T5αH* 基因表达量与 10-DAB 含量显著正相关($P<0.05$),相关系数为 0.9690;*TAT*、*TBT* 和 *T13αH* 基因表达量与 10-DAB 含量相关性不显著($P>0.05$)。

云南红豆杉各基因相对表达量与 10-DAB 含量相关性分析表明,*TS*、*TAT* 基因表达量与 10-DAB 含量显著正相关($P<0.05$),相关系数为 0.9634、0.9601,其余基因与 10-DAB 含量相关性不显著($P>0.05$)。曼地亚红豆杉中 *TS* 和 *T5αH* 基因表达量与 10-DAB 含量显著正相关($P<0.05$),其余基因与 10-DAB 含量相关性不显著($P>0.05$)。南方红豆杉各基因相对表达量与 10-DAB 含量相关性均不显著($P>0.05$)。

9.3.4　高含量 10-DAB 红豆杉新品种 10-DAB 含量与基因相对表达量多元岭回归分析

为了方便分析,我们将 *TS*、*TAT*、*T5αH* 等 6 个基因的表达量和高含量 10-DAB 红豆杉新品种枝叶中 10-DAB 含量用表 9-10 所示的符号进行表示。

表 9-10　基因相对表达量和 10-DAB 含量简化符号

TS	TAT	T5αH	T10βH	TBT	T13αH	10-DAB
x_1	x_2	x_3	x_4	x_5	x_6	y

为了验证基因的表达量和高含量 10-DAB 红豆杉新品种枝叶中 10-DAB 含量之间的关系,做出二者之间的散点图(图 9-4)。从图 9-4 中可以看出,除了 *TBT* 和 *T13αH* 这两个基因与高含量 10-DAB 红豆杉新品种枝叶中 10-DAB 含量之间的线性关系较弱以

外，其余四个基因与 10-DAB 含量之间都具有明显的线性关系。因此，利用逐步岭回归方法，可以建立高含量 10-DAB 红豆杉新品种枝叶中 10-DAB 含量 y 与基因相对表达量 x_1、x_2、x_3、x_4、x_5、x_6 之间的线性回归模型（表 9-11）。

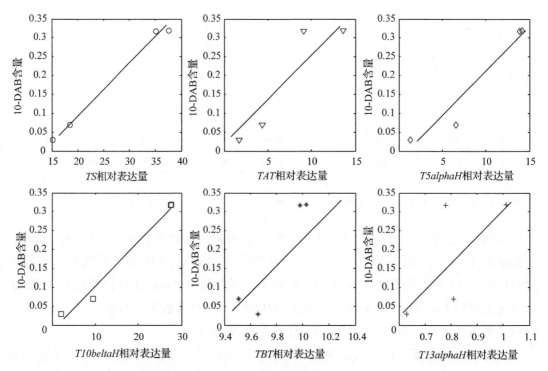

图 9-4　基因表达量和高含量 10-DAB 红豆杉新品种枝叶中 10-DAB 含量散点图

表 9-11　30 次岭回归模拟运算结果

次数	x_1	x_2	x_3	x_4	x_5	x_6
1	0.1526	0.1119	0.4966	0.2103	0.0118	−0.0034
2	0.1508	0.1106	0.4907	0.2078	0.0120	0.0032
3	0.1461	0.1071	0.4755	0.2013	0.0126	−0.0030
4	0.1347	0.0988	0.4384	0.1856	0.0170	−0.0023
5	0.1112	0.0817	0.3618	0.1532	0.0170	$-8.0340e^{-4}$
6	0.0755	0.0556	0.2454	0.1039	0.0216	0.0014
7	0.0405	0.0301	0.1311	0.0556	0.0260	0.0036
8	0.0181	0.0137	0.0582	0.0247	0.0288	0.0050
9	0.0075	0.0060	0.0236	0.0101	0.0299	0.0057
10	0.0032	0.0028	0.0094	0.0041	0.0300	0.0061
11	0.0015	0.0016	0.0039	0.0018	0.0288	0.0066

（续）

次数	x_1	x_2	x_3	x_4	x_5	x_6
12	8.2673e−04	0.0010	0.0019	8.7531e−04	0.0259	0.0074
13	5.1087e−04	7.6221e−04	0.0010	4.9062e−04	0.0204	0.0084
14	3.1181e−04	5.2755e−04	5.6738e−04	2.8292e−04	0.0135	0.0084
15	1.7155e−04	3.1773e−04	3.0521e−04	1.5177e−04	0.0075	0.0065
16	8.1617e−05	1.5917e−04	1.4468e−04	7.1492e−04	0.0035	0.0037
17	3.4191e−04	6.8272e−04	6.0681e−04	2.9839e−04	0.0015	0.0017
18	1.3295e−05	2.6801e−05	2.3578e−05	1.1587e−05	5.6690e−04	6.6128e−04
19	4.9980e−06	1.0112e−05	8.8652e−06	4.3537e−06	2.1280e−04	2.5136e−04
20	1.8537e−06	3.7555e−06	3.2882e−06	1.6145e−06	7.8883e−05	9.3613e−05
21	6.8402e−07	1.3864e−06	1.2134e−06	5.9568e−07	2.9101e−05	3.4595e−05
22	2.5192e−07	5.1071e−07	4.4688e−07	2.1938e−07	1.0717e−05	1.2748e−05
23	9.2713e−08	1.8797e−07	1.6446e−07	8.0738e−08	3.9440e−06	4.6927e−06
24	3.4112e−08	6.9162e−08	6.0512e−08	2.9706e−08	1.4511e−06	1.7267
25	1.2550e−08	2.5445e−08	2.2263e−08	1.0929e−08	5.3387e−07	6.3529e−07
26	4.6170e−09	9.3609e−09	8.1901e−09	4.0206e−09	1.9640e−07	2.3372e−07
27	1.6985e−09	3.4437e−09	3.0130e−09	1.4791e−09	7.2254e−08	8.5980e−08
28	6.2485e−10	1.2669e−09	1.1084e−09	5.4413e−10	2.6581e−08	3.1631e−08
29	2.2987e−10	4.6606e−10	4.0777e−10	2.0018e−10	9.7785e−09	1.1636e−08
30	8.4564e−11	1.7145e−10	1.5001e−10	7.3640e−11	3.5973e−11	4.2807e−09

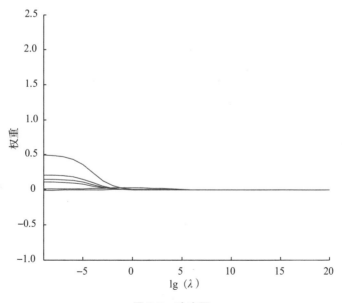

图 9-5　岭迹图

根据岭迹图(图 9-5)，$\lg(\lambda) = 6$ 时，模型趋于稳定，因此可取表 9-11 中第 6 次运算结果作为最终系数来确定回归方程(式 9-13)。根据回归方程，最终确定每个基因相对表达量对高含量 10-DAB 红豆杉新品种 10-DAB 含量的影响权重见表 9-12。

$$y = 0.0755x_1 + 0.0556x_2 + 0.2454x_3 + 0.1039x_4 + 0.0216x_5 + 0.0014x_6 \quad (9\text{-}13)$$

表 9-12　基因表达量对高含量 10-DAB 红豆杉新品种 10-DAB 含量的影响权重

基因	TS	TAT	$T5\alpha H$	$T10\beta H$	TBT	$T13\alpha H$
权重(%)	15.00	11.04	48.75	20.64	4.29	0.28

9.3.5　关键基因相对表达量变化趋势研究与分析

基于以上分析，我们可以得到 $T5\alpha H$、$T10\beta H$ 基因是影响 10-DAB 合成的关键基因。本节主要对高含量 10-DAB 红豆杉新品种枝叶中 10-DAB 含量及关键基因表达量随树龄的变化趋势进行分析。不同树龄 10-DAB 含量及关键基因表达量下降幅度见表 9-13。

树龄 2~5 年时，高含量 10-DAB 红豆杉新品种中 10-DAB 的含量随着年龄增加而逐渐降低，第 2 年 10-DAB 含量为 0.319%，到第 3 年下降了 0.63%，2 个关键基因表达量第 3 年分别较前一年下降了 2.04% 和 0.18%；第 4 年 10-DAB 含量较第 3 年下降了 78.23%，2 个关键基因表达量分别较前一年下降了 51.80% 和 65.48%；第 5 年 10-DAB 含量较前一年下降了 56.52%，2 个关键基因表达量分别较前一年下降了 80.33% 和 78.57%。

综上所述，高含量 10-DAB 红豆杉新品种中 10-DAB 含量随树龄表现出的变化规律，与这 2 个关键基因的表达量变化有着密切关系。初步揭示 $T5\alpha H$、$T10\beta H$ 基因是影响 10-DAB 合成的关键基因。

表 9-13　不同树龄 10-DAB 含量及关键基因下降幅度

树龄	10-DAB		$T5\alpha H$ 基因		$T10\beta H$ 基因	
	含量	较前一年 下降幅度(%)	相对表达量	较前一年 下降幅度(%)	相对表达量	较前一年 下降幅度(%)
2 年	0.319	—	14.21	—	27.63	—
3 年	0.317	0.63	13.92	2.04	27.58	0.18
4 年	0.069	78.23	6.71	51.80	9.52	65.48
5 年	0.030	56.52	1.32	80.33	2.04	78.57

9.3.6　讨论

次生代谢产物的含量随着植物的组织类型、生长年龄以及环境因子的变化而发生显著变化，如大麻素在大麻植株不同发育时期含量不同，在始果期的大麻素含量最高；薄荷中主要成分的含量随着树龄的增加而发生改变，幼龄时期柠檬烯含量最高，生长后期薄荷酮含量迅速增加；金鱼草在开花初期，榄香烯和罗勒烯的含量迅速增加，但随后达到最大值后开始减小。同时，次生代谢产物含量的变化又取决于合成途径中的一些关键酶及其在细胞中的表达水平。孙美莲研究结果表明，随着茶树叶片成熟度增加，茶素合成相关基因 *PAL*、*F3H*、*LAR* 和 *DFR* 的表达量逐渐下降。张震彪等研究表明，烟草进入成熟衰老期，叶片中烟碱等生物碱含量逐渐升高，调控烟碱代谢相关基因 *COI1*、*JAZ1*、*MYC2*、*MYC3* 表达上调。本研究发现，在 10-DAB 含量上，随树龄的改变，红豆杉枝叶中 10-DAB 含量均随树龄出现显著下降趋势（$P<0.05$），在相关基因表达随树龄变化方面，高含量 10-DAB 红豆杉新品种中 *TS*、*T5αH*、*TAT*、*T10βH* 基因相对表达量随着树龄增加也显著下降（$P<0.05$）。由此表明，红豆杉枝叶中 10-DAB 含量受到树龄的显著影响，而 10-DAB 含量又受到相关基因表达量的显著影响。已有研究表明，植物次生代谢途径常常以代谢频道的形式存在，同一代谢频道内的酶基因常常协同表达来提高次生代谢物的产量。本研究高含量 10-DAB 红豆杉中 *TS*、*T10βH* 基因相对表达量同 10-DAB 含量呈极显著正相关（$P<0.01$），*T5αH* 基因相对表达量同 10-DAB 含量呈显著正相关（$P<0.05$），表明这些基因在 10-DAB 生物合成过程中起着关键作用。

目前，许多学者对不同品种间次生代谢产物含量及其合成相关的基因表达差异展开了研究。单丽伟等对不同类黄酮含量的大豆品种展开研究，结果发现 *CHS1*、*CHS2*、*CHS3* 这 3 个基因在不同品种中的表达差异可能是造成大豆品种类黄酮含量差异的重要原因。本研究发现，高含量 10-DAB 红豆杉新品种 10-DAB 含量显著大于其他 3 种国内红豆杉时，参与 10-DAB 合成的 *TS*、*T5αH*、*T10βH* 基因表达量也显著大于其他 3 种红豆杉（$P<0.05$）；当高含量 10-DAB 红豆杉新品种 10-DAB 含量与其他红豆杉树种差异不显著时（$P>0.05$），*T5αH*、*T10βH* 基因表达量也迅速下降至较低水平，且与其他红豆杉树种差异不显著（$P>0.05$）。以上分析表明，树龄 2~5 年时对于红豆杉 10-DAB 合成及积累非常关键，而 *T5αH*、*T10βH* 基因在 10-DAB 合成与积累过程中具有重要作用，这两个基因的高效表达有利于 10-DAB 含量的积累。同时，岭回归分析也表明，*T5αH*、*T10βH* 对高含量 10-DAB 红豆杉新品种枝叶中 10-DAB 含量的影响权重分别为达到 48.75% 和 20.64%。

紫杉二烯-5α-羟化酶（*T5αH*）是第一个羟基化反应中的催化酶，不仅催化核心骨架 C5 特异性地添加一个羟基，而且还催化 C4(5) 的双键转移到 C4(20) 位置上，促使 [taxa-4(5),11(12)-dien] 生成 5α-羟基紫杉烯 [taxa-4(20),11(12)-dien-5α-ol]。已有研究表明，由于此反应速度很慢，因此 *T5αH* 很可能是紫杉醇骨架合成的限速酶。因此，*T5αH* 酶基因是紫杉醇及其半合成前体 10-DAB 生物合成调控的重要靶标。紫杉烷-10β-羟化酶(taxoid 10β-hydroxylase)是发生在 C10 位置羟基化反应中的催化酶,催化 taxa-4(20),11(12)-dien-5α-ol 生成 taxa-4(20),11(12)-dien-5α-acetoyx-10β-ol。本研究初步揭示影响 10-DAB 合成途径中的关键基因,这为后续深入研究关键基因在红豆杉的作用机制及其调控提供一定的理论参考。

第十章

10-DAB 及紫杉醇制备新工艺

由于紫杉醇在植物体中的含量甚微(一般在干树皮中的含量 0.01% ~ 0.03%),且作为其天然来源的红豆杉资源有限,多年来人们不断努力试图通过其他的方法得到紫杉醇,以解决其供应不足的问题。迄今为止,化学半合成紫杉醇的方法无论从操作的可行性还是经济的角度,仍然是现实的扩大紫杉醇来源的主要途径。10-DAB(10-脱乙酰基巴卡亭Ⅲ)是从红豆杉中分离出的一种天然化合物,是当今人工半合成紫杉醇、多西紫杉醇及卡巴他赛等抗癌药物的主要原料。该化合物主要存在于红豆杉枝叶中,如欧洲红豆杉,枝叶中 10-DAB 的含量可达 0.1% ~ 0.18%。我国经过多年的红豆杉新品种选育,也选育出了 10-DAB 含量超过欧洲红豆杉的新品种,并已成为国内提取分离 10-DAB 的主要原料。

10.1 10-DAB 及紫杉醇制备工艺现状

从红豆杉枝叶中提取紫杉醇及 10-DAB 及的方法多有报道。当前提取方法主要有下几种:①溶剂萃取法:该法工艺流程长、萃取率低,溶剂残留多,有效成分的分离较难,溶剂消耗大,成本较高。②超临界萃取法:利用 CO_2 在超临界状态下对物质具有选择性溶解能力的特性分离提取 10-DAB。该法萃取效率高,操作温度低,不易破坏有效成分,能耗低,无溶剂污染等特点,但该法技术要求高,设备繁多,目前处于实验室小试阶段,距工业化尚远。③树脂法:该法采用酸水溶液渗滤提取,提取液直接上柱,结合分步层析,条件温和不破坏有效成分,容易掌握,投资省,但需处理好大量的废水。

10.1.1 红豆杉枝叶提取分离 10-DAB 文献

10.1.1.1 一种 10-DAB 的提取纯化方法

公开号 CN 102827106 A

本发明涉及医药技术领域,特别是中药技术领域,更为具体地说是涉及一种 10-DAB 的提取纯化方法。本发明通过二次结晶与反相色谱相结合的纯化方式,以甲醇与乙酸乙酯为重结晶溶液,对纯品进行精制,成品纯度可达到 99.5%,收率在 80% 以上。具体方法如下：

（1）**提取步骤** 将粉碎后的红豆杉枝叶按照 200kg/h 投入平转台，用 8~12 倍量的中极性或高极性有机溶剂在 40~60℃进行提取，提取后过滤，取上清液。

（2）**浓缩步骤** 在真空度为−0.08MPa，温度为 50~70℃的条件下将上清液通过刮板式浓缩器进行减压浓缩，直到除去 40%~50%体积的溶剂，得浓缩液。加 1/10 浓缩液体积的水，静置至完全分层。

（3）**萃取步骤** 将浓缩液的上清液用等体积的二氯甲烷或乙酸乙酯萃取，搅拌 3~5min，静置分层，重复上述操作四次，合并萃取液，在真空度为−0.08MPa，温度为 60℃下将萃取液减压浓缩，得浸膏。

（4）**精制步骤一** 加入浸膏 2~4 倍体积的乙腈、甲醇、甲苯中的一种或几种混合物，进行精制，然后在−5℃下冷冻结晶 10h 以上，离心，得精制品 1。

（5）**精制步骤二** 再向精制品 1 中加入 10~20 倍体积的乙腈、甲醇、甲苯中的一种或几种混合物，混合比例为 1∶1，加入溶液体积 0.5%~0.8%的活性炭，加热脱色，在真空度为−0.08MPa，温度为 60℃下减压浓缩，然后在−5℃下冷冻结晶 10h 以上离心，过滤，烘干得粗品。

（6）**柱层析步骤** 将粗品粉碎，与 10~15 倍量的硅胶（M/M）混合均匀，装入反相固定相，上柱，过筛，干法上柱。加入正己烷进行洗脱。通过 TLC 判断解吸液纯度，并分段收集产品，纯度 95%以下的重复以上操作，收集纯度 95%以上的产品进行重结晶。

（7）**重结晶步骤** 用甲醇和乙酸乙酯的混合溶剂进行重结晶，混合比例为（0.5~0.8）∶1，最终成品纯度达到 99.5%，产率达到 80.5%~85%。

10.1.1.2 一种分离提纯 10-DAB 的方法

公开号 CN 101045718A

本发明公开了一种分离提纯 10-脱乙酰基巴卡亭Ⅲ的方法，该方法采用正反相色谱技术相结合，将正相色谱作为第一级处理，去除了大部分杂质，有利于保护成本较高的反相色谱固定相，延长反相色谱固定相的使用寿命；而反相色谱可以处理较大的上样量，并且对正相色谱不易分离掉的一部分杂质有更好的去除效果，溶剂易回收且成本更低。因此将正反相色谱技术相结合不但可以获得纯度大于 99.5%的 10-脱乙酰基巴卡亭Ⅲ，还能降低生产成本。具体方法如下：

（1）**10-脱乙酰基巴卡亭Ⅲ粗提物硅胶拌料的制备** 取 1kg 粉碎后的欧洲红豆杉枝叶，加入 7L 50%的甲醇水溶液，恒温水浴 40℃，搅拌提取 8h，得浸提液，滤渣再重复提取两次，每次加入 5L 50%甲醇水溶液，合并三次提取的浸出液，在 50℃下减压浓缩至无有机溶剂，浓缩液室温下放置 12h 以上，过滤去除不溶物，得水溶液 4.8L，将水溶液用乙酸乙酯萃取 3 次，每次加入乙酸乙酯 4.8L，合并乙酸乙酯相，并将其浓缩到 500mL 以内，加入 30g 硅胶，在 60℃减压浓缩至干，得 10-脱乙酰基巴卡亭Ⅲ粗品的硅胶拌料。

（2）正相色谱柱层析　将所得的 10-脱乙酰基巴卡亭Ⅲ粗品硅胶拌料装入 Φ20mm×200mm 的玻璃层析柱，以体积比为 1∶4 的乙酸乙酯和石油醚的混合溶剂作为洗脱液洗脱，收集含 10-脱乙酰基巴卡亭Ⅲ的洗脱液。将此洗脱液浓缩到至 500mL 以内，加入 30g 硅胶，60℃减压浓缩至干，得 10-脱乙酰基巴卡亭Ⅲ的硅胶拌料，将拌料装入 Φ20mm×200mm 的玻璃柱中，以体积比为 1∶4 的乙酸乙酯和石油醚的混合溶剂作为洗脱液洗脱 2 倍柱体积后。将此柱作为预处理柱串接在装上硅胶的分离柱之上，分离柱为 Φ20mm×500mm 的玻璃柱，以体积比为 1∶1 至 1∶5 的乙酸乙酯和石油醚的混合溶剂作为洗脱液进行梯度洗脱，洗脱 10~13 倍柱体积，收集含 10-脱乙酰基巴卡亭Ⅲ的部分。

（3）反相色谱柱层析　将上步层析所得的含 10-脱乙酰基巴卡亭Ⅲ洗脱液 60℃减压浓缩至 500mL 以内，加入 14g 键合十八烷基硅烷固定相，继续浓缩至干，将所得吸附料以 5%甲醇水溶液匀浆装入 Φ20mm×200mm 的作为预处理柱的玻璃柱中。将预处理柱再串接到分离柱之上（该分离柱已装填满键合十八烷基硅烷固定相，并以 5%甲醇水溶液平衡 2 倍柱体积），以 5%~50%甲醇水溶液进行梯度洗脱 10 倍柱体积，洗脱液流速为 10mL/min，以 50mL/瓶收集馏出液，收集液通过 HPLC 检测，分出含 10-脱乙酰基巴卡亭Ⅲ段；不含 10-脱乙酰基巴卡亭Ⅲ段回收溶剂。收集完成后以 100%的甲醇洗柱，然后分别以纯水和 5%甲醇水溶液平衡预处理柱和分离柱备用。含 10-脱乙酰基巴卡亭Ⅲ段溶液 3.3L，在 50℃下减压浓缩除去有机溶剂，得水溶液 1.1L。

（4）结晶　将上步的 1.1L 水溶液用乙酸乙酯萃取 3 次，每次萃取加入的乙酸乙酯依次为 400mL、400mL 和 300mL，合并有机相，于 50℃下减压浓缩至 160mL，冷却至室温，缓慢加入 1600mL 己烷，并同时进行搅拌，加完后于 0℃放置 12h，结晶，过滤得滤饼和母液，母液回收浓缩有机溶剂后继续反相色谱柱层析纯化；滤饼用 160mL 乙酸乙酯溶解，过滤去除杂质，滤液缓慢加入 1600mL 己烷，并同时进行搅拌，加完后于 0℃放置 12h，进行重结晶，过滤得滤饼和母液，母液回收浓缩有机溶剂后继续反相色谱柱层析纯化；滤饼 50℃减压干燥至恒重，称重得 0.71g 10-脱乙酰基巴卡亭Ⅲ，HPLC 检测纯度为 99.53%，收率为 87%。

10.1.1.3　一种从红豆杉枝叶中分离提纯 10-DAB 的方法

公开号 CN 103319441A

本发明涉及一种从红豆杉枝叶中分离提纯 10-脱乙酰基巴卡亭Ⅲ的方法，渗滤提取粉碎后的红豆杉枝叶，然后通过大孔吸附树脂柱进行吸附，再用有机溶剂洗脱，除杂后得到 10-脱乙酰基巴卡亭Ⅲ粗品，用有机溶剂将 10-脱乙酰基巴卡亭Ⅲ粗品溶解后，加入反相填料吸附，装入制备柱后进行洗脱，对主分段浓缩、除杂后得到 10-脱乙酰基巴卡亭Ⅲ纯品。具体方法如下：

（1）提取　取 500kg 粉碎后的欧洲红豆杉枝叶，装入 6m³ 渗滤罐内，加入体积百分比为 0.5% 的乙酸水溶液（温度为 40℃）进行渗滤，渗滤液混匀共约 9100m³，HPLC 检测 10-脱乙酰基巴卡亭Ⅲ有效量约 601g。

（2）大孔吸附树脂吸附层析　用已经处理并装入层析柱内的 D101 大孔吸附树脂吸附渗滤液（树脂处理方法为先用甲醇浸泡 12h，再用饮用水将甲醇冲洗完全后待用）。全部吸附后用乙酸乙酯进行洗脱，将洗脱液（约 500L）进行浓缩干燥得干膏约 18kg，在干膏中加入 54L 乙腈在 70℃ 下溶解结晶，15℃ 静置 4h 后抽滤，将滤饼干燥得粗品 1552g，检测 10-DAB Ⅲ含量为 34.1%。

（3）反相树脂吸附层析　在高压分离柱内加入处理好的空白反相固定相（反相固定相处理方法为用纯丙酮浸泡 12h 后，再用纯化水冲洗完全后待用）。将 1552g 粗品用 31.7L 丙酮溶解，加入 6.4L 反相固定相吸附，蒸干溶剂后装入高压分离柱内。用不同含量的丙酮水溶液（体积百分含量分别为 25%、35%、55%、80%）作为流动相（pH 为 6.3）进行洗脱，流速为 350mL/min，收集含 10-DAB Ⅲ的洗脱液，减压浓缩，剩余溶液约 35L，15℃ 下静置析晶 4h，晶体进行抽滤，滤饼在 45℃ 下干燥 56h，得固体 460.4g，检测 10-DAB Ⅲ含量为 99.3%，一次主收率为 74.3%。

10.1.2　红豆杉枝叶提取分离紫杉醇文献

10.1.2.1　一种从人工栽培的红豆杉枝叶中提取紫杉醇的方法

公开号 CN101560197A

本发明是一种从人工栽培的红豆杉枝叶中制备紫杉醇的方法。为了得到紫杉醇，国内外开展了种植矮壮化的红豆杉树、组织培养、半合成和全合成紫杉醇等方法获取紫杉醇的原料，但组织培养法获得的产量很小，培养液价格昂贵；全合成得率很小，且疗效不及天然源紫杉醇，成本高，难以商业化应用。本发明是以人工栽培的曼地亚红豆杉、云南红豆杉、南方红豆杉或东北红豆杉的枝叶为原料，经甲醇浸泡提取，浓缩，依次用石油醚、乙酸乙酯萃取，然后用常用正相硅胶柱层析法及反相高压液相色谱分离法得到 99.6% 以上的高纯度紫杉醇。

10.1.2.2　一种从种植红豆杉枝叶中制备紫杉醇的方法

公开号 CN 1427002A

使用种植生长了 2~4 年的红豆杉树叶、枝条，粉碎，用 75%~95% 的乙醇浸泡 24~48h，过滤后去除废渣，滤液浓缩后用 1∶1 乙酸丁酯和水分散萃取，乙酸丁酯萃取液浓缩、干燥得 1% 紫杉醇粗原料；利用 1% 紫杉醇粗原料，经常压正相硅胶柱层析，以乙酸乙酯和环己烷梯度淋洗，分段收集淋洗液，将紫杉醇含量在 10%~30% 之间的馏分浓缩后经反相 C18 高压液相色谱法分离，得到纯度为 99.5% 以上的紫杉醇。

10.1.2.3　一种从红豆杉植物枝叶中初分离紫杉醇的方法

公开号 CN 1631084A

本发明涉及一种用活性炭吸附剂从红豆杉植物中初分离紫杉醇的方法。用80%乙醇于室温浸提红豆杉枝叶干粉，搅拌，过滤，得到乙醇浸提液，合并乙醇浸提液，加水稀释为55%~65%乙醇浸提液，在搅拌下加入6%~8%活性炭进行吸附，紫杉醇被吸附后，过滤，收集吸附了紫杉醇的活性炭。在真空减压下回收滤液中的乙醇；活性炭装柱，用50%丙酮的乙醇洗脱被活性炭吸附的紫杉醇，用 HPLC 检测洗脱液中的紫杉醇，合并含紫杉醇的洗脱液，减压回收洗脱剂，得到含紫杉醇的浸膏待进一步纯化。

10.2　云曼红豆杉制备 10-DAB 的新工艺

本工艺采用中药提取方法中的渗漉提取萃取等传统工艺。在提取时溶剂由于重力作用而向下流动，上层流下的浸出液置换下层的溶剂，不断造成浓度差，此法相当于无数次浸渍，是一个动态过程，可连续操作，因此浸出效率高，能耗低，操作方便。同时，浸出液经减压浓缩、萃取后除掉了大量不溶的杂质，因此产品在上柱前其粗品中 10-脱乙酰基巴卡亭Ⅲ的含量就达到6%以上，大大降低了硅胶层析的工作量，和硅胶层析的分离难度，通过一次硅胶层析和结晶就可达到产品质量要求，且产品收率高，生产成本低，操作性强。

10.2.1　实验材料与仪器

（1）采样地点　四川天元红豆杉有限公司，四川亚源红豆杉科技股份有限公司，重庆夔江红豆杉制药有限公司等。

（2）原料准备　于每年10~11月，选取4年以内的云曼红豆杉全株，采集后70℃烘干，打成粗粉，备用。

（3）试剂　硅胶（100~200目硅胶，青岛海洋化工），甲醇（分析纯），二氯甲烷（分析纯），丙酮（分析纯），正己烷（分析纯），乙酸乙酯（分析纯）。

（4）主要仪器　高效液相色谱仪（日本岛津公司），包括 LC-10ATvp 输液泵，SPD-10Avp 可变波长紫外检测器，CTO-10AS 柱温箱，N2000 色谱数据处理系统；TU-180PC 紫外-可见分光光度计（北京普析通用仪器有限公司）；Eppendorf centrifuge 5804R 离心机（德国），RE52-98 旋转蒸发仪（上海亚荣生化仪器厂）；KQ-500 超声器（昆山超声仪器有限公司），微型高速万能粉碎机：FW80 型，国产。电热真空干燥箱：200L，国产。玻璃渗漉筒：5000mL，国产。

10.2.2　实验方法

（1）提取　云曼红豆杉枝叶用粉碎机打成粗粉，称取200g装入渗漉筒中，加入质量浓度为 70%的甲醇 400mL, 浸泡 6h, 然后用该提取液渗漉提取 10h, 流速为 200mL/h, 收集渗滤液; 用旋转蒸发器减压回收甲醇至 0.5~1.0 倍原料体积的浓缩液为止。

(2)萃取 浓缩液用乙酸乙酯萃取 3~5 次, 每次用量为 100mL, 合并乙酸乙酯液, 80℃常压浓缩回收尽有机溶剂后, 真空抽干得粗品 I。

(3)溶解 将步骤(2)得到的粗品 I 加入 6 倍二氯甲烷中搅拌溶解, 即可用于硅胶柱层析。

(4)柱层析 层析柱为 Φ50mm×800mm 的玻璃层析柱, 硅胶: 粗孔硅胶 G, 100~200 目, 200g, 用二氯甲烷湿法装柱。将溶解的二氯甲烷药液加入层析柱中, 流速 100~300mL/h。加完溶解药液后用二氯甲烷—甲醇(95-5)混合溶剂洗涤与洗脱, 流速同上; 100mL 三角瓶定量收集, 按次序排列。直至洗尽为止。TLC 结合 HPLC 检测, 通过检测, 将柱层析液分为无成分段、杂质段、不合格段和合格段。

无成分段: 此段不需浓缩, 直接作洗脱溶剂重复使用。

杂质段: 此段有杂质但无 10-脱乙酰基巴卡亭Ⅲ有效成分, 常压浓缩回收尽溶剂, 回收的溶剂直接作洗脱剂重复使用。

不合格段(10-DAB 含量<20%, HPLC 外标法): 套用下批柱层析。

合格段(10-DAB 含量≥20%, HPLC 外标法): 合并合格段, 70℃减压浓缩至干得粗品Ⅱ。

(5)柱子再生 层析柱流干溶剂后, 再用自来水置换出柱中残留有机溶剂(此部分溶剂为杂质, 按杂质段处理), 放出硅胶, 三角离心机脱水后用硅胶活化箱再生硅胶。方法是: 将硅胶放在烘盘上, 厚度在 2~3cm, 放入烘箱中, 升温到 450℃, 保温 2h。放冷备用。

(6)结晶 将粗品Ⅱ加入 30 倍的丙酮溶液中, 40~50℃搅拌溶解, 静置到室温后过滤, 滤液在为 60~70℃下常压浓缩回收有机溶剂至有晶体析出为止, 停止浓缩, 自然结晶 6~12h, 过滤、得结晶体; 将结晶体加入 30 倍的无水乙醇溶液中, 60℃~70℃搅拌溶解, 静置到室温后过滤, 滤液在真空度为 -0.06~-0.08MPa, 温度为 60~70℃下减压回收有机溶剂至有晶体析出为止, 停止浓缩, 自然结晶 6~12h, 过滤、得重结晶体, 晶体在真空度为 -0.06~-0.08MPa, 温度为 60~70℃下烘干至恒重得 10-脱乙酰基巴卡亭Ⅲ精品。此产品经 HPLC 检测纯度为 99.5%, 收率 80.1%。

10.2.3 实验结果与讨论

10.2.3.1 提取条件对 10-DAB 提取率及提取液质量的影响

10-DAB 易溶于甲醇、乙醇、丙酮、乙酸乙酯、氯仿等有机溶剂, 其极性强于紫杉醇, 对温度较为敏感。因此在提取时既要考虑到提取率, 同时又要利于下步萃取工艺的进行。加之曼地亚红豆杉枝叶富含色素及蜡质等杂质, 因此采用高浓度的醇液回流提取必然导致提取液杂质多，同时也会因长时间加温而导致10-脱乙酰基巴卡亭Ⅲ的破坏；而中等浓度的醇液虽对10-脱乙酰基巴卡亭Ⅲ也有很高的提取率，但由于提取液中水溶性杂质太多，下步萃取工艺难以进行，因此本工艺采用了70%甲醇溶剂的渗漉提取法，浸出效率高，其提取率达95%以上。同时70%的甲醇溶液也限制了很多水溶性杂质的浸出，有利于萃取工艺的顺利进行。此外，因室温提取，无须加热，因而保证了提取液成分的稳定，同时降低了能耗。提取试验结果见表10-1。

表10-1 曼地亚红豆杉枝叶提取10-DAB结果

序号	原料			10-DAB提取液			提取率（%）
	投量（g）	HPLC含量（%）	折纯（g）	体积（mL）	HPLC含量（mg/mL）	折纯（mg）	
1#	200		0.52	2000	0.258	516	99.23
2#	200	0.26	0.52	2000	0.257	514	98.84
3#	200		0.52	2000	0.256	512	98.46

渗滤提取时，甲醇的浓度是提取的关键因素，浓度太低，提取流速慢，提取率低，同时水溶性杂质较多，不利于下步纯化工艺，甲醇浓度高，流速快，提取率高，但提取液为深绿色，大量的色素与蜡质也被提取出来。综合分析，提取溶剂为70%甲醇水液，渗滤收集10倍原料的提取液，提取率可达98%以上，且提取液中水溶性杂质较少，有利于下步萃取工艺。

10.2.3.2 萃取溶剂对10-DAB提取率的影响

生产上常用的萃取溶剂有乙酸乙酯、二氯甲烷、氯仿等。采用氯仿或二氯甲烷萃取，操作方便，两相易分层，有机溶剂损耗较小，但水液中会残留5%~10%左右的有效成分，因此会降低产品收率。而乙酸乙酯作为萃取溶剂的最大优点是有效成分的萃取率高，可达95%以上。3个批次的萃取结果见表10-2。

表10-2 乙酸乙酯萃取10-DAB结果

序号	10-DAB浓缩液		乙酸乙酯萃取物			收率(%)
	水液（mL）	10-DAB量（mg）	得量（g）	10-DAB含量（%）	折纯（mg）	
1#	165	516	7.25	6.8	493.0	95.5
2#	176	514	6.96	7.1	494.2	96.1
3#	185	512	7.01	7.0	490.7	95.8

10.2.3.3 柱层析试验结果

3批乙酸乙酯萃取物经二氯甲烷溶解后通过硅胶柱层析，收集合格10-DAB料液，不合格料液采用套用，再次上柱得合格料液，浓缩干得半成品Ⅰ，重量及10-DAB含量见表10-3。

表 10-3　柱层析收率及 HPLC 检测结果

序号	10-DAB 乙酸乙酯萃取物			10-DAB 粗品 I			收率（%）
	重量（g）	HPLC 含量（%）	折纯（mg）	得量（mg）	HPLC 含量（%）	折纯（mg）	
1#	7.25	6.8	493.0	495.7	92.3	457.5	92.8
2#	6.96	7.1	494.2	494.6	93.6	462.9	93.7
3#	7.01	7.0	490.7	490.1	93.2	456.8	93.1

云曼红豆杉枝叶中富含多种紫杉烷类化合物，因此即使是通过提取、萃取及溶解工艺后，10-DAB 的含量可达 6% 以上，对于这样的粗膏必须通过现代色谱层析技术进一步除杂。在采用硅胶色谱层析时，流动相的极性及硅胶用量是影响层析分离效果最为关键的因素。在二氯甲烷与甲醇混合液作流动相时，随着混合液中甲醇量的增加，10-DAB 会快速从柱中流出，但分离效果较差；如减少混合液中的甲醇，则 10-DAB 在柱中保留时间会大大增加，影响生产规模，但分离效果会增强。综合考虑，当二氯甲烷与甲醇的体积比例为 94 : 5，硅胶用量为原料的 20 倍左右时，10-DAB 在柱中的保留时间适中，且分离效果完全能达到后续工艺。一般完成一个柱层析的周期应控制在 20~48h 之间。

10.2.3.4　结晶试验结果

将三批 10-脱乙酰基巴卡亭Ⅲ粗品Ⅱ用丙酮结晶 1~2 次，再用乙醇重结晶 1~2 次即得 10-脱乙酰基巴卡亭Ⅲ精品。每次结晶母液浓缩干可与下一批待结晶产品混合再结晶。结晶试验结果见表 10-4。

表 10-4　结晶收率及 HPLC 检测结果

序号	10-DAB 粗品 I			10-DAB 精品			收率（%）
	投量（mg）	HPLC 含量（%）	折纯（mg）	得量（mg）	HPLC 含量（%）	折纯（mg）	
1#	495.7	92.3	457.5	419.8	99.26	416.7	91.1
2#	494.6	93.6	462.9	420.5	99.32	417.6	90.2
3#	490.1	93.2	456.8	418.3	99.16	414.8	90.8

结晶溶剂与结晶产品的质量有着密切的关系，经试验用乙醇结晶的作用主要是去除液相色谱图中 10-DAB 峰左侧的杂质，而用丙酮重结晶的作用主要是去除液相色谱图中 10-脱乙酰基巴卡亭Ⅲ峰右侧的杂质。因此结晶时应根据待结晶产品的高效液相检测结果确定其结晶溶剂。用本工艺以云曼红豆杉为原料制备 10-DAB 精品，三批 10-DAB 总提取率结果见表 10-5。

表 10-5　三批 10-脱乙酰基巴卡亭Ⅲ成品总提取率结果

序号	原料			10-脱乙酰基巴卡亭Ⅲ精品			提取率 （%）
	投量 （g）	HPLC 含量 （%）	折纯 （mg）	得量 （mg）	HPLC 含量 （%）	折纯 （mg）	
1#	200		520	419.8	99.26	416.7	80.1
2#	200	0.26	520	420.5	99.32	417.6	80.3
3#	200		520	418.3	99.16	414.8	79.8

10.3　云曼红豆杉同时制备紫杉醇和 10-DAB 新工艺

　　云曼红豆杉全株中紫杉醇含量达 0.035% 左右，10-DAB 含量达到 0.2% 以上，紫杉醇与 10-DAB 均超过欧洲红豆杉枝叶，以及国内其他红豆杉树种。因此，以云曼红豆杉为原料，不仅要提取出 10-DAB，同时还必须同时提取出紫杉醇，以达到最大的经济效益。目前，以国内红豆杉作为原料时，一般仅考虑紫杉醇的提取与分离，不考虑 10-DAB 生产；而以欧洲红豆杉为原料时一般仅考虑提取分离 10-DAB，不考虑紫杉醇生产。即一次提取分离只能得到一个产品，如得到紫杉醇或 10-DAB。因而国内现有工艺不能满足同时提取、分离紫杉醇与 10-DAB 的要求。而云曼红豆杉全株同时富含紫杉醇与 10-DAB，因此必须针对云曼红豆杉这一特性，研究同时提取分离紫杉醇与 10-DAB 的新工艺。

10.3.1　实验材料与仪器

　　（1）采样地点　材料采自四川天元红豆杉有限公司，四川亚源红豆杉科技股份有限公司等。

　　（2）原料准备　于每年 9~10 月，选取 4 年以内的云曼红豆杉全株，采集后 70℃烘干，打成粗粉，备用。

　　（3）试剂　硅胶（100~200 目硅胶，青岛海洋化工），甲醇（分析纯或工业级），二氯甲烷（分析纯或工业级），丙酮（分析纯），正己烷（分析纯），乙酸乙酯（分析纯），异丙醇（分析纯），混合溶剂 A（国家林业草原红豆杉西南工程技术研究中心提供），混合溶剂 B（国家林业草原红豆杉西南工程技术研究中心提供）。

　　（4）主要仪器　高效液相色谱仪（日本岛津公司），包括 LC-10ATvp 输液泵，SPD-10Avp 可变波长紫外检测器，CTO-10AS 柱温箱，N2000 色谱数据处理系统；TU-180PC 紫外–可见分光光度计（北京普析通用仪器有限公司）；Eppendorf centrifuge 5804R 离心机（德国），RE52-98 旋转蒸发仪（上海亚荣生化仪器厂）；KQ-500 超声器（昆山超声仪器有限公司），微型高速万能粉碎机：FW80 型，国产。电热真空干燥箱：200L，国产。多功能提取罐：5000L，国产。

10.3.2　实验方法

（1）提取　云曼红豆杉用粉碎机打成粗粉，称取 1000kg 装入多功能提取罐中，加入质量浓度为 70% 的甲醇 3000L，浸泡 6h，然后用该提取液渗漉提取 12h，流速为 1000L/h，收集渗滤液；渗滤提取完成后，用自来水对浸泡混合料再次渗漉置换出残存在渣中的甲醇溶液，该醇溶液可用于配制浸泡和渗漉提取所用的甲醇溶液。

（2）浓缩　将收集到的渗滤液用单效蒸发器在真空度为 -0.06～-0.08MPa、温度为 60～70℃ 下减压浓缩回收甲醇至 1.0 倍原料体积左右的浓缩液为止。即浓缩到 1000L 左右。

（3）萃取　浓缩液用乙酸乙酯萃取 3～5 次，每次用量为 500L，合并乙酸乙酯液，80℃ 常压浓缩回收尽有机溶剂后，真空抽干得浸膏。

（4）溶解　将浸膏加入 6 倍二氯甲烷中搅拌溶解，溶解后即可用于硅胶柱层析。

（5）快速层析　层析柱为 Φ600mm×2000mm 的不锈钢层析柱，硅胶为粗孔硅胶 G，100～200 目，160kg，用二氯甲烷湿法装柱。装好柱后，将上步溶解的二氯甲烷药液加入层析柱中，流速 60～100L/h。加完药液后用二氯甲烷-甲醇(94∶6)混合溶剂洗涤与洗脱，流速同上；10L 塑料桶定量收集，按次序排列。直至洗尽紫杉醇与 10-DAB 为止。TLC 结合 HPLC 检测，通过检测，将柱层析液分为无成分段、杂质段、紫杉醇段、10-DAB 段。

无成分段：此段不含紫杉醇、10-DAB 及杂质，为二氯甲烷下柱液，无须浓缩，加入一定比例的甲醇后可作洗脱溶剂重复使用。

杂质段：此段有杂质但无紫杉醇和 10-DAB 有效成分，常压浓缩回收尽溶剂，回收的溶剂直接作洗脱剂重复使用。

紫杉醇段：此段含紫杉醇，但不含 10-DAB。70℃ 减压浓缩至干得紫杉醇粗膏，用于进一步分离紫杉醇精品。

10-DAB 段：此段含 10-DAB，但不含紫杉醇，70℃ 减压浓缩至干得 10-DAB 粗膏，此粗膏再经一次柱层析，结晶即得 10-DAB 精品。柱层析、结晶方法参见本书"云曼红豆杉制备 10-DAB 新工艺"。

柱子再生：层析柱流干溶剂后，再用自来水置换出柱中残留有机溶剂（此部分溶剂为杂质，按杂质段处理），放出硅胶，三角离心机脱水后用硅胶活化箱再生硅胶。方法是：将硅胶入烘盘，厚度在 3～5cm，放入烘箱中，升温到 450～500℃，保温 3～4h。放冷备用。

（6）紫杉醇分离

a 柱层析 I　层析柱：Φ300mm×2000mm 的不锈钢层析柱，硅胶：粗孔硅胶 G，100～200 目，50kg，用混合溶剂 B 湿法装柱。取紫杉醇粗膏 12～13kg，加入 20 倍粗提物重量体积的混合溶剂 A 溶解，将溶解的药液加入层析柱中，流速 60~100L/h。加完溶解药液后用混合溶剂 B 洗涤与洗脱，流速同上；10L 塑料桶定量收集，按次序排列。直至洗尽为止。TLC 结合 HPLC 检测，通过检测，将柱层析液分为无成分段、前杂段、前交段、合格段、后交段、后杂段。

无成分段：此段不含紫杉醇及杂质，不需浓缩，直接作洗脱溶剂重复使用。

杂质段：此段为杂质，无紫杉醇有效成分，分前杂段(TLC 检测时 *Rf* 值大于紫杉醇 *Rf* 值的一类杂质)和后杂段(TLC 检测时 *Rf* 值小于紫杉醇 *Rf* 值的一类杂质)，常压浓缩回收尽溶剂，回收的溶剂直接作洗脱剂重复使用。

前交段：此段含紫杉醇(紫杉醇含量<10%，HPLC 外标法)与前杂质(TLC 检测时 *Rf* 值大于紫杉醇 *Rf* 值的一类杂质)。套用下批柱层析，用作下批柱层析的洗脱溶剂(加完拌料后就加此液洗脱)。

后交段：此段含紫杉醇(紫杉醇含量<10%，HPLC 外标法)与后杂质(TLC 检测时 *Rf* 值小于紫杉醇 *Rf* 值的一类杂质)。套用下批柱层析，用作下批柱层析的洗脱溶剂(加完前交段后就加此液洗脱)。

合格段：此段紫杉醇含量≥10%(HPLC 外标法)，用减压浓缩罐 70℃减压浓缩至干，铲出产品，HPLC 测定含量，紫杉醇含量应≥16%。此为紫杉醇中间产品Ⅰ。

硅胶再生：同快速层析。

b 结晶Ⅰ　将紫杉醇中间产品Ⅰ用 3~5 倍溶剂丙溶解，边搅拌边慢慢加入溶剂石油醚至有晶体析出为止，静置结晶 3h 以上，过滤，烘干，得烘干品。滤液回收尽溶剂得膏子，烘干，当作紫杉醇粗膏处理，用于柱层析Ⅰ。烘干品用 3 倍重量体积的甲醇溶解，边搅拌边加入水至有晶体析出为止，静置结晶 12h 以止，过滤，烘干，得紫杉醇中间品Ⅱ。滤液回收尽溶剂得膏子，烘干，当作紫杉醇粗膏处理，用于柱层析Ⅰ。

c 柱层析Ⅱ　柱子规格：*Φ*200mm×2000mm 的不锈钢柱；可承受的最高压力 1MPa；工作压力≤0.6Mpa。硅胶：粗孔硅胶 G，200~300 目，20kg/柱。装柱：湿法装柱，溶剂为纯二氯甲烷。流速 600~100L/h。溶解：称取 300g 左右紫杉醇中间品Ⅱ，用 1.5~2L 纯二氯溶解，备用。加药：将溶解药液加入柱中，并用纯二氯甲烷将药液全部洗入硅胶中为止，流速 60~100L/h。洗脱：洗脱溶剂为混合液(二氯甲烷-乙酸乙酯-异丙醇=100-9-3)。流速 60~100L/h；5L 塑料桶定量收集，按次序排列。TLC 结合 HPLC 检测，直至将紫杉醇全部洗出为止。通过检测，将层析液分为无成分段、杂质段、不合格段、合格段。

无成分段：此段不含紫杉醇及杂质，不需浓缩，直接作洗脱溶剂重复使用。

杂质段：此段有杂质但无紫杉醇有效成分，分前杂段和后杂段，常压浓缩回收尽溶剂，回收的溶剂直接作洗脱剂重复使用。

不合格段：此段含紫杉醇(紫杉醇纯度<90%，HPLC 归一法)与三尖杉宁碱(三尖

杉宁碱纯度≥0.4%，HPLC 归一法）及其他杂质，套用下批，用作下批柱层析Ⅱ的洗脱溶剂。

合格段：此段主要为紫杉醇（紫杉醇纯度≥90%，三尖杉宁碱纯度<0.4%，HPLC 归一法）；70℃减压浓缩至 10~50L，放出，再用旋转蒸发器浓缩烘干紫杉醇中间品Ⅲ。

硅胶再生：同快速层析。

d 结晶Ⅱ 丙酮—正己烷结晶 1~2 次，将紫杉醇中间品Ⅲ用 3~6 倍丙酮溶解，真空过滤，滤液加入正己烷至刚有晶体出现止，室温静置 12h 以上，真空抽滤，晶体重复结晶一次。60℃以下真空烘 12h 即得紫杉醇精品，包装，称重，质检。

10.3.3 实验结果与讨论

10.3.3.1 提取条件对紫杉醇和 10-DAB 提取率及提取液质量的影响

云曼红豆杉全株不同于树皮，富含油脂、蜡质与色素等杂质，因此不宜采用高浓度的醇液回流提取，本工艺采用了中药提取方法中的渗漉提取法，提取时溶剂由于重力作用而向下流动，上层流下的浸出液置换下层的溶剂，不断造成浓度差，这一动态提取过程相当于无数次浸渍，可连续操作，提取溶剂甲醇的浓度为 70%，即对紫杉醇、10-DAB 有很好的溶解性，又因甲醇浓度略低，因而对色素、油脂、蜡质的溶解性稍差，因此对有效成分的浸出率高，其提取率均 98% 以上，且浸出液干净，整个浸出液为红黄色，而不像高浓度醇提或回流提取，提取液为深绿色。此外，因室温提取，无需加热，因而保证了提取液成分的稳定，同时降低了能耗。三批次提取试验结果见表 10-6 和表 10-7。

表 10-6 云曼红豆杉提取紫杉醇结果

序号	原料			紫杉醇提取液			提取率（%）
	投量（kg）	HPLC 含量（%）	折纯（g）	体积（L）	HPLC 含量（mg/L）	折纯（g）	
1#	1000		350	12000	28.72	344.64	98.5
2#	1000	0.035	350	12000	28.87	346.44	99.0
3#	1000		350	12000	28.76	345.12	98.6

表 10-7 云曼红豆杉提取 10-DAB 结果

序号	原料			10-DAB 提取液			提取率（%）
	投量（kg）	HPLC 含量（%）	折纯（g）	体积（L）	HPLC 含量（mg/L）	折纯（g）	
1#	1000		2600	12000	212.77	2553.24	98.2
2#	1000	0.26	2600	12000	214.06	2568.72	98.8
3#	1000		2600	12000	213.63	2563.56	98.6

本工艺采用乙酸乙酯萃取纯化方法提取分离紫杉醇与 10-DAB，因此渗漉提取时提取溶剂的甲醇浓度不可太低，否则萃取不易分层；甲醇浓度高，流速快，提取率高，但提取液为深绿色，大量的色素与蜡质也被提取出来，不利于下步纯化工艺。综合分析，在同时考察紫杉醇与 10-DAB 时宜选用 70%的甲醇水液，渗漉收集 12 倍左右原料的提取液，两种有效成分的提取率均达 98%以上，且提取液干净，为红黄色。

10.3.3.2　乙酸乙酯萃取对紫杉醇与 10-DAB 得率的影响

紫杉烷类化合物易溶于有机溶剂，而在水中的溶解性较差，故生产上常采用萃取法将醇提浓缩液中的紫杉烷类化合物转入到机溶剂中。常用的萃取溶剂有乙酸乙酯、二氯甲烷、氯仿等。采用氯仿或二氯甲烷萃取，操作方便，两相易分层，有机溶剂损耗较小，但水液中会残留 5%~10%的 10-DAB 有效成分，因此会降低 10-DAB 产品收率。而乙酸乙酯作为萃取溶剂的最大优点是对紫杉醇、10-DAB 等有效成分均拥有较高的萃取率，生产上可达 95%以上。3 个批次的萃取结果见表 10-8 和表 10-9。

表 10-8　乙酸乙酯萃取对紫杉醇得率的影响

序号	提取液中紫杉醇量（g）	粗品 I			收率（%）
		重量（kg）	HPLC 含量（%）	折纯（g）	
1#	344.64	30.6	1.08	330.48	95.9
2#	346.44	31.2	1.06	330.72	95.5
3#	345.12	30.8	1.07	329.56	95.5

表 10-9　乙酸乙酯萃取对 10-DAB 得率的影响

序号	提取液中 10-DAB 量（g）	粗品 I			收率（%）
		重量（kg）	HPLC 含量（%）	折纯（g）	
1#	2553.24	30.6	7.98	2441.88	95.6
2#	2568.72	31.2	7.86	2452.32	95.5
3#	2563.56	30.8	7.97	2454.76	95.8

10.3.3.3　快速层析试验结果

3 批次乙酸乙酯萃取物经二氯甲烷溶解后通过硅胶柱层析，分别收集紫杉醇流出液，与 10-DAB 流出液，分别浓缩干得紫杉醇浸膏与 10-DAB 浸膏，重量及各有效成分含量见表 10-10 和表 10-11。

表 10-10　紫杉醇硅胶柱快速层析收率及 HPLC 检测结果

序号	紫杉醇丙酮溶解物			紫杉醇浸膏			收率（%）
	投量（kg）	HPLC 含量（%）	折纯（g）	得量（kg）	HPLC 含量（%）	折纯（g）	
1#	30.6	1.08	330.48	11.5	2.83	325.45	98.5

（续）

序号	紫杉醇丙酮溶解物			紫杉醇浸膏			收率(%)
	投量(kg)	HPLC 含量(%)	折纯(g)	得量(kg)	HPLC 含量(%)	折纯(g)	
2#	31.2	1.06	330.72	12.1	2.69	325.49	98.4
3#	30.8	1.07	329.56	11.8	2.76	325.68	98.8

表 10-11　10-DAB 硅胶柱快速层析收率及 HPLC 检测结果

序号	粗品 I			10-脱乙酰基巴卡亭Ⅲ浸膏			收率(%)
	投量(kg)	HPLC 含量(%)	折纯(g)	得量(kg)	HPLC 含量(%)	折纯(g)	
1#	30.6	7.98	2441.88	7.3	33.02	2410.46	98.7
2#	31.2	7.86	2452.32	7.8	30.97	2415.66	98.5
3#	30.8	7.97	2454.76	7.5	32.3	2422.50	98.7

　　云曼红豆杉全株打成粗粉，通过醇提，乙酸乙酯萃取后的粗膏中，紫杉醇含量可达 1.0% 以上，10-DAB 可达 7.5% 以上，对于这样的粗膏还须通过现代色谱层析技术进一步除杂。在采用硅胶色谱层析时，流动相是最为关键的因素。不同的流动相其分离效果相差甚远，本研究快速柱层析采用的流动相为二氯甲烷与甲醇的混合液，通过调整两种溶剂的比例可有效地将紫杉醇与 10-DAB 完全分离，得到两种化合物的浸膏，其中紫杉醇浸膏中紫杉醇含量可提高到 2.5% 以上，而 10-DAB 含量可提高到 30% 左右。因而更有利于下一步两个产品的分离与纯化。云曼红豆杉全株富含紫杉醇及 10-DAB 两种主要的紫杉烷类化合物，同时提取与分离这两种主要化合物对降低生产成本，综合利用云曼红豆杉资源有积极的意义。

第十一章

10-DAB 人工半合成紫杉醇工艺

紫杉醇，汉语拼音为 ZISHANCHUN，英文名为 PACLITAXEL，化学名称 5β,20-环氧-1,2α,4,7β,10β,13α-六羟基紫杉烷-11-烯-9-酮-4,10-二乙酸酯-2-苯甲酸酯-13[(2′R,3′S)-N-苯甲酰-3-苯基异丝氨酸酯]，分子量 853.92，分子式 $C_{47}H_{51}NO_{14}$。紫杉醇是从红豆杉属植物中分离出来的一种紫杉烷二萜类化合物。其抗癌机理独特、抗癌效果显著、抗癌谱广，被认为是迄今所发现最好的抗癌药物之一。继美国之后，目前紫杉醇作为一线抗癌药物已在 40 多个国家被批准上市。药用紫杉醇的主要来源是从天然红豆杉属植物的树皮中提取分离。但由于该种属植物数量少，生长慢，含量低，且提取难度颇大，从长远考虑根本无法满足日益增长的临床需求。近年来，紫杉醇化学全合成获得成功，但合成路线复杂，成本过高，故而仅具有研究意义，尚无商业价值。相比较而言，紫杉醇类化学半合成是具有实用价值的一种制备方法，因而显得尤为重要。半合成研究一般都是以与紫杉醇大环结构类似的 10-去乙酰基巴卡亭Ⅲ（10-DAB）为起始原料，通过与紫杉醇的侧链对接而制得紫杉醇前体，最后脱保护得到紫杉醇。10-DAB 可以从来源丰富的红豆杉属植物的针叶中提取而得到，且得率高，因而为紫杉醇的半合成提供了充足的原料保障。

11.1　10-DAB 人工半合成紫杉醇合成途径

本线路以 10-DAB 为原料，经乙酰化工序、羟基保护工序、缩合工序、开环工序、脱保护工序和结晶，最后得到紫杉醇精品。以 10-DAB 为原料人工合成紫杉醇路线见图 11-1。

11.2　10-DAB 人工半合成紫杉醇方法

11.2.1　试验材料与仪器

（1）试验材料　10-DAB，西昌市凯源药业有限公司生产，10-DAB 含量 99.1%。

（2）主要仪器　反应釜、旋转蒸发仪、真空干燥箱、真空泵、布氏漏斗、滤瓶、高效液相色谱仪等。

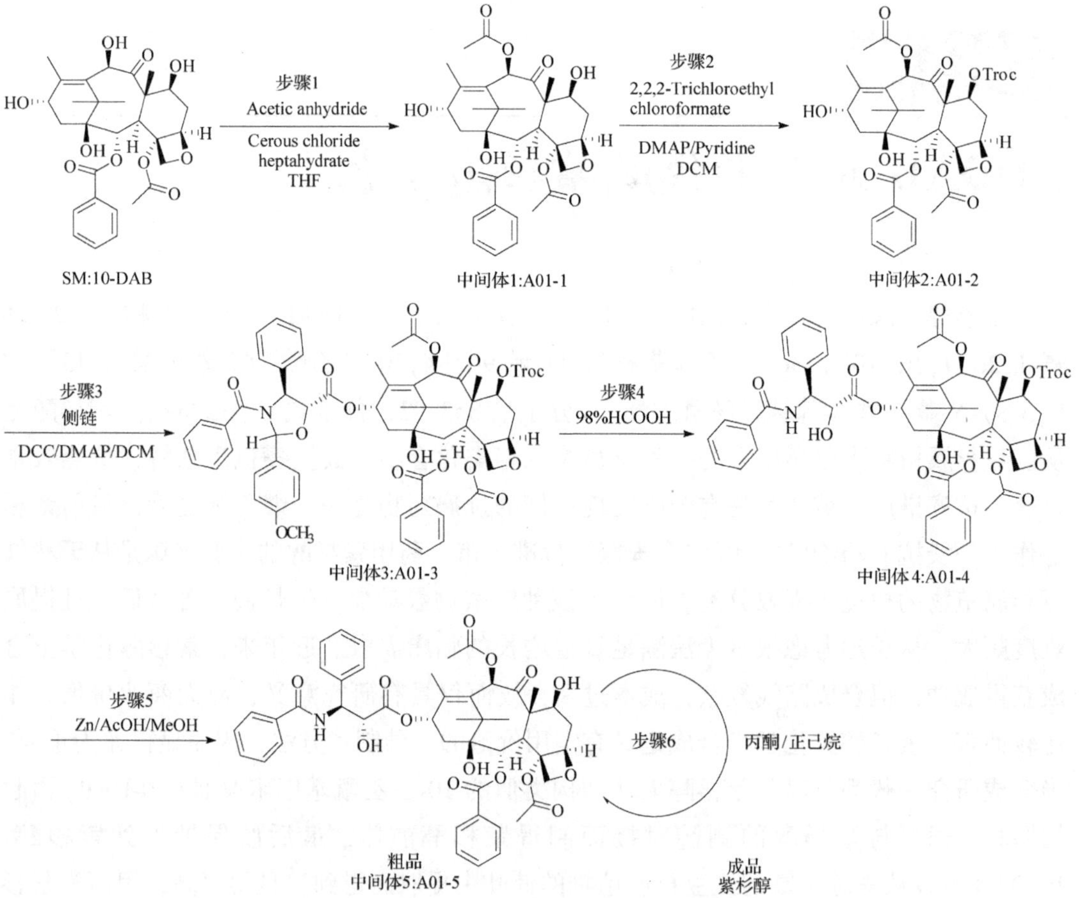

图 11-1　10-DAB 人工半合成紫杉醇路线

（3）主要试剂　丙酮、正己烷、二氯甲烷、甲酸、碳酸氢钠、无水硫酸镁、无水乙醇、盐酸、七水合三氯化铈、乙酸酐、四氢呋喃、乙酸乙酯、氯化钠、4-二甲氨基吡啶、吡啶、氯甲酸-2,2,2-三氯乙酯、紫杉醇侧链（（4S,5R)-3-苯甲酰基-2-(4-甲氧基苯基)-4-苯基-5-噁唑啉羧酸)、N,N′-二环己基碳二亚胺、乙酸、锌粉等。

11.2.2　试验方法

（1）紫杉醇-1 的合成

量取 130mL 四氢呋喃加入洁净干燥的反应釜中，边搅拌边加入 10g 10-DAB，溶解后，加入 0.684g 七水合三氯化铈，继续搅拌 0.5h，将混合液降温至 0~10℃，缓慢滴加乙酸酐 16.8g，反应液升温至 25~30℃，反应 2~3h，抽滤，滤液转入另一反应釜中降温至 0~10℃；快速滴加饱和碳酸氢钠溶液 80mL，维持最高温度不超过 20℃，充分搅拌 0.5h；分液，水相用乙酸乙酯萃取 2 次（80mL，60mL）；合并有机相，依次用饱和碳酸氢钠洗涤 2 次（80mL×2）、饱和食盐水洗涤 2 次（80mL×2）；有机相用无水硫酸镁 50g 脱水 2~3h；抽滤，滤液 40~45℃ 减压浓缩至 9~11mL；加入 150mL 正己烷，搅拌打浆 2~3h；抽滤，滤饼转入真空干燥箱于 40~45℃ 真空干燥 4h，得紫杉醇-1 产品 10.8g。

（2）紫杉醇-2 的合成

量取 108mL 二氯甲烷加入洁净干燥的反应釜中，边搅拌边加入紫杉醇-1 10.8g 和 4-二甲氨基吡啶 112mg，降温至 -10~0℃，快速滴加吡啶 0.51kg，搅拌至溶解澄清，保持温度，缓慢滴加氯甲酸-2,2,2-三氯乙酯 7.8g，保温反应至原料反应完全，反应结束后，向反应液中快速加入纯化水 54mL，充分搅拌 15min，分出二氯甲烷相，水相用 54mL 二氯甲烷反萃；合并二氯甲烷相，用 80mL 饱和氯化钠溶液洗涤；有机相降温至 0~10℃，用 4% 盐酸 80mL 洗涤至酸性（pH=2 左右）；有机相用纯化水 80mL、饱和食盐水 80mL 洗涤至中性；有机相边搅拌边加入无水硫酸镁 10g，脱水 2~3h；抽滤，滤液 30~40℃ 减压浓缩至 9~11mL；浓缩液加入 150mL 正己烷，搅拌 2~3h；抽滤，滤饼转入真空干燥箱于 40~45℃ 真空干燥 4h，得紫杉醇-2 产品 13.1g。

（3）紫杉醇-3 的合成

量取 100mL 二氯甲烷加入洁净干燥的反应釜中，搅拌下加入紫杉醇-2 13.1g，紫杉醇侧链（（4S，5R）-3-苯甲酰基-2-(4-甲氧基苯基)-4-苯基-5-噁唑啉羧酸）9g 和 4-二甲氨基吡啶 630mg，充分搅拌 15min，升温至 25~30℃；将 N,N'-二环己基碳二亚胺 5.32g 溶于二氯甲烷 30mL 中，缓慢滴入反应釜中；滴加完毕后，于 25~30℃ 反应 2~3h；抽滤，滤液依次用 2% 盐酸 80mL、纯化水 80mL 和饱和食盐水 80mL 洗涤；分出二氯甲烷相，于 30~40℃ 减压浓缩至黏稠状固体；加入无水乙醇 90mL，加热回流打浆 2~3h，冷至室温后搅拌 1~2h；抽滤，滤饼用少量无水乙醇洗涤；滤饼于 40~45℃ 真空干燥 4h；得紫杉醇-3 产品 17.0g。

（4）紫杉醇-4 的合成

氮气保护下加入 98% 甲酸 50mL 于洁净干燥的反应釜中，在搅拌、室温（25±2℃）条件下，加入 17.0g 紫杉醇-3，充分搅拌溶解澄清，室温反应 0.5~1h 后，将反应液快速滴入到 100mL 纯化水中，析出白色固体，滴毕搅拌 15min；抽滤，滤饼用纯化水充分洗涤；滤饼投入 50mL 二氯甲烷中，溶解澄清，依次用 50mL 饱和碳酸氢钠溶液 50mL 饱和氯化钠溶液洗涤；分出二氯甲烷溶液用无水硫酸镁 10.0g 脱水 2~3h；抽滤，滤液于 30~40℃ 减压浓缩至 10mL 左右；浓缩液滴入到正己烷 150mL 中，充分搅拌 0.5h；抽滤，所得固体（紫杉醇-4）直接用于下一步反应。

（5）紫杉醇粗品合成

紫杉醇-4 用 50mL 冰乙酸、50mL 无水甲醇搅拌溶解澄清，氮气保护下转入洁净干燥反应釜中，在搅拌下加入活性锌粉 15.3g，反应液温度升至 35~40℃，维持温度反应 2~3h，抽滤，滤液转入反应釜中，快速滴入 200mL 纯化水中，析出白色固体；抽滤，滤饼用纯化水充分洗涤后用二氯甲烷 100mL 溶解，然后依次用饱和碳酸氢钠溶液 50mL、饱和氯化钠溶液 50mL 洗涤；分出二氯甲烷溶液用无水硫酸镁 10g 脱水 2~3h；抽滤，滤液于 30~40℃减压浓缩得到白色固体(紫杉醇粗品)15.0g。

（6）紫杉醇精制

将紫杉醇粗品 15.0g 溶于 75mL 丙酮中，溶解过滤后加入干净的反应釜中，搅拌回流下滴加 100mL 正己烷，析出白色固体，自然冷却至室温，搅拌 30min，抽滤，滤饼用少量正己烷洗涤；滤饼转入 60mL 丙酮中，加热回流，搅拌溶解澄清后滴加 75mL 正己烷，析出白色固体，滴毕充分搅拌回流 1 有机相，自然冷却至室温，搅拌 30min，抽滤，滤饼用少量正己烷洗涤；滤饼再次转入 50mL 丙酮中，加热回流，搅拌溶解澄清后滴加 60mL 正己烷，析出白色固体，滴毕充分搅拌回流 1h，自然冷却至室温，搅拌 30min，抽滤，滤饼用少量正己烷洗涤；送样检测，纯度合格后于 45℃真空干燥 8h 紫杉醇精品 11.2g。HPLC 纯度>99.5%，单杂<0.1%，旋光合格，符合国标和 USP 标准。

11.3　10-DAB 人工半合成紫杉醇工艺规程

本规程规定了以 10-DAB 为原料，人工半合成紫杉醇生产全过程的工艺技术、质量、物耗、安全、内容，符合 GMP 规范要求。适用于以 10-DAB 为原料，人工半合成紫杉醇生产全过程，是生产上共同遵循的技术准则。

11.3.1　工艺条件及操作过程
11.3.1.1　乙酰化工序，紫杉醇-1(中间体-1)的合成
（1）合成路线

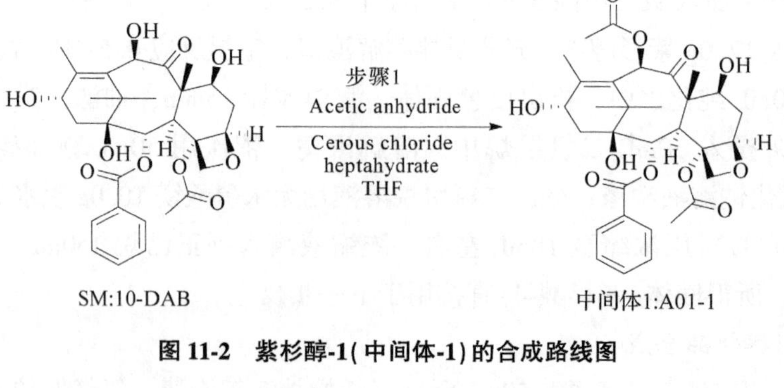

图 11-2　紫杉醇-1(中间体-1)的合成路线图

（2）物料配比

表 11-1 紫杉醇-1(中间体-1)合成物料配比表

反应操作	物料名称	摩尔比	配比(w/w)	投料量
乙酰化反应	10-DAB	1	1.00	1.0kg
	七水合三氯化铈	0.1	0.068	68.4g
	乙酸酐	9.0	1.68	1.68kg
	四氢呋喃			11.56kg(13L)
淬灭 & 萃取	碳酸氢钠			8.8kg(8L)
	乙酸乙酯			7.22+6.9kg(8+6L)
洗涤	碳酸氢钠			8.8kg(8L)
	饱和食盐水			10.64kg(8L)
	无水硫酸镁		5.00	5.0kg
析晶 & 打浆	正己烷		6.10	10.38kg(15L)

（3）操作规程

①所有反应器和装置清洗干净，无水，氮气置换后备用；

②50L洁净干燥反应釜，氮气保护下加入四氢呋喃13L，开启搅拌；

③加入10-DAB(10-去乙酰基巴卡亭Ⅲ)1.0kg，搅拌至溶解澄清；

④加入碾细的七水合三氯化铈68.4g，搅拌0.5h；

⑤混合液降温至0~10℃，滴加乙酸酐1.68kg，约1.5h滴加完；

⑥反应液升温至25~30℃反应2~3h，TLC检测原料反应完全；

⑦抽滤，滤液转入50L反应釜中降温至0~10℃；

⑧快速滴加饱和碳酸氢钠溶液8L，维持最高温度不超过20℃，充分搅拌0.5h；分液，水相用乙酸乙酯(8L×1，6L×1)反萃2次；合并有机相，依次用饱和碳酸氢钠(8L×2)、饱和食盐水(8L×2)洗涤；有机相用无水硫酸镁5kg干燥2~3h；抽滤，滤液40~45℃减压浓缩至0.9~1.1L；

⑨浓缩液转入已加入15L正己烷的20L反应釜中，搅拌打浆2~3h；

⑩抽滤，滤饼转入真空干燥箱于40~45℃真空干燥4h，得产品；产品类白色至浅黄色固体，质量收率106%~110%，HPLC纯度98%~99%，原料残留0.5%以下，水分<1.5%。

（4）关键工艺控制点

①反应液TLC监测可能导致原料残留1.0%~2.0%，最好采用液相监测反应，使原料残留小于0.5%；②七水合三氯化铈应碾细，使其充分分散在反应体系中，反应过程中适当延长反应时间对结果影响不大；③浓缩得到的黏稠液需用正己烷打浆充分除去残留的副产物乙酸。

(5) 工艺流程图

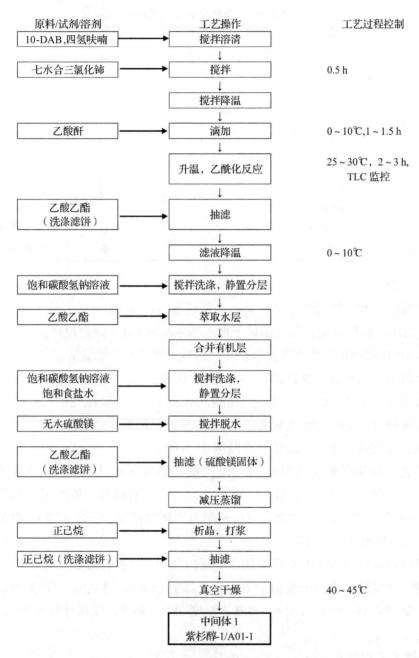

原料/试剂/溶剂	工艺操作	工艺过程控制
10-DAB,四氢呋喃	搅拌溶清	
七水合三氯化铈	搅拌	0.5 h
	搅拌降温	
乙酸酐	滴加	0~10℃,1~1.5 h
	升温,乙酰化反应	25~30℃，2~3 h,TLC 监控
乙酸乙酯（洗涤滤饼）	抽滤	
	滤液降温	0~10℃
饱和碳酸氢钠溶液	搅拌洗涤，静置分层	
乙酸乙酯	萃取水层	
	合并有机层	
饱和碳酸氢钠溶液饱和食盐水	搅拌洗涤，静置分层	
无水硫酸镁	搅拌脱水	
乙酸乙酯（洗涤滤饼）	抽滤（硫酸镁固体）	
	减压蒸馏	
正己烷	析晶，打浆	
正己烷（洗涤滤饼）	抽滤	
	真空干燥	40~45℃
	中间体1紫杉醇-1/A01-1	

图 11-3 紫杉醇-1(中间体-1)合成工艺流程图

（6）设备清单

表11-2 紫杉醇-1(中间体-1)合成设备清单

设备名称	规格	材质	数量	备注
反应釜	20L	玻璃	1	
反应釜	50L	玻璃	1	
反应釜	50L	玻璃	1	
四氟阀门滴液漏斗	1L	玻璃	1	
温度计	−50~50℃	玻璃	1	酒精
滤瓶	15L	玻璃	2	
布氏漏斗	300mm	陶瓷	2	
旋转蒸发仪	5L	玻璃	1	
真空干燥箱		不锈钢	1	

11.3.1.2 羟基保护工序，紫杉醇-2(中间体-2)的合成

（1）合成路线

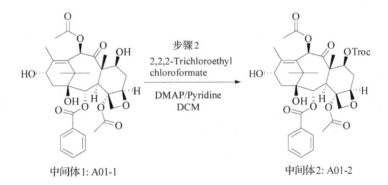

中间体1: A01-1   中间体2: A01-2

图11-4 紫杉醇-2(中间体-2)的合成路线图

（2）物料配比

表11-3 紫杉醇-2(中间体-2)合成物料配比表

反应操作	物料名称	摩尔比	配比(w/w)	投料量
羟基保护反应	紫杉醇-1	1	1.00	1.08kg
	4-二甲氨基吡啶	0.05		11.2g
	吡啶	3.5	0.472	0.51kg
	氯甲酸-2,2,2-三氯乙酯	2.0	0.722	0.78kg
	二氯甲烷			14.3kg(10.8L)
淬灭&萃取	水			5.4kg(5.4L)
	二氯甲烷			7.1kg(5.4L)

（续）

反应操作	物料名称	摩尔比	配比(w/w)	投料量
洗涤	饱和食盐水			10.64kg(8L)
	4%盐酸			8.16kg(8L)
	水			8kg(8L)
	饱和食盐水			10.64kg(8L)
	无水硫酸镁		0.93	1.0kg
析晶&打浆	正己烷		9.6	10.38kg(15L)

（3）操作规程

①所有反应器和装置清洗干净，无水，氮气置换后备用；

②50L 洁净干燥反应釜，氮气保护下加入 10.8L 二氯甲烷，开启搅拌；

③加入 1.08kg 紫杉醇-1 和 11.2g 4-二甲氨基吡啶，充分搅拌；

④开始降温至-10~0℃，于 0~10℃ 时快速滴加吡啶 0.51kg，搅拌至溶解澄清；于-10~0℃ 滴加氯甲酸-2,2,2-三氯乙酯 0.78kg，约 1.5h 滴完；滴毕保温反应至原料反应完全，约 15~30min 反应完全，TLC 检测；

⑤反应结束，向反应液中快速加入纯化水 5.4L，充分搅拌 15min；分出二氯甲烷相，水相用 5.4L 二氯甲烷反萃；合并二氯甲烷相，用 8L 饱和氯化钠溶液洗涤；有机相降温至 0~10℃，用 4%盐酸 8L 洗涤至酸性(pH=2 左右)；

⑥有机相用纯化水 8L、饱和食盐水 8L 洗涤至中性；搅拌下，有机相加入无水硫酸镁 1.0kg 干燥 2~3h；抽滤，滤液 30~40℃减压浓缩至 0.9~1.1L；

⑦浓缩液转入已加入 15L 正己烷的 20L 反应釜中，搅拌打浆 2~3h；抽滤，滤饼转入真空干燥箱于 40~45℃真空干燥 4h，得产品，产品为类白色至浅黄色固体，质量收率118%~124%，HPLC 纯度 90%~95%(>90%)，水分<0.5%。

（4）关键控制点

①反应过程应全程氮气保护、无水反应；

②反应液滴加温度严格控制在-5℃以下；

③合并后二氯甲烷相应用饱和食盐水洗涤；

④氯甲酸-2,2,2-三氯乙酯容易失效，反应不完全可补加少量。

（5）工艺流程图

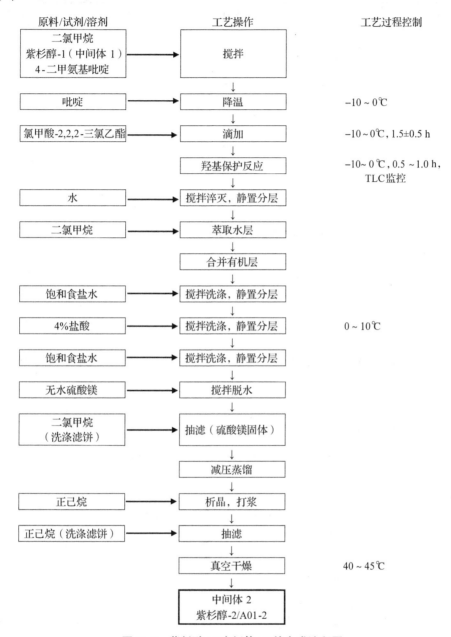

| 原料/试剂/溶剂 | 工艺操作 | 工艺过程控制 |

二氯甲烷
紫杉醇-1（中间体1）　→　搅拌
4-二甲氨基吡啶

吡啶　→　降温　　　　　　　－10～0℃

氯甲酸-2,2,2-三氯乙酯　→　滴加　　　　－10～0℃, 1.5±0.5 h

　　　　　　　　　　　　羟基保护反应　　－10～0℃, 0.5～1.0 h,
　　　　　　　　　　　　　　　　　　　　TLC监控

水　→　搅拌淬灭，静置分层

二氯甲烷　→　萃取水层

　　　　　　合并有机层

饱和食盐水　→　搅拌洗涤，静置分层

4%盐酸　→　搅拌洗涤，静置分层　　　0～10℃

饱和食盐水　→　搅拌洗涤，静置分层

无水硫酸镁　→　搅拌脱水

二氯甲烷
（洗涤滤饼）　→　抽滤（硫酸镁固体）

　　　　　　减压蒸馏

正己烷　→　析晶，打浆

正己烷（洗涤滤饼）　→　抽滤

　　　　　　真空干燥　　　　　　　40～45℃

中间体2
紫杉醇-2/A01-2

图11-5　紫杉醇-2(中间体-2)的合成流程图

（6）设备清单

表11-4　紫杉醇-2(中间体-2)合成设备清单

设备名称	规格	材质	数量	备注
反应釜	20L	玻璃	1	

（续）

设备名称	规格	材质	数量	备注
反应釜	20L	玻璃	1	
反应釜	50L	玻璃	1	
四氟阀门滴液漏斗	1L	玻璃	1	
温度计	−50~50℃	玻璃	1	酒精
滤瓶	15L	玻璃	2	
布氏漏斗	300mm	陶瓷	2	
旋转蒸发仪	5L	玻璃	1	
真空干燥箱	420×420×500(mm)	不锈钢	1	

11.3.1.3　缩合工序，紫杉醇-3(中间体-3)的合成

（1）合成路线

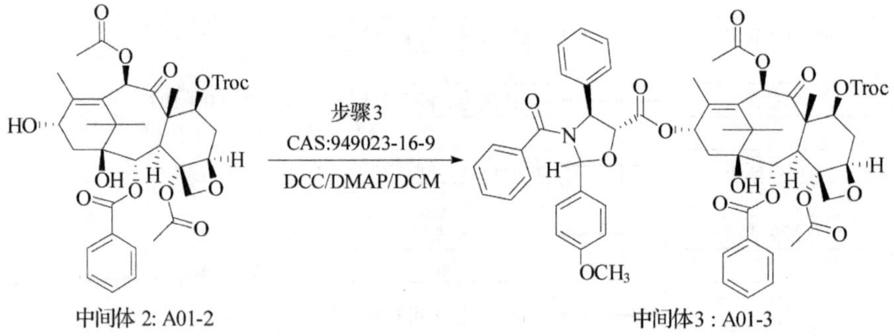

图 11-6　紫杉醇-3(中间体-3)合成路线图

（2）物料配比

表 11-5　紫杉醇-3(中间体-3)合成物料表

反应操作	物料名称	摩尔比	配比(w/w)	投料量
羟基保护反应	紫杉醇2	1	1.00	1.31kg
	侧链 949023-16-9	1.3	0.687	0.90kg
	4-二甲氨基吡啶	0.3	0.048	63.0g
	N,N′-二环己基碳二亚胺	1.5	0.406	0.532kg
	二氯甲烷			17.3kg(13.1L)
洗涤	2%盐酸			8.08kg(8L)
	水			8kg(8L)
	饱和食盐水			10.64kg(8L)
	无水硫酸镁		0.76	1.0kg
重结晶	无水乙醇		5.42	7.1kg(9L)

（3）操作规程

①所有反应器和装置清洗干净，无水，氮气置换后备用。

②20L洁净干燥反应釜，氮气保护下加入二氯甲烷10L，开启搅拌；加入紫杉醇-21.31kg、侧链（（4S，5R）-3-苯甲酰基-2-（4-甲氧基苯基）-4-苯基-5-噁唑啉羧酸）0.9kg和4-二甲氨基吡啶63.0g，充分搅拌15min。

③混合溶液升温至25~30℃；将N,N'-二环己基碳二亚胺0.532kg溶于二氯甲烷3.1L中，滴入到反应釜中，约1.5h滴完；滴加完毕于25~30℃反应2~3h，TLC检测原料反应完毕，抽滤。

④滤液依次用2%盐酸8L、纯化水8L和饱和食盐水8L洗涤，分出二氯甲烷相，于30~40℃减压浓缩至黏稠状固体。

⑤加入无水乙醇9L，加热回流打浆2~3h，冷却至室温后搅拌1~2h；抽滤，滤饼用少量无水乙醇洗涤；滤饼于40~45℃真空干燥4h。

⑥产品白色固体粉末，质量收率127%~132%，HPLC纯度92%~97%（>92%），水分<0.5%。

（4）工艺控制点

①无水反应，氮气全程保护；

②N,N'-二环己基碳二亚胺容易失效，原料反应不完全可补加少量N,N'-二环己基碳二亚胺。

（5）工艺流程图（图11-7）

（6）设备清单（表11-6）

表11-6　紫杉醇-3（中间体-3）合成设备清单表

设备名称	规格	材质	数量	备注
反应釜	20L	玻璃	1	
反应釜	50L	玻璃	1	
反应釜	50L	玻璃	1	
四氟阀门滴液漏斗	1L	玻璃	1	
温度计	-50~50℃	玻璃	1	酒精
滤瓶	15L	玻璃	2	
布氏漏斗	300mm	陶瓷	2	
旋转蒸发仪	5L	玻璃	1	
真空干燥箱	420×420×500（mm）	不锈钢	1	

原料/试剂/溶剂
工艺操作
工艺过程控制
二氯甲烷
紫杉醇-2
（中间体2）
4-二甲氨基吡啶
紫杉醇侧链
搅拌
N,N'-二环己基碳
二亚胺
二氯甲烷
升温，缩合反应
25～30℃，2～3 h,
TLC监控
二氯甲烷
（洗涤滤饼）
抽滤（副产物）
4%盐酸
水
饱和食盐水
搅拌洗涤，
静置分层
减压蒸馏
无水乙醇
重结晶
无水乙醇
（洗涤滤饼）
抽滤
真空干燥
40～45℃
中间体3
紫杉醇-3/A01-3

图11-7　紫杉醇-3(中间体-3)合成工艺流程图

11.3.1.4　开环工序，紫杉醇-4(中间体-4)的合成

(1)合成路线

OTroc
OCH3
步骤4
98%HCOOH
OTroc
HO

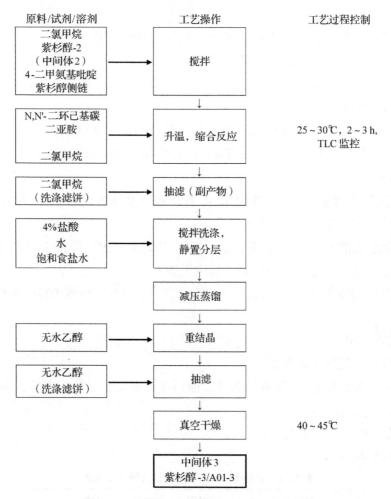

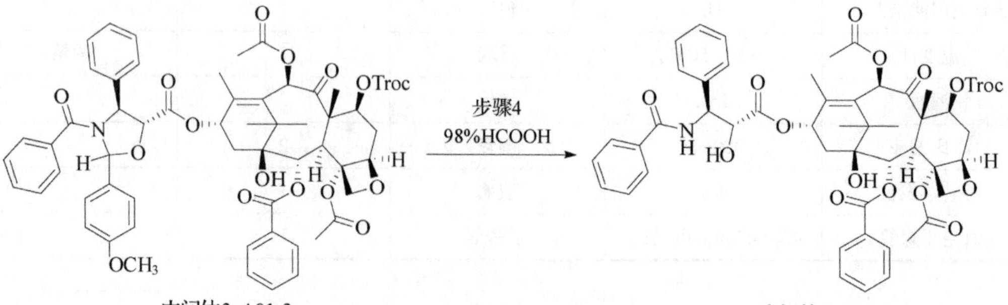

中间体3: A01-3　　　　中间体4: A01-4

图11-8　紫杉醇-4(中间体-4)的合成路线图

（2）物料配比

表 11-7 紫杉醇-4(中间体-4)合成物料配比表

反应操作	物料名称	摩尔比	配比(w/w)	投料量
开环反应	紫杉醇-3	1	1.00	1.7kg
	98%甲酸		3.66	6.22kg(5.1L)
析晶	纯化水		6.00	10.2kg(10.2L)
	二氯甲烷		3.98	6.76kg(5.1L)
洗涤	碳酸氢钠		3.24	5.50kg(5.0L)
	饱和食盐水		3.91	6.65kg(5.0L)
	无水硫酸镁		0.59	1.0kg
析晶 & 打浆	正己烷		6.10	10.38kg(15L)

（3）操作规程

①所有反应器和装置清洗干净，无水，氮气置换后备用；

②20L 洁净干燥反应釜，氮气保护下加入 98%甲酸 5.1L，开启搅拌；

③室温(25±2℃)条件，加入 1.7kg 紫杉醇-3，充分搅拌溶解澄清；室温反应 0.5~1h，TLC 检测原料反应完全；

④将反应液快速滴入到 10.2L 纯化水中，析出白色固体，滴毕搅拌 15min；抽滤，滤饼用纯化水充分洗涤；

⑤滤饼投入 5.1L 二氯甲烷中，溶解澄清，依次用 5.0L 饱和碳酸氢钠溶液、5.0L 饱和氯化钠溶液洗涤；

⑥二氯甲烷溶液用无水硫酸镁 1.0kg 干燥 2~3h；抽滤，滤液于 30~40℃减压浓缩至 0.5~0.8L；

⑦浓缩液滴入到正己烷 15L 中，充分搅拌 0.5h；抽滤，所得固体直接用于下一步反应。

（4）关键控制点

①控制反应温度室温；

②反应结束后反应液快速滴入到析晶溶剂中，时间过长，杂质增加。

（5）工艺流程图(图 11-9)

（6）设备清单(表 11-8)

表 11-8 紫杉醇-4(中间体-4)合成设备清单表

设备名称	规格	材质	数量	备注
反应釜	20L	玻璃	1	
反应釜	20L	玻璃	1	
四氟阀门滴液漏斗	1L	玻璃	1	
温度计	−50~50℃	玻璃	1	酒精
滤瓶	15L	玻璃	2	
布氏漏斗	300mm	陶瓷	2	
旋转蒸发仪	5L	玻璃	1	

原料/试剂/溶剂	工艺操作	工艺过程控制
98%甲酸 紫杉醇-3 （中间体3）	搅拌溶清	
	室温，开环反应	25±3℃,45±15 min TLC 监控
纯化水	搅拌析晶	
	抽滤	
二氯甲烷	滤饼溶解	
碳酸氢钠水溶液 饱和食盐水	搅拌洗涤 静置分层	
无水硫酸镁	搅拌脱水	
二氯甲烷 （洗涤滤饼）	抽滤（硫酸镁固体）	
	减压蒸馏	
正己烷	析晶，打浆	
正己烷 （洗涤滤饼）	抽滤	
	中间体 4 紫杉醇-4/A01-4	

图 11-9　紫杉醇-4(中间体-4)合成工艺流程图

11.3.1.5　脱保护工序，紫杉醇粗品的合成

（1）合成路线

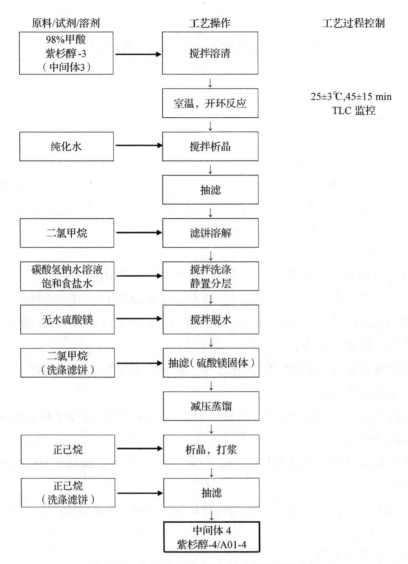

中间体
4:A01-4

步骤5
Zn/AcOH/MeOH

粗品
中间体5: A01-5

图 11-10　紫杉醇粗品合成路线

（2）物料配比

表 11-9　紫杉醇粗品合成物料配比表

反应操作	物料名称	摩尔比	配比(w/w)	投料量
脱保护反应	紫杉醇-4	1	1.00	1.7kg（按上步投料量计算）
	无水甲醇		2.33	3.96kg（5.0L）
	乙酸		3.09	5.25kg（5.0L）
	活性锌粉		0.9	1.53kg
析晶	纯化水		11.76	20kg（20L）
	二氯甲烷		7.81	13.27kg（10L）
洗涤	碳酸氢钠		3.24	5.5kg（5.0L）
	饱和食盐水		3.91	6.65kg（5.0L）
	无水硫酸镁		0.59	1.0kg

（3）操作规程

①所有反应器和装置清洗干净，无水，氮气置换后备用；紫杉醇-4用5.0L冰乙酸、5.0L无水甲醇搅拌溶解澄清，氮气保护下转入20L洁净干燥反应釜中，开启搅拌；

②分批加入活性锌粉1.53kg，反应液温度升至35～40℃；维持温度反应2～3h，TLC检测原料反应完全，抽滤；

③滤液转入50L反应釜中，快速滴入20L纯化水中，析出白色固体；抽滤，滤饼用纯化水充分洗涤；

④滤饼用二氯甲烷10L溶解，依次用饱和碳酸氢钠溶液5.0L、饱和氯化钠溶液5.0L洗涤；

⑤二氯甲烷溶液用无水硫酸镁1.0kg干燥2～3h；抽滤，滤液于30～40℃减压浓缩得到白色固体；

⑥产品白色固体粉末，质量收率83%～88%，HPLC纯度>80%。

（4）关键控制点

①无水反应，氮气保护；

②锌粉应分批加入，防止温度上升太快。

(5) 工艺流程图

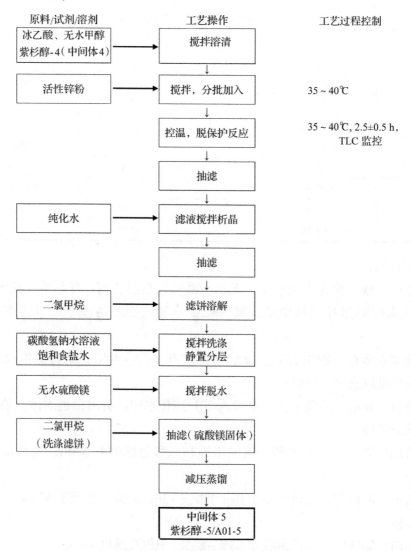

原料/试剂/溶剂	工艺操作	工艺过程控制
冰乙酸、无水甲醇 紫杉醇-4（中间体4）	搅拌溶清	
活性锌粉	搅拌，分批加入	35～40℃
	控温，脱保护反应	35～40℃，2.5±0.5 h，TLC 监控
	抽滤	
纯化水	滤液搅拌析晶	
	抽滤	
二氯甲烷	滤饼溶解	
碳酸氢钠水溶液 饱和食盐水	搅拌洗涤 静置分层	
无水硫酸镁	搅拌脱水	
二氯甲烷 （洗涤滤饼）	抽滤（硫酸镁固体）	
	减压蒸馏	
	中间体 5 紫杉醇-5/A01-5	

图 11-11　紫杉醇粗品工艺流程图

(6) 设备清单

表 11-10　紫杉醇粗品合成设备清单表

设备名称	规格	材质	数量	备注
反应釜	50L	玻璃	1	
反应釜	20L	玻璃	2	
四氟阀门滴液漏斗	1L	玻璃	1	
温度计	−50～50℃	玻璃	1	酒精
滤瓶	15L	玻璃	2	
布氏漏斗	300mm	陶瓷	2	
旋转蒸发仪	5L	玻璃	1	

11.3.1.6 紫杉醇的精制

（1）合成路线图

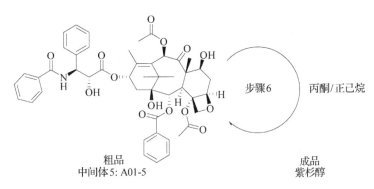

图 11-12 紫杉醇合成路线图

（2）物料配比

表 11-11 紫杉醇合成物料配比表

反应操作	物料名称	质体比(w/v)	配比(w/w)	投料量
精制	紫杉醇粗品	1	1.00	1.5kg
	丙酮	5	4.0	6.0kg(7.5L)
	正己烷	6.5	4.5	6.75kg(9.75L)
精制	丙酮	4	3.2	4.8kg(6.0L)
	正己烷	4.8	3.32	4.98kg(7.2L)
精制	丙酮	2.83	3.53	4.24kg(5.3L)
	正己烷	2.69	3.89	4.03kg(5.83L)

（3）操作规程

①所有反应器和装置清洗干净，无水，氮气置换后备用；

②步骤 5 中所得紫杉醇粗品 1.50kg 溶于 7.5L 丙酮中，搅拌升温溶解澄清；

③抽滤，滤液转入 20L 反应釜，搅拌回流下滴加 9.75L 正己烷，析出白色固体；

④滴毕充分搅拌回流 1h；自然冷至室温，搅拌 30min，抽滤，滤饼用少量正己烷洗涤；

⑤滤饼转入 6.0L 丙酮中，加热回流，搅拌溶解澄清后滴加 7.2L 正己烷，析出白色固体，滴毕充分搅拌回流 1h，自然冷却至室温，搅拌 30min，抽滤，滤饼用少量正己烷洗涤；

⑥滤饼转入 5.3L 丙酮中，加热回流，搅拌溶解澄清后滴加 5.83L 正己烷，析出白色固体，滴毕充分搅拌回流 1h，自然冷却至室温，搅拌 30min，抽滤，滤饼用少量正己烷洗涤；

⑦送样检测（USP），纯度合格后于 45℃ 真空干燥 8h；

⑧产品白色固体粉末，质量收率 60% ~ 70%，HPLC 纯度>99.0%，单杂<0.1%，旋光合格，符合国标和 USP 标准。

（4）关键控制点

①控制外浴温度，使丙酮反应液刚好回流；

②滴加正己烷，固体会突然析出，此时需充分搅拌，使溶液充分搅拌均匀。

（5）工艺流程图

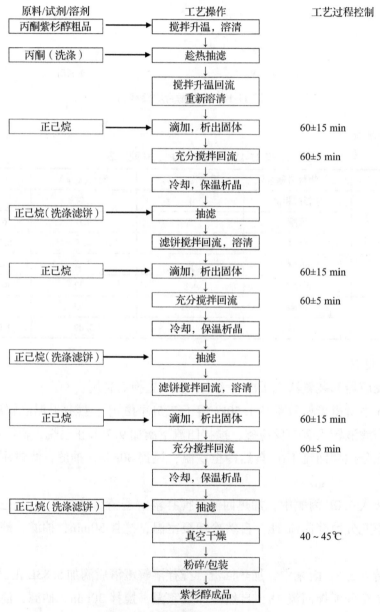

图 11-13　紫杉醇合成工艺流程图

（6）设备清单

表 11-12　紫杉醇合成设备清单表

设备名称	规格	材质	数量	备注
反应釜	20L	玻璃	1	
四氟阀门滴液漏斗	1L	玻璃	1	
温度计	0~100℃	玻璃	1	酒精
滤瓶	15L	玻璃	2	
布氏漏斗	300mm	陶瓷	2	

11.3.2　关键工艺质量控制点

表 11-13　关键工艺质量控制表

生产工艺	质量控制项目	监控频次	要求
紫杉醇-1 的合成	投料量	1次/批	与配核料单相符
	反应液原料残留量	1次/批	达到质量要求
	产品质量	1次/批	达到质量要求
	收率	1次/批	98%~100%
紫杉醇-2 的合成	投料量	1次/批	与配核料单相符
	加料反应温度	3次/h	-10~-5℃
	搅拌反应温度	3次/h	-5±5℃
	搅拌反应时间	1次/批	15~30min
	产品质量	1次/批	达到质量要求
紫杉醇粗品的合成	投料量	1次/批	与配核料单相符
	加料反应温度	3次/h	25~40℃
	搅拌反应温度	2次/h	35~40℃
紫杉醇粗品的精制	投料量	1次/批	与配核料单相符
	滴加温度	3次/h	回流
	搅拌温度	2次/h	回流
	搅拌时间	1次/批	1h
	干燥温度	2次/h	45℃

11.3.3　综合利用和环境保护

（1）综合利用

表 11-14　综合利用表

反应步骤	回收产品名称	状态	处理方式
第一步合成	乙酸乙酯	液态	回收
	正己烷	液态	回收

（续）

反应步骤	回收产品名称	状态	处理方式
第二步合成	二氯甲烷	液态	回收
	正己烷	液态	回收
第三步合成	二氯甲烷	液态	回收
	无水乙醇	液态	回收
第四步合成	二氯甲烷	液态	回收
	正己烷	液态	回收
第五步合成	二氯甲烷	液态	回收
第六步精制	丙酮	液态	回收
	正己烷	液态	回收

（2）环境保护

表 11-15　污染物处理方式表

生产工序	废品名称	主要成分	处理方式
第一步合成	废液	氯化钠、碳酸氢钠	收集，污水处理
	滤饼	硫酸镁	
第二步合成	废液	氯化钠、稀盐酸、有机盐	收集，污水处理
	滤饼	硫酸镁	收集，污水处理
第三步合成	废液	氯化钠、稀盐酸	收集，污水处理
	滤饼	杂质	收集，污水处理
第四步合成	废液	氯化钠、碳酸氢钠	收集，污水处理
	滤饼	硫酸镁	收集，污水处理
第五步合成	废液	氯化钠、碳酸氢钠	收集，污水处理
	滤饼	锌粉	回收，交给专门的公司处理
第六步合成	滤饼	杂质	收集，污水处理

第十二章

红豆杉产业及发展趋势

红豆杉是集药用、保健、康养、绿化、观赏、日化等为一体的多功能树种，在城市经济和社会发展中发挥着重要的经济效益、社会效益和生态效益，红豆杉产业具有广阔的发展前景。

目前红豆杉产业发展方面仍存在很多问题，如产业链新产品开发水平较低，多元协调机制尚未建立，产品研发能力不强，产业基础薄弱等。但经过各地积极创新红豆杉产业发展路径，科学谋划红豆杉产业发展战略，探索红豆杉产品精深加工发展之路，充分发挥其综合效益，近几年我国红豆杉产业得到了长足的发展。

在未来，还需加大政府扶持力度，大力发展科技和引进人才，从产学研等多方面继续探索以红豆杉原料为基础，从林业为主的公司转变为高附加值多产品种类的公司的发展路径，为我国红豆杉产业的可持续发展提供动力。

12.1 红豆杉主要产业

据统计，目前药用红豆杉占红豆杉总资源的 68.7%，且主要集中在紫杉醇相关原料药及制剂的加工利用，高附加值的紫杉醇制剂如注射剂、胶囊剂、片剂和胶囊等药品和保健品具有广阔的市场前景和可观的经济效益。国内外有关学者对红豆杉药物特别是对其提取的紫杉醇药物等做了大量的研究，针对紫杉醇的药用效果亦作了大量实验和验证，红豆杉的药用功能凸显。

12.1.1 生物制药产业

12.1.1.1 紫杉醇临床应用的研究历史

（1）紫杉醇抗癌的发现

紫杉醇对恶性肿瘤有很高的活性，但由于紫杉醇来源有限并且不溶于水，直到1978 年才确定了紫杉醇的剂型，为临床试验奠定了基础。1979 年，美国阿尔伯·爱因斯坦医学院霍唯滋教授及其同事发现了紫杉醇独特的抗肿瘤机制。这一发现极大地增加了人们对这种药物的研究兴趣，美国 NCI 决定加大力度推进紫杉醇的临床试验。1983~1987 年基本完成 I 期临床试验，确定了人类的最大耐受剂量和剂量限制毒性；

紫杉醇的 II 期临床试验开始于 1987 年，主要研究试验药物对各类患者的有效性。结果表明：紫杉醇对晚期卵巢肿瘤、转移性乳腺肿瘤治愈率为 10%以上。此外，紫杉醇对非小细胞肺肿瘤、前列腺肿瘤、上胃肠道肿瘤和白血病也有一定的疗效；1990 年进入紫杉醇的 III 期临床试验，主要是确定剂量、给药时间和有效性试验，共进行了 5 次189 名患者的 III 期临床和 300 名患者的附加临床试验。最终确定治疗应用每 5mL 含30mg 紫杉醇的乳针（含助溶剂）加入葡萄糖盐水输液中，缓慢连续滴注 24h，剂量为135mg/m²，3 周为 1 个疗程。

（2）紫杉醇得到公认

1992 年 12 月 29 日，美国 FDA 正式批准紫杉醇作为治疗晚期卵巢癌的新抗肿瘤药上市，FDA 共批准 26 个新产品，其中 6 个是世界上首次上市，紫杉醇就是其中之一。美国 FDA 对 26 种新药的平均考察时间是 29.9 个月，获得批准最快的一个就是紫杉醇。至此，美国肿瘤症协会（NCI）30 年来为发展紫杉醇花费的 2700 万美元和勃列斯托—迈耶—施贵宝制药公司（简称 BMS 公司）投入的上亿美元巨资终于有了第一个结果。截至 2003 年，已有 13 个国家批准紫杉醇可用于癌症的治疗。美国癌症协会会长伯罗德将紫杉醇誉为最主要的抗肿瘤新药。BMS 公司自 1991 年 1 月与 NCI 鉴定协议共同开发研究紫杉醇，仅此 1 年就收购紫杉醇树皮达 75 万磅。NCI 预测，在今后长时间内，紫杉醇将成为抗肿瘤的主要药品之一，紫杉醇在临床的用量与应用范围逐步扩大。

12.1.1.2 紫杉醇生物制药产业现状

（1）产品用途

红豆杉的叶、皮、根、树干都含有神奇的抗癌物质——紫杉醇，紫杉醇有着特殊的抗癌机理，能与人身体中的微量蛋白结合，可以抑制癌细胞的分裂，有效减少癌细胞的复制繁殖，提高人体的循环和代谢功能，而且能使堆集在人体内的病毒通过利尿、排便清除到体外，进而增强人体的抗癌能力，达到预防癌症的作用，被公认为当今天然药物领域中最重要的抗癌活性物质和"治疗癌症的最后一道防线"，是治疗转移性卵巢癌和乳腺癌的最好药物之一，同时对部分头颈癌、肺癌、食道癌也有显著疗效，对肾炎及细小病毒炎症有明显抑制。另外，紫杉醇对其他疾病，如肾脏病、糖尿病、肾炎浮肿、小便不利、月经不调、产后瘀血、痛经、降血压、降血糖、白血病、肿瘤、淋病等也都有显著疗效。对于已患癌症的特别是手术后的患者，紫杉醇也可以减少放疗化疗的副作用，起到辅助治疗的作用。紫杉醇作为抗肿瘤药物的主力品种，2013 年已列入国家基本医疗保障药物目录，未来将有更多的抗肿瘤药物进入医保品种，惠及广大患者，抗肿瘤系列产品的未来市场空间广阔。经相关报道和权威部门鉴定，中国境内的红豆杉在提炼紫杉醇方面具有较高的含量，尤其以生长环境特殊的东北红豆杉含量最高，含量可达万分之三。

（2）加工利用

紫杉醇分布在红豆杉植株全身，但不同部位的含量分布差异较大，通常树皮中含量最高，根、叶、茎次之，心材最少，但由于紫杉醇在植物体中的含量很低，大约13.6kg 的树皮才能提出 1g 的紫杉醇，而治疗一个卵巢患者需要 3~12 株百年以上的红豆杉树，也因此造成了对红豆杉的大量砍伐。因此，为保护红豆杉，利用枝叶提取和加工来扩大紫杉醇来源的有效途径意义重大。目前常用的红豆杉中紫杉醇的提取方法有溶剂萃取法、固相萃取法、超临界流体萃取法等；由于植株中紫杉醇含量较低，紫杉醇全合成路线被多个团队相继完成，这些合成路线均是以简单易得的原料为前体，通过直线法、会聚法或直线-会聚联合法逐渐合成四环，但因存在合成路线太长、步骤太多、反应条件苛刻、成本高且产率低等缺点，并不具有实际应用价值；半合成中最常使用的前体为 10-脱乙酰基巴卡亭Ⅲ和 10-脱乙酰紫杉醇，从合成侧链开始大约经过10 步反应合成最终产物。相比于全合成，紫杉醇的半合成更具有实用价值。半合成前体主要存在于红豆杉枝叶中，因此红豆杉枝叶的加工利用具有重要意义。

（3）市场现状

紫杉醇自 1992 年上市以来已近 30 年，因其疗效确切、适应症广、临床需求大，围绕着紫杉醇的改良型剂型研发持续进行，目前已经上市的紫杉醇剂型包括普通紫杉醇注射液、紫杉醇酯质体、白蛋白紫杉醇，剂型改良使传统化合物不断焕发生命力，紫杉醇类产品目前是国内销售金额排名第一的化学制剂，也是抗肿瘤药物领域销售金额最大的品种。数据显示，2014—2018 年中国紫杉类药物市场规模由 2798.7 亿元，上涨至 3529.2 亿元，年均复合增长率为 6%。可以预见，随着环境污染和生存压力的进一步加重，紫杉类药物的市场规模仍将进一步扩大。

据立木信息咨询发布的《中国注射用紫杉醇市场评估与投资战略报告（2020 版）》显示：根据 PDB 数据，样本医院紫杉醇销售金额从 2015 年的 17.83 亿元增长到 2019年的 30.53 亿元，年均复合增速达到 11.36%，快于抗肿瘤药物的增长。2020 年第一季度的下跌主要是受"新冠"疫情影响，导致患者诊疗量的下降。2019 年紫杉醇市场的快速增长主要来自恒瑞医药及石药集团白蛋白紫杉醇新上市后销售增长。PDB 样本医院数量仅有 680 家，其中 75% 是三级医院，25% 是二级医院，按照《中国卫生健康统计年鉴 2019》相关数据，上述样本医院仅能覆盖 14.20% 的住院药品收入，因此推测，2019 年国内医院终端紫杉醇制剂的实际销售金额达到 210 亿元人民币。从使用量看，样本医院紫杉醇使用量从 2015 年的 256.19 万（瓶/盒）增长到 2019 年的 362.23 万（瓶/盒），年均复合增速为 7.17%。

在市场竞争方面，BMS 公司于 1992 年底最先在美国上市紫杉醇类产品 TAXOL，在 2000 年后由于该产品的保护期结束，使得许多其它公司相继上市紫杉醇产品。截至2001 年数据，上市的紫杉醇产品主要有 4 个，分别是 BMS 公司的 TAXOL、IVAX 公司的 ONXOL、NAPRO 公司的 PAXENE 以及 Mayne 公司的紫杉醇注射剂，这 4 个产品的全球销售额接近 17 亿美元。世界范围内跨国抗肿瘤医药大型企业如罗氏、诺华、赛诺菲—安万特等，凭借较强的研发实力，较早申请了相关抗癌制剂药品专利，在全球市场上的竞争力较强。在跨国企业的专利保护期内，其他发展中国家的药企只能采取销售低价产品的战略，如原料药、医药中间体甚至粗品等产品，不能生产、销售病人直接使用的终端药品，而这些原料药、医药中间体相比终端药品，价格较低，利润不高，成长受到限制。

我国的现代医学起步较晚，受技术和资金的制约，相关医药的研发还不发达，抗肿瘤药物市场还处于跟踪国外发达国家的阶段。在红豆杉国际市场上也以提供红豆杉枝叶或紫杉醇粗提物为主，红豆杉枝叶年采干原料约 12000t，粗提物约 2300kg，出口约 600kg，出口量约占世界总产量 1/4，但出口产值仅有 2 亿美金。而全球紫杉醇年均产值约为 20 亿美元，这巨大的差额主要是由于红豆杉提取物原料与紫杉醇制剂之间巨大的差价导致的。受技术限制，我国终端国产紫杉醇制剂与进口制剂相比生物利用度较低，无法满足国内众多癌症患者的需求，因此，在国内市场紫杉醇针剂等高端药品仍需依赖进口。国内最初生产紫杉醇针剂产品的厂家主要有北京四环、海口制药及北京协和。目前，国内相关紫杉醇上市公司代表主要有冠昊生物、恒瑞医药、绿叶制药、众生药业、贝达药业等。巨大的市场机遇与紫杉醇较大的成长空间，使得包括新基、恒瑞等国内外的大型医药企业在内的近 20 家公司竞相收购、研发紫杉醇新剂型。

虽然国内紫杉醇生产企业的发展已经历了紫杉醇提取物生产阶段和由提取物生产向药物生产过渡阶段，但我国红豆杉中紫杉醇加工技术工艺方面与国际先进水平仍有差距。由于受到活性成分加工方式传统且利用率低等技术限制，终端国产紫杉醇制剂存在类型单一、品质差、产量低、成本高等问题。国内企业生产的紫杉醇制剂很难达到欧美发达国家所严格要求的质量标准，不仅无法使企业获得规模经济效益，也不能满足国内广大癌症患者的需求，导致紫杉醇针剂等高疗效的红豆杉高附加值药品仍需依赖进口。

(4) 主要效益

紫杉醇作为癌症患者的一道防线，多年来一直畅销不衰，据《人民日报》2001 年 10 月 17 日第五版报道，2000 年国际市场上优质紫杉醇的售价已高达每千克 18 万美元，其中，98% 纯度的紫杉醇国际市场价格为每千克 40 万~60 万美元，我国纯度为 70% 的紫杉醇售价为 160 万~180 万元/kg，比黄金价格还要昂贵。在其上市短短几年内紫杉醇制剂的全球销售额已突破 10 亿美元大关，创下全球单一抗癌药销量之最。由此可见，从红豆杉中提取紫杉醇，并生产紫杉醇的通用名药制剂产品等具有极高的医药功效和经济价值。

此外，由于生存环境的日益恶化和人们不健康的生活方式，癌症患者越来越多，据《2012 中国肿瘤登记年报》显示，我国每年癌症患者多达 312 万，平均下来，每天约有 8550 例，其中，每年至少有 30 万乳腺癌和卵巢癌的患者，每年因癌症死亡人数约有 260 万。红豆杉提取的紫杉醇具有独特的抗癌机理，大规模种植红豆杉可以给更多癌症患者带来福音，减少他们的病痛，加之随着技术的成熟，紫杉醇成本的下降，加之早在 2005 年，我国医保就把紫杉醇注射液纳入了准予报销的行列，实现了对社会的贡献。因此我国进行紫杉醇的开发研究，具有极其可观的社会效益和经济效益。

12.1.2 保健品产业

红豆杉自古就是中药材，具有极高的药用保健价值，它是世界万物中唯一可以从其根、茎、皮、果内提炼出紫杉醇的物种，紫杉醇是当今世界公认的最有效治癌药物，广谱、低毒、高效。红豆杉这种珍稀植物不仅可以提炼紫杉醇，而且它的全身都是宝，自古就是中药材，它的叶子含双萜类化合物、嫩枝含紫杉碱、茎皮含紫杉酚、心材含紫杉素等。红豆杉在我国医学中早有记载：明朝李时珍《本草纲目》将红豆杉列为补阴之要药，主治惊悸益气，除风湿，安五脏并能治疗其他疑难杂症。在现代《中药大辞典》《东北药用植物志》《抗癌中草药》等权威药典，则明确了红豆杉具有排毒解毒、温肾通经、利尿消肿等功效。

12.1.2.1 中药饮片

红豆杉中药饮片是通过对古典医籍和现代药理原理的研究，充分利用红豆杉药用价值开发而成。红豆杉中药饮片采用的是优质红豆杉药材精制而成。该产品主要功效为消肿散结，通经利尿，主要用于肿瘤、糖尿病、肾病、类风湿关节炎等症。

抗癌：红豆杉中能提取出一种具有抗癌作用的药物——紫杉醇。这种物质对乳腺癌及宫颈癌、食管癌等多种癌细胞具有抑制的作用。可以抑制癌细胞的生长和增殖，减缓病变发展，防止癌症扩散，常常被用来治疗各种癌症，这是红豆杉的功效与作用之一。

利尿：红豆杉能够促进体内多余水分的排出，具有利尿消肿的作用。可用来治疗肾脏疾病、水肿、小便不利等疾病。

降压、降糖：红豆杉能够降低人体的血压水平，促使过高的血压降至正常。此外，其还能够调节血糖，促使血糖水平下降。也正因红豆杉的功效与作用中具有这一特点，故此，红豆杉特别受到患有高血压和糖尿病等慢性病人的青睐。

调经：红豆杉对女性病人具有很高的药用价值，能够调节月经，温阳补肾。可用用来治疗妇女月经不调、痛经等症状，效果明显。

12.1.2.2 红豆杉酒

红豆杉果子泡酒不仅具有醇和浓郁、味甘、香气幽雅、口感舒适的特点，同时又保留了红豆杉植物中的药用成分，具有抗癌、健胃、降血糖、降血压、消炎、清凉等强身健体功效，红豆杉酒是一种新型的保养佳品。

红豆杉酒是天然植物精华，含有抗癌紫杉醇，能增强人体抗癌能力，降低细胞癌变机率，有抗癌防癌之功效；红豆杉酒能够温肾通经、利尿消肿、祛邪散结，对三高、糖尿病、痛风尿酸高有非常好的疗效；红豆杉果酒富含纯天然抗衰老青花素，还含有各种对人体有益的维生素、氨基酸，能健体，提高人体免疫力，延年益寿。

12.1.2.3 产业现状

作为国内最早开展红豆杉相关研究的机构，红豆集团从 1997 年开始研究红豆杉种子发育和人工培育、种植，并在红豆杉栽培技术领域中取得显著成果，采用先进的 GAP 规范(中药材生产质量管理规范)大规模种植了红豆杉，保证了药材质量稳定。同时与各大高校、研究所等权威科研院所合作。多年来，红豆集团成功利用红豆杉资源，实现红豆杉培植、盆景、绿化树的开发，十多个紫杉烷类药品的开发，中药饮片、足浴粉、洗衣液等系列保健品开发。

目前，红豆杉中药饮片已进入江苏、广东、安徽等地三甲医院，为广大肿瘤和糖尿病患者带来福音。

12.1.3 康养产业

随着全球环境恶化问题的日益严重，经济不断发展、生活水平不断提升、城市生活节奏的不断加快，人类越来越重视环境、健康问题。据世界卫生组织调查显示，全球近 75% 的人正处于亚健康状态。如何实现人类社会的可持续发展，实现人与自然的和谐成为了世界各国共同关注的热点，人们也更加向往健康的生活方式。《健康中国 2030 规划纲要》明确表示，到 2020 年健康服务产业规模目标突破 8 万亿元，2030 年突破 16 万亿元。《国家林业和草原局关于促进林草产业高质量发展的指导意见》申明应积极发展森林康养，以满足多层次市场需求为导向，科学利用森林生态环境、景观资源、食品药材和文化资源，大力兴办保健养生、康复疗养、健康养老等森林康养服务。至此，国内森林康养产业逐步得到发展。

红豆杉是世界上公认的抗癌植物，富含优质抗癌成分紫杉醇，但在利益的驱使下，野生红豆杉资源在短时间内遭受严重破坏，储量锐减濒临灭绝。但随着人们对紫杉醇需求的增加，人工培育成功，红豆杉在全国各地大量种植。与此同时，由于红豆杉的大面积种植，漫山遍野的植被，不仅生态环境得以优化，居民也因此而获得可观的收益，大量与之相关产业快速兴起，如红豆杉康养产业、乡村旅游、森林旅游等健康产业，药物成分提取等医药产业。

12.1.3.1 发展历程

19 世纪 40 年代，世界上第一个森林康养基地诞生于德国巴登威利斯恩镇。1982 年，日本森林管理厅将"森林浴"纳入民众的健康生活方式之一，并建立了首个森林疗法基地认证体系。同年，韩国提出建设自然康养林计划，并建立了森林讲解员和理疗师森林康养服务人员资格认证和培训体系。20 世纪 80 年代，国内开始涉足建立森林公园，森林浴为其生态活动的主要形式。

随着经济的快速发展，绿色发展理念的深入，康养产业的实践陆续展开，康养领域逐渐成为大众所关注的领域。并且，康养产业作为现代服务业的重要组成部分，一头连接民生福祉，一头连接经济社会发展，发展势态良好，市场空间巨大。发展康养产业是"既要绿水青山，也要金山银山"的科学实践之路，同时也是实现自然资源永续利用和促进山区农民增收的转型发展之路。

目前，国内康养产业的实践起步较晚，产业发展仍处于摸索阶段，产业政策及行业规范未形成标准体系，发展空间较大。

12.1.3.2　康养功能

红豆杉康养功能主要表现在减少空气污染物、释放有益物质和提供舒适环境等方面。首先，大面积种植红豆杉，将有效改善水质土壤生态环境，进而改善人们的生存居住环境。

其次，红豆杉挺拔的树干，茂密的枝叶有效地减弱光照强度和太阳辐射，减轻强光和强辐射对人体造成的不良影响。红豆杉不仅能产生人类生存必需的氧气，净化空气，而且红豆杉树在新陈代谢过程中还能分泌出一些对人体有康养效果的物质，如空气负离子、植物杀菌素等。

最后，因红豆杉中富含天然植物抗癌成分紫杉醇，广泛应用于临床医学领域，有预防和治疗各类癌症及慢性疾病，治愈亚健康的功效。

12.1.3.3　康养基地

红豆杉康养，新型旅游形式，既能满足人们亲近自然、放松身心、舒缓压力、预防和治疗疾病等方面的需求，同时也为林业、旅游业、健康产业等相关产业之间的融合、转型升级提供更多的契机。目前，我国红豆杉康养基地依托较好的红豆杉林木资源，构建度假区、康养中心、产业基地等多位一体的全域康养产业体系，产品类型较丰富，配套设施相对完备。本文总结以下几项红豆杉康养成功案例供学习参考。

（1）红豆杉康养小镇

镇安县云盖寺红豆杉康养小镇，地处镇安县云盖寺镇，于2017年入选第二批全国特色小镇，以发展红豆杉产业为特色，以云盖寺丰富的历史文化积淀为基调，占地667hm²，主要包括五个园区：红豆杉生态产业园（20hm²）、红豆杉生态公园（167hm²）、红豆杉示范种植基地（333hm²）、红豆杉健康养生基地产业群（133hm²）、红豆杉产品加工基地（13hm²）。

同种类红豆杉的生态效益存在差异，降温增湿和释氧固碳能力均以曼地亚红豆杉最强，南方红豆杉和云南红豆杉次之，东北红豆杉和中国红豆杉相对较弱，而云盖寺红豆杉康养小镇栽植的红豆杉种类主要为中国红豆杉和曼地亚红豆杉。

云盖寺红豆杉康养小镇从自然环境、康养氛围营造、社会交际、硬件设施等四维需求结构，为旅游者打造全方位、多元化的康养环境，可满足康养旅游者在颐养、长寿、调节身心健康、改变生活方式、体验养生文化、享受自然环境、获得医疗保健服务等方面的需求。

（2）红豆杉康养基地

2015 年 7 月 2 日，四川省森林康养首个试点基地在宜宾市正式授牌，宜宾南溪区马家乡红豆杉基地成为全省首个"四川省森林康养试点基地"。

宜宾市从 2011 年引进三个红豆杉品种种植成功，面积达 5000 余亩、200 万株以上。马家乡目前建成红豆杉基地 3735 亩，种植红豆杉 140 万株。康养基地主要包括红豆杉森林康养核心区、森林探险体验区和生态农业休闲区等。立足升级旅游示范乡的发展契机，马家乡将结合马家回族风情园、八卦民居、道家文化等资源，大力发展第三产业，着力打造国家级红豆杉森林康养基地，通过发展森林康养产业，全面促进生态保护的红利"民有民享"。

2016 年，南溪区委区政府决定依托环长江旅游景观大道，打造"长江上游国际森林康养度假区"。项目总规划面积 3500 亩，主要由"长江上游国际生态康养度假区"、"红豆杉国际生态康养中心"、"川南现代养老养生产业基地"三大项目构成。计划以现有红豆杉核心基地为中心，辐射周边村社 5 万亩，力争打造川南甚至全国的森林康养产业发展新标杆。

（3）红豆杉种植基地+康养小镇

2019 年 4 月 16 日，湖南省仁义镇红豆杉种植基地和康养小镇项目在仁义镇王屋村正式落地。该项目由当地政府引导，村民委员会发起成立新农村合作社，以村民拥有承包权的荒地、林地做股权投入加盟。以万亩红豆杉种植基地为基础，以中医医药康养产业为核心形成的闭环产业链，致力于红豆杉的繁育、种植、推广、开发及深加工，融农、林、观光为一体，坚持产、学、研相结合，实现自我造血功能，改善生态环境，推动红豆杉康养产业链快速发展，更好地促进经济社会发展。

由于国内红豆杉康养产业正处于初步探索发展阶段，大量康养小镇、康养基地、康养人家正处于发展起步阶段，产业体系缺乏活力，国家还未建立可供参考的认证标准，以至于康养基地数量较少，同时受到资金、政策、土地、地域等要素条件的限制，交通、住宿、娱乐、餐饮和医疗设施条件也比较有限，严重影响游客的康养体验。同时，部分林区尚未全面开发，资源保护与产业发展如何和谐统一，也制约着红豆杉康养产业的发展。

因此，在开展森林康养基地实践的同时，要加强森林康养政策的科学性研究，加大对资金、土地等资源的争取，完善基础设施，不断提升接待服务能力，全方位有序推进森林康养市场规模化、产业化进程。

12.1.4　园林绿化

红豆杉，利用其主根不明显、侧根极其发达和环境适应能力强的特性来保持水土、涵养水源；利用其树形端正、四季常青等特点可作庭荫树、观赏树，可通过修剪成盆景作为装饰；利用主干挺拔，枝条舒展稠密，树形优美，叶绿果红，是极有发展前途的园林观赏树种。

根据上海市园林科学研究所对 5 种红豆杉的生态效益比较实验证明，不同种类红豆杉的生态效益存在差异，曼地亚红豆杉的释氧固碳和降温增湿效益均为最强，南方红豆杉和云南红豆杉次之，东北红豆杉和中国红豆杉较弱，由此看出，曼地亚红豆杉是一种值得推广的优良城市绿化树种。

12.1.4.1　应用现状

红豆杉具有良好的空气净化作用，用红豆杉制作的盆景置于室内，可以净化空气，有益健康，所以红豆杉又称健康树、生命树。

红豆杉因其独特外观造型，四季常青的鲜艳绿色，国外很早就用于园林绿化。红豆杉具有显著的生态、经济价值的，得受到广泛的关注，在生产应用方面有了一定的突破。主要体现在以下方面。

（1）育苗圃基地

根据表 12-1 所示，国内已经有不少企业或基地在进行红豆杉苗圃建设，在调研的企业中，所有培植基地均有苗木出售，而"苗木＋盆景"的培植基地有 47 个，占 82.46%。

（2）室内盆景

红豆杉可作盆栽（或盆景）置于室内，美化环境、净化空气。

（3）城乡园林绿化

红豆杉树干挺拔，枝繁叶茂，树形优美，果实红艳，层次感强，可塑性强，具有极高的观赏价值，是集观姿、观果、观形、观叶于一体的优良的园林景观树种。红豆杉适用于庭院、公园、校园以及广场绿地，可用作高大乔木，也可以作灌木绿篱或盆栽，或散植、对植、列植，其中群植的效果最为突出。

目前，红豆杉作为城乡园林绿化树种已经在上海、北京、深圳等地有实际应用。在一些小城市，例如安徽省宁国县、贵州省榕江县等地也有少量应用。

12.1.4.2　主要效益

作为绿化与环保树种应用于园林，品种多样，应用面也更为广泛，园艺美学、园林造景、城乡绿化、育苗基地等，需要大量不同种类、规格与形态的红豆杉，由此将需要大量的育苗、苗木培育、造景、绿化施工、养护等工作与技术，进而创造系列就业机会，产生直接与间接经济效益，对于构建和谐社会等均具有现实意义。

药用原料林的营造对于红豆杉适生区群众发展生产、增加收益，对于紫杉醇提取与制药，对于癌症患者、亚健康、自然缺失等人群均会带来福音，因此其经济效益、生态效益、社会效益是多方面，不言而喻的。

12.1.5 日化用品

日化用品，简称日化，是指日用化学品，是人们平日常用的科技化学制品，包括洗发水、沐浴露、护肤、护发、化妆品、洗衣粉等。按照用品的使用频率或范围划分为：生活必需品、奢侈品。按照用途划分有：洗漱用品、家居用品、厨卫用品、装饰用品、化妆用品等。

12.1.5.1 发展历程

伴随 21 世纪初种植的红豆杉逐步成材，药用领域存在过剩危机，红豆杉种植业开始关注日化应用。红豆杉除可提取紫杉醇外，红豆杉枝叶还可应用于医药和日化等多个领域。其中，日化产品类型包含化妆品、工艺品、家居用品、木质家具等。

12.1.5.2 相关日化产品的研发

红豆杉经有效脱毒后，其他活性成分如挥发油、黄酮等物质得以基本保留，可以作为日化产品的原料或添加物，用来生产功能性日化产品。

（1）卫生消毒用品

抗菌消毒产品：红豆杉醇提物溶于酒精，在表面活性剂作用下呈水溶性，可以研发红豆杉消毒喷雾等消毒产品和洗手液等抑菌清洗剂。此外，阎菲等按照止血产品的生产方式，加工红豆杉黄酮和多糖提取物，研发了红豆杉外伤止血产品。

止痒产品：杨艳凤提取红豆杉黄酮类，研发了消杀止痒产品，用于除臭、治疗脚气、改善皮肤粗糙。鉴于红豆杉多糖的降血糖功效，还可研发针对糖尿病人的皮肤止痒产品。

（2）化妆品

清洁类化妆品：红豆杉中黄酮类有抗氧化作用，多糖类可改善皮肤微循环、清洁消炎，由此可以研发沐浴露、洁面皂等洗护用品。利用红豆杉粉末中黄酮等有益成分，能有效减少牙菌斑和牙结石，避免口腔炎症，生产红豆杉清洁牙膏。

护理类化妆品：根据不同护肤品的制作工艺，添加红豆杉精油，起到安神减压、清洁抗菌、抗氧化等功效，研发雪花膏、精华素等系列红豆杉护肤品。

（3）特殊用途化妆品

抗紫外线产品：顾浩川等调整红豆杉提取物中各活性成分的比例来降低紫杉醇毒性，采用高速匀浆技术将红豆杉醇提物分散成纳米微乳颗粒，研发了抗紫外线的抗菌消炎身体乳。基于这一思路，还可研发红豆杉防晒霜、隔离霜等防晒产品。

除臭剂类产品：红豆杉挥发油类成分和萜烯类成分可以净化空气、镇静安神、缓解紧张，沈祖鸿以此进行红豆杉固体空气清新剂类产品研发。此外，刘胜贵等利用红豆杉挥发油研发了宠物用功能性香水，除臭留香的同时改善宠物情绪和睡眠。

脱毛类产品：利用红豆杉中生物碱类成分的细胞毒性，适当保留略微的毒性生物碱类成分，可以刺激局部毛囊，阻碍毛发生长和促进毛发脱落，用于脱毛类产品的研发。

（4）香薰产品

安神助眠产品：红豆杉挥发油中的雪松烯具有温和杉木芳香，有镇静助眠作用，根据芳香吸入疗法原理和赵章光先生的"红豆杉睡补"理念，可研发助睡眠香氛和香薰类产品。

膏药类产品：曹建枢等取红豆杉和中草药搭配制成复方保健膏贴剂，可以放入人们贴身衣物中，通过闻香疗法和嗅觉受体刺激人体各处穴位以帮助吸收，起到随身保健作用。

（5）家居产品

红豆杉木料初呈浅紫红，开料之后用细砂纸打磨，呈现金黄或金红色，泛着和田玉那样的柔光，视之如刚切的新鲜木瓜那样甘美，非常养眼，年久日深，变得红润如酸枝，更加显得沉稳大度。

红豆杉木的色泽、气味和手感让其在家居市场占据优势。其一，红豆杉的手感沉稳舒服，介乎于黄花梨和金丝楠木之间。其二，纹路直且细腻，密度大，年轮密集交错。其三，木性小，制成的成品很少出现变形的问题，可做栋梁之材。从木料和成品来看，红豆杉的木材硬度、纹路、木性、色泽、气味和手感都有很大优势。

12.2　红豆杉产业未来发展趋势

12.2.1　选育优良品种，提高紫杉醇产量

面对国产紫杉醇制剂存在类型单一、品质差、产量低、成本高等问题，如何快速提高紫杉醇高附加值药品的生物利用度并降低生产成本，是我国红豆杉产业发展的关键。因此，在紫杉醇产业未来的发展过程中，一方面，应该通过技术手段促进野生红豆杉资源的保护；另一方面，从经济效益角度来看，要科学选育抗逆性好、紫杉醇含量高的优良红豆杉品种，结合各地区的山地环境和红豆杉品种宏观制定培育方案，扶持红豆杉大规模基地建设，提高各地红豆杉枝叶优质资源的供给能力，推动紫杉醇生物制药产业的发展。

12.2.2　创新改良制剂，加速占领市场

由于受到单一产品、单一适应症的限制，各生物制药产业的盈利能力和市场占有

率均受到局限。因此，医药生产企业对紫杉类药物制剂的创新改良，成为未来行业发展的重要趋势。另外，生物仿制药凭借投资周期短、成本低、见效快、价格低等优点，在中国药物市场盛行，占有率高达 90% 以上。未来，中国紫杉类仿制药的优点愈加明显，生物制药企业加快紫杉醇改良制剂仿制药研发速度，也将成为抢占紫杉类药物市场的重要方式。

12.2.3 依托红豆杉资源优势，优化规划布局

依托红豆杉资源优势，高起点规划布局，厘清发展定位，努力打造一流的康养胜地；与乡村环境建设、乡村旅游开发相结合，建设绿化特色村，进一步推动红豆杉在乡村旅游经济中的应用；同时，进一步加大政府扶持力度，营造有利于加快产业发展的社会环境；结合市场需求特点，升级产业体系，打造特色亮点项目，完善设施配套体系，为发展红豆杉特色康养产业提供有力保障；丰富营销手段，开展公共传媒，与优质资源联合宣传，联合促销，使消费者可以更深入地了解红豆杉日化产品等相关衍生品的功效，为红豆杉日化产业的发展提供动力。

参考文献

安春志，罗佳波，刘莉，等. 2006. HPLC 法测定云南红豆杉枝叶中 10-去乙酰巴卡亭Ⅲ的含量[J]. 广州医药，(05)：47-49.

柏广新，等. 2002. 中国东北红豆杉研究[M]. 北京：中国林业出版社.

包志毅. 2004. 世界园林乔灌木[M]. 北京：中国林业出版社.

曾现艳. 2011. 海州常山种质资源遗传多样性的初步研究[D]. 山东农业大学.

常醉. 2012. 天然东北红豆杉中紫杉烷类物质的分布及变化规律[D]. 东北林业大学，2012.

陈代喜，陈晓明，蓝肖，等. 2016. 杉木全同胞子代遗传测定与优良种质选择[J]. 广西林业科学，45(04)：347-351.

陈德照，等. 2010. 国外引进树种栽培与利用[M]. 昆明：云南科技出版社.

陈凌娜. 2014. 核桃重要种质遗传分析及主栽品种指纹鉴定[D]. 北京林业大学.

陈清浦，廖卫芳，付春华，等. 2016. 紫杉醇生物合成途径中羟化酶的研究进展[J]. 生物工程学报，32(05)：554-564.

陈天华. 1998. 林木杂交育种研究的发展[J]. 林业科技开发，3-5.

陈韵竹. 2016. 光皮树无性系亲本选配及胚胎发育研究[D]. 中南林业科技大学.

成芳. 2016. 南方红豆杉针叶紫杉烷类化合物、黄酮和多糖含量测定方法及时节变化[D]. 新疆农业大学.

程广有，唐晓杰，杨振国，等. 1998. 不同贮藏温度对东北红豆杉花粉寿命的影响[J]. 吉林林学院学报，(04)：12-14.

楚秀丽，吴利荣，汪和木，等. 2015. 马尾松和木荷不同类型苗木造林后幼林生长建成差异[J]. 东北林业大学学报，43(06)：25-29.

戴丽，孙鹏，蒋晋豫，等. 2012. 刺槐、红花刺槐、四倍体刺槐花粉体外萌发对比[J]. 东北林业大学学报，40(01)：1-5.

单丽伟，汪勇，王美玲，等. 2012. 大豆类黄酮生物合成关键酶 CHS 基因的克隆及表达分析[J]. 西北植物学报，32(11)：2164-2168.

邓立宝，何新华，徐炯志，等. 2013. 广西柿种质资源果实性状多样性分析与模糊综合评价[J]. 广西植物，33(04)：508-515.

翟芳，宋田青，肖文海，等. 2016. 产 5α 羟化紫杉二烯醇人工酵母的组合设计构建[J]. 化工学报，67(01)：315-323.

翟合欢，傅玉兰. 2010. 曼地亚红豆杉组织培养[J]. 林业科技开发，24(04)：98-100.

翟合欢. 2010. 曼地亚红豆杉组培快繁技术的研究[D]. 安徽农业大学.

杜克兵，许林，沈宝仙，等. 2009. 黑杨派杨树杂交子代的遗传分析及苗期选择[J]. 华中农业大学学报，28(05)：624-630.

杜克兵. 2008. 杨树杂交育种及杨树耐涝性的研究[D]. 华中农业大学.

杜凌，史秀文，陈波涛，等. 2018. 杉木近缘优良无性系交配子代遗传效应研究[J]. 种子，37(8)：41-46.

杜智敏，陈瑞玲，刘福清，等. 2004. HPLC 法测定东北红豆杉枝叶中 10-脱乙酰巴卡亭的含量[J]. 中草药，(04)：42-43.

高建社. 2005. 黑杨与白杨远缘杂交技术的研究[D]. 西北农林科技大学.

高锦明，王性炎. 1997. 紫杉醇的资源、生物活性和化学合成[J]. 世界林业研究，19(06)：39-44.

高明波，李兴泰，阮成江. 2011. 东北红豆杉的愈伤组织诱导[J]. 大连民族学院学报，13(03)：256-259.

高银祥，杨逢建，张玉红，等. 2014. 南方红豆杉枝叶中 6 种紫杉烷类化合物含量季节变化[J]. 植物研究，34(02)：266-270.

郭光明，张福锁，尚忠林，等. 2002. 硼对百合花粉萌发过程中细胞内游离钙离子的影响[J]. 中国农业大学学报，(05)：32-37.

郭玉婷，张臻，张经硕，等. 2008. HPLC 法测定云南红豆杉细胞悬浮培养中 10-去乙酰基巴卡亭Ⅲ[J]. 中草药，(01)：118-120.

何枭宇，赵柳婷，李立威. 2017. 四种不同品种红豆杉中 10-脱乙酰巴卡亭Ⅲ的含量测定[J]. 荆楚理工学院学报，32(04)：5-8.

赫锦锦. 2010. 杜仲皮及雄花中次生代谢产物的变化规律研究[D]. 河南大学，2010.

洪东风，周文明，李玲玲，等. 2007. 多西紫杉醇合成原料 10-脱乙酰基巴卡亭提取工艺研究[J]. 西北农业学报，(05)：227-230.

胡杰，蒋剑平，熊耀康，等. 2016. HPLC、UPLC 测定南方红豆杉中 10-脱乙酰巴卡亭Ⅲ的含量[J]. 中国中医药科技，23(02)：168-169.

胡君艳，李云，孙宇涵，等. 2008. 银杏花粉生活力测定及贮藏方法的优化[J]. 中国农学通报，(05)：148-153.

黄桂华，梁坤南，周再知，等. 2011. 柚木种子园无性系开花特性与结实差异分析[J]. 种子，30(08)：5-8.

黄璐琦，高伟，周洁，等. 2010. 系统生物学方法在药用植物次生代谢产物研究中的应用[J]. 中国中药杂志，35(01)：8-12.

黄琦. 2005. 南方红豆杉采穗圃营建技术[J]. 林业科技开发，(04)：76-77.

惠俊峰. 2006. 从红豆杉中提取紫杉醇及 10-DAB 的研究[D]. 西北大学.

姬慧娟. 2015. 丹红杨与小叶杨杂交子代苗期抗旱相关性状遗传分析[D]. 中国林业科学研究院.

贾继文，王军辉，张金凤，等. 2010. 楸树与滇楸种间杂交的初步研究[J]. 林业科学研究，23(03)：382-386.

贾玉奎，段娜，罗红梅，等. 2015. 中国沙棘与蒙古沙棘杂种 F_1 代生长性状分析及其综合评价[J]. 分子植物育种，13(12)：2858-2864.

蒋艾平，刘军，姜景民，等. 2015. 基于层次分析法的乐东拟单性木兰优良种源选择[J]. 林业科学研究，28(01)：50-54.

金晶，王微，邵好，等. 2014. 利用 Bio-BglBrick 方法表达紫杉醇生物合成酶[J]. 生物技术通讯，25(05)：616-620.

景跃波. 2007. 云南红豆杉研究综述[J]. 林业调查规划，(02)：49-53.

鞠建明，黄一平，钱士辉，等. 2009. 不同树龄银杏叶在不同季节中总银杏酸的动态变化规律[J]. 中国中药杂志，34(07)：817-819.

柯春婷. 2009. 福建省南方红豆杉中紫杉醇和 10-DAB 含量及其影响因子[D]. 福建师范大学.

孔繁晟, 严春艳, 庞小雄, 等. 2010. 云南红豆杉中 10-去乙酰巴卡亭Ⅲ含量的固相萃取−高效液相色谱法测定[J]. 时珍国医国药, 21(06): 1426-1427.

匡雪君, 王彩霞, 邹丽秋, 等. 2016. 紫杉醇生物合成途径及合成生物学研究进展[J]. 中国中药杂志, 41(22): 4144-4149.

黎丹, 姜巧芳, 白吉庆, 等. 2016. 树龄对秦岭白蜡树树皮中秦皮甲素、秦皮乙素与秦皮素含量的影响[J]. 中南药学, 14(01): 60-62.

李春平, 欧春燕, 周贵斌. 2012. 南方红豆杉各部位中紫杉醇、10DABⅢ、7-木糖紫杉醇的含量分析[J]. 中国医学创新, 9(20): 157-159.

李海峰, 赵志莲, 刘光明. 2009. 云南红豆杉生长过程中 10-去乙酰巴卡亭Ⅲ的含量变化[J]. 时珍国医国药, 20(10): 2443-2444.

李继东, 毕会涛, 武应霞, 等. 2008. 移栽期间胁迫对苗木影响的研究进展[J]. 林业科学, 44(6): 125-136.

李莲芳. 2019. 优质高效人工用材林精准培育基础与关键措施剖析[J]. 西南林业大学学报(自然科学), 39(03): 1-9.

李梅, 甘四明, 李发根, 等. 2007. 桉属种间杂种生长和抗青枯病的联合选择[J]. 南京林业大学学报(自然科学版), (06): 25-28.

李庆宏, 宋常美, 邓勇, 等. 2011. 中国樱桃花粉活力检测方法的比较[J]. 种子, 30(09): 93-94.

李荣丽. 2012. 基于 BP 神经网络的生态恢复评价研究[D]. 福建师范大学.

李勇超, 杨靖, 周修任, 等. 2016. 耦合培养法对 10-DAB 产量的影响[J]. 生物技术, 26(01): 93-97.

梁国平, 田海, 桂明春, 等. 2018. 橡胶树高产新种质创制研究初报[J]. 热带农业科技, 41(04): 1-5.

林开勤, 刘声传, 梁思慧, 等. 2018. 茶树花粉离体萌发条件优化及活力快速检测[J]. 种子, 37(12): 14-18.

刘光金, 贾宏炎, 卢立华, 等. 2014. 不同林龄红椎人工林优树选择技术[J]. 东北林业大学学报, 42(05): 9-12.

刘伟, 周善松, 张先祥, 等. 2009. 不同立地条件下木荷容器苗与裸根苗造林对比试验[J]. 浙江林学院学报, 26(06): 829-834.

芦艳, 樊保国, 鲁周民. 2014. 果树的园林观赏性灰色综合评价[J]. 西北林学院学报, 29(02): 248-251.

栾启福, 卢萍, 井振华, 等. 2011. Pilodyn 评估杂交松活立木的基本密度及其性状相关分析[J]. 江西农业大学学报, 33(03): 548-552.

罗登瑶. 2013. 核桃杂交子代测定及优良杂交组合选择研究[D]. 四川农业大学, 2013.

罗雪, 杨志训. 2013. 漆籽容器苗与裸根苗造林对比试验[J]. 中南林业调查规划, 32(3): 55-56, 59.

罗英, 乔锋, 吴立东, 等. 2010. 基于 AHP 法和灰色关联法的辣椒果实外观品质评价[J]. 中国农学通报, 26(02): 157-161.

骆建新, 陈永勤, 刘占杰. 2003. 紫杉醇生物合成相关酶基因的克隆与表达[J]. 中国生物工程杂志, (06): 36-40.

马书燕. 2008. 柔枝松引种及苗期抗逆性研究[D]. 北京林业大学.

孟伟伟. 2007. 美洲黑杨亲本选择与杂交试验研究[D]. 南京林业大学.

孟永宏, 张英, 王晓培, 等. 基于主成分分析法的美八苹果品质综合评价体系构建[J]. 食品工业科技, 36(09): 296-300.

南京林产工业学院. 1980. 树木遗传育种学[M]. 北京：科学出版社.

蒲光兰，韦莉，蔡利娟，等. 2018. 核桃杂交子代群体坚果主要矿质元素含量分析[J]. 四川农业大学学报，36(03)：357-364.

郄亚微. 2016. 南方红豆杉组织培养体系优化[J]. 长江大学学报(自科版)，13(09)：42-45.

秦光华，姜岳忠，乔玉玲，等. 2011. 黑杨派杨树杂交 F_ 1 子代苗期遗传测定[J]. 东北林业大学学报，39(04)：29-32.

秦雪. 2015. 施肥对马尾松种子园生长与开花结实的影响[D]. 贵州大学.

秦宇. 2012. 红豆杉组织培养体系建立与优化[D]. 湖南农业大学.

沈熙环. 1990. 林木育种学[M]. 北京：中国林业出版社.

沈熙环. 1992. 种子园技术[M]. 北京：北京科学技术出版社.

沈征武，吴莲芬. 1997 紫杉醇研究进展[J]. 化学进展，(01)：3-15.

史锋厚，范蓉蓉，周婷，等. 垂丝海棠花粉贮藏特性研究[J]. 经济林研究，31(04)：190-194.

苏建荣. 2006. 云南红豆杉种群生物学研究[D]. 北京：中国林业科学研究院.

孙福东，魏凤荣. 2011. 应用 Excel 巧解模糊综合评价法[J]. 统计与决策，(23)：172-174.

孙立影，于志晶，李海云，等. 2009. 植物次生代谢物研究进展[J]. 吉林农业科学，34(04)：4-10.

孙美莲. 2010. 茶儿茶素生物合成相关基因表达的实时荧光定量 PCR 分析[D]. 安徽农业大学.

田吉，王林，张芸香，等. 2016. 育苗容器对一年生文冠果苗木生长和根发生的影响[J]. 山西农业大学学报(自然科学版)，36(07)：500-505.

仝川，王玉震，王昌伟，等. 2009. 叶面施肥对南方红豆杉针叶中紫杉醇和 10-DAB 含量的影响[J]. 生态学报，29(02)：553-562.

王彩虹，李嘉瑞. 1996. 杏花粉的低温与超低温贮藏研究[J]. 莱阳农学院学报，(03)：11-15.

王昌伟，仝川，李文建，等. 2008. 遮光对南方红豆杉生长及紫杉醇含量的影响[J]. 生态学杂志，(08)：1269-1273.

王呈伟，郑玉红，李莹，等. 2012. 曼地亚红豆杉'Hicksii'花粉活力检测条件优化和适宜储藏温度分析[J]. 植物资源与环境学报，21(02)：13-18.

王达明，李莲芳，周云，等. 2004. 云南红豆杉人工药用原料林的经营技术[J]. 西部林业科学，(01)：8-14.

王乐辉，费世民，陈秀明，等. 2011. 我国林木良种采穗圃创建技术研究进展[J]. 四川林业科技，32(01)：38-47.

王莉，张艳霞，史玲玲，等. 2007. 功能基因组学和代谢组学技术在植物次生代谢物合成及调控研究中的应用[J]. 北京林业大学学报，(05)：153-159.

王梦. 2016. 黄帝陵古侧柏种质离体保存技术研究[D]. 西北农林科技大学.

王明庥. 2001. 林木遗传育种学[M]. 北京：中国林业出版社.

王瑞文，黄国伟，李振芳，等. 2017. 黑杨派杨树不同杂交组合 F1 代遗传分析及苗期选择[J]. 中国农学通报，33(10)：48-52.

王玉林，胡位荣，刘顺枝，等. 2018. 硼酸、蔗糖和 pH 值对火龙果花粉离体萌发和花粉管伸长的影响[J]. 分子植物育种，2018，16(01)：240-247.

王玉震，柯春婷，仝川，等. 2012. 胸径、构件和季节对南方红豆杉中紫杉醇和 10-DAB 含量的影响[J]. 生态学报，30(08)：1990-1997.

王玉震. 2009. 叶面和根部施肥对南方红豆杉针叶紫杉醇和 10-DAB 含量的影响[D]. 福建师范大学.

魏鉴章, 卢国美. 1985. 林业基础知识讲座(五)林木种子园的营建和管理(一)[J]. 河南林业, (01): 34-35.

吴殿廷, 吴迪. 用主成分分析法作多指标综合评价应该注意的问题[J]. 数学的实践与认识, 45(20): 143-150.

吴杰, 汤欢, 黄林芳, 等. 2017. 红豆杉属植物全球生态适宜性分析研究[J]. 药学学报, 52(07): 1186-1195.

谢季坚等. 2013. 模糊数学方法及其应用[M]. 武汉: 华中科技大学出版社. 254.

邢朝斌, 龙月红, 吴鹏, 等. 2011. 刺五加皂苷合成关键酶基因表达的半定量 RT-PCR 分析[J]. 基因组学与应用生物学, 30(06): 691-696.

徐碧玉. 2007. 茶梅[M]. 杭州: 浙江科学技术出版社.

徐博涵. 2014. 基于紫杉烷类化合物含量的河南地区红豆杉种质资源分析[D]. 广西大学.

徐焕文, 刘宇, 李志新, 等. 2015. 5 年生白桦杂种子代多点稳定性分析及优良家系选择[J]. 北京林业大学学报, 37(12): 24-31.

许飞, 刘勇, 李国雷, 等. 2013. 我国容器苗造林技术研究进展[J]. 世界林业研究, 26(01): 64-68.

许海涛, 王友华, 许波, 等. 2019. 玉米花粉生活力研究进展[J]. 大麦与谷类科学, 36(01): 1-4.

许慧敏. 2010. 湘产南方红豆杉中紫杉烷类化合物的提取分离及含量测定[D]. 湖南中医药大学.

许杰, 杨丙钊, 马文广. 2017. 烤烟几个主要根系生理特性的遗传效应分析[J]. 中国烟草科学, 38(04): 1-8.

许敏铭. 2015. 香樟遗传变异与良种选择研究[D]. 福建农林大学.

阎秀峰. 2001. 植物次生代谢生态学[J]. 植物生态学报, (05): 639-640.

阳桂平, 蒋紫艳, 周海平, 等. 2016. 曼地亚红豆杉无性繁殖技术研究[J]. 绿色科技, (09): 13-15.

杨成超, 黄秦军, 苏晓华. 2010. 林木杂种优势遗传机理研究进展[J]. 世界林业研究, 23(05): 25-29.

杨逢建, 庞海河, 张学科, 等. 2008. 南方红豆杉枝叶中药用抗癌活性物质含量[J]. 应用生态学报, (04): 911-914.

杨敬军, 金春香, 马海财. 2015. 传统杂交育种亲本选配考虑的因素及现代育种技术的运用[J]. 甘肃农业科技, (01): 61-64.

杨静. 2014. 改进的模糊综合评价法在水质评价中的应用[D]. 重庆大学.

杨培华, 樊军锋, 刘永红, 等. 2005. 油松种子园开花结实规律研究进展[J]. 西北林学院学报, (03): 96-101.

杨清发, 王文才, 龙泽鸣. 2013. 红豆杉鄂中地区引种栽培技术要点[J]. 湖北林业科技, (1): 85-86, 90.

杨小胡, 陈永忠, 彭邵锋, 等. 2008. 油茶杂交组合的灰色关联度分析[J]. 经济林研究, 2008(03): 1-7.

杨永青, 魏文雄, 陈光禄, 等. 1992. 木本果树组培快繁苗工厂化生产几个要素的研究[J]. 植物学通报, (S1): 2.

杨玉林, 宋学东, 董京祥, 等. 2009. 红豆杉属植物资源及其世界分布概况[J]. 森林工程, 25(03): 5-10.

杨志, 董晓涛, 杨巍, 等. 2006. 果树花粉生活力应用研究概况[J]. 北方果树, (04): 1-3.

尹佳蕾, 赵惠恩. 2005. 花粉生活力影响因素及花粉贮藏概述[J]. 中国农学通报, (04): 110-113.

尤扬, 贾文庆. 2011. 西府海棠花粉生活力测定[J]. 安徽农业科学, 39(06): 3423-3425.

袁冬明, 林磊, 严春风, 等. 2012. 3 种造林树种轻基质网袋容器苗造林效果分析[J]. 东北林业大学学报, 40(03): 19-23.

袁丽娜. 2011. 东北红豆杉工厂化育苗生产模式优化及技术体系的构建[D]. 吉林大学.

詹妮，黄烈健. 2016. 大叶相思花粉离体萌发适宜条件及活力检测方法[J]. 林业科学，52(02)：67-73.

张爱民. 1994. 植物育种亲本选配的理论和方法[M]. 北京：农业出版社.

张宏斌. 2018. 我国林木优良无性系选育现状[J]. 辽宁林业科技，(06)：50-53.

张静，廖海兵，金永春，等. 2011. UPLC法同时测定曼地亚红豆杉中3个有效成分的含量[J]. 药物分析杂志，31(11)：2073-2077.

张静. 2011. 曼地亚红豆杉枝叶中活性成分的含量测定研究[D]. 河南中医药大学；河南中医学院.

张俊佩，奚声珂，裴东，等. 2015. 核桃砧木新品种'中宁强'[J]. 园艺学报，42(5)：1005-1006.

张美珍，应群芳. 2006. 南方红豆杉中10-脱乙酰巴卡亭Ⅲ(10-DAB)的测定[J]. 江西中医

张平冬，吴峰，康向阳. 2014. 三倍体白杨杂种无性系木材的基本密度与化学成分变异[J]. 东北林业大学学报，42(04)：26-31.

张瑞，李洋，梁有旺，等. 2013. 薄壳山核桃花粉离体萌发和花粉管生长特性研究[J]. 西北植物学报，2013，33(09)：1916-1922.

张亚利，尚晓倩，刘燕. 2006. 花粉超低温保存研究进展[J]. 北京林业大学学报，(04)：139-147.

张瑜，赵峰，吴永华，等. 2019. 兰州市园林主要适生观赏树种选择及综合指标数量化评价[J]. 西北林学院学报，34(04)：255-261.

张玉进，张兴国，刘佩瑛. 2000. 魔芋花粉的低温和超低温保存[J]. 园艺学报，(02)：139-140.

张照喜，喻泓，杜化堂，等. 2005. 曼地亚红豆杉径枝生长关系研究[J]. 武夷科学，(00)：47-51.

张震彪，李伟，杜咏梅，等. 2017. 烟叶落黄过程中烟碱代谢规律及相关基因表达分析[J]. 中国烟草科学，38(06)：91-97.

张宗勤，杨建莉，董丽芬，等. 2003. 发展红豆杉药用原料林[J]. 中药材，(07)：477-479.

赵春芳，余龙江，刘智，等. 2005. 茉莉酸甲酯诱导下红豆杉细胞产生紫杉烷类物质群代谢轮廓分析[J]. 云南植物研究，(05)：111-118.

赵春芳，余龙江，刘智，等. 2005. 中国红豆杉中主要紫杉烷类物质的分布研究[J]. 林产化学与工业，(01)：89-93.

赵福洞. 2014. '绿岭'核桃杂交后代果实性状遗传及优株评价研究[D]. 河北农业大学.

赵鸿杰，乔龙巴图，殷爱华，等. 2010. 种山茶属植物花粉活力测定方法的比较[J]. 中南林业科技大学学报，30(03)：105-107.

赵淑芳. 2008. 银白杨与84K杨、毛白杨杂交及杂种苗的初选研究[D]. 西北农林科技大学.

赵天梁. 2015. 山西峎山自然保护区侧柏林植物生态位特征[J]. 2015. 北京林业大学学报，37(08)：24-30.

赵玮，姜波. 1992. 层次分析方法进展[J]. 数学的实践与认识，(03)：63-71.

郑玉梅，刘青林. 2001. 木本观赏植物离体快速繁殖技术的进展[J]. 北京林业大学学报，23(S2)：75-82.

支国. 山楂中主要成分HPLC测定方法的研究[D]. 河北科技师范学院.

周楠楠，方炎明，马成涛. 2010. 红椆木花粉生活力及其贮藏方法的研究[J]. 南京林业大学学报(自然科学版)，34(05)：34-38.

周善森，刘伟，袁位高，等. 2012. 不同立地条件下红豆树容器苗与裸根苗造林对比试验[J]. 浙江林业科技，32(01)：34-38.

朱慧芳，郑文龙，王玉亮，等. 2010. 三种红豆杉属植物中紫杉烷类化合物含量的检测与分析[J]. 上海交通大学学报(农业科学版)，28(01)：9-13.

祝剑峰，李芬. 2015. 生物技术在现代林业中的应用[J]. 农村经济与科技，26(05)：67-178.

卓嘎, 杨小林, 辛福梅, 等. 2015. 喜马拉雅红豆杉愈伤组织的诱导[J]. 西部林业科学, 44(04): 100-104.

卓嘎, 杨小林, 辛福梅. 2015. 西藏2种红豆杉扦插生根过程及解剖结构研究[J]. 西部林业科学, 44(01): 88-91.

Baril C P, Verhaegen D, Vigneron P, et al. 1997. Structure of the specific combining ability between two species of Eucalyptus. I. RAPD data[J]. Theoretical & Applied Genetics, 94(6-7): 796-803.

Barradas-Dermitz D M, Hayward-Jones P M, Mata-Rosas M, et al. 2010. Taxus globosa S. cell lines: Initiation, selection and characterization in terms of growth, and of baccatin III and paclitaxel production[J]. Biocell, 34(1): 1-6.

Bison O, Ramalho M A P, Rezende G D S P, et al. 2006. Comparison between open pollinated progenies and hybrids performance in Eucalyptus grandis and Eucalyptus urophylla[J]. Silvae Genetica, 55(4-5): 192-196.

Boavida L C, Mccormick S. 2007. TECHNICAL ADVANCE: Temperature as a determinant factor for increased and reproducible in vitro pollen germination in Arabidopsis thaliana[J]. The Plant Journal, 52(3): 570-582.

Brigitte U, Smulders M J M, Hooftman D A P, et al. 2012. Hybridization between crops and wild relatives: the contribution of cultivated lettuce to the vigour of crop-wild hybrids under drought, salinity and nutrient deficiency conditions[J]. Theoretical & Applied Genetics, 125(6): 1097-1111.

Burdett, A. N. 1990. Physiological processes in plantation establishment and the development of specifications for forest planting stock[J]. Canadian Journal of Forest Research, 20(4): 415-427.

Cáceres M E, Ceccarelli M, Pupilli F, et al. 2015. Obtainment of inter-subspecific hybrids in olive (Olea europaea L.)[J]. Euphytica, (2): 307-319.

Chen Y, Wang H, Han J, et al. 2014. Numerical classification, ordination and species diversity along elevation gradients of the forest community in Xiaoqinling[J]. Acta Ecologica Sinica, 34(8): 2068-2075.

Cheng C, Rerkasem B. 1993. Effects of boron on pollen viability in wheat[J]. Plant and Soil, 155-156(1): 313-315.

Drew D M, Downes G, Grzeskowiak V, et al. 2009. Differences in daily stem size variation and growth in two hybrid eucalypt clones[J]. Trees, 23(3): 585.

Dudareva N, Martin D, Kish C M, et al. 2003. (E)-β-Ocimene and Myrcene Synthase Genes of Floral Scent Biosynthesis in Snapdragon: Function and Expression of Three Terpene Synthase Genes of a New Terpene Synthase Subfamily[J]. The Plant Cell, 15(5): 1227-1241.

Flores-Sanchez I J, Verpoorte R. 2008. PKS activities and biosynthesis of cannabinoids and flavonoids in Cannabis sativa L. plants[J]. Plant Cell Physiol, 49(12): 1767-1782.

Gan S, Li M, Li F, et al. 2004. Genetic analysis of growth and susceptibility to bacterial wilt (Ralstonia solanacearum) in Eucalyptus by interspecific factorial crossing. [J]. Silvae Genetica, 53(5): 254-258.

Gapare, Washington, Madhibha, et al. 2013. Genetic parameter estimates for interspecific Eucalyptus hybrids and; implications for hybrid breeding strategy[J]. New Forests, 44(1): 63-84.

Gaveh E A, Timpo G M, Agodzo S K, et al. 2011. Effect of irrigation, transplant age and season on growth, yield and irrigation water use efficiency of the African eggplant[J]. Horticulture Environment & Biotechnology, 52(1): 13-28.

Gershenzon J, Mcconkey M E, Croteau R B. 2000. Regulation of Monoterpene Accumulation in Leaves of Peppermint[J]. Plant Physiology, 122(1): 205-214.

Guisan A, Zimmermann N E. 2000. Predictive habitat distribution models in ecology[J]. Ecological Modelling, 135(2): 147-186.

Han J, In J, Kwon Y, et al. 2010. Regulation of ginsenoside and phytosterol biosynthesis by RNA interferences of squalene epoxidase gene in Panax ginseng[J]. Phytochemistry, 71(1): 36-46.

Hanson R L, Wasylyk J M, Nanduri V B, et al. 1994. Site-specific enzymatic hydrolysis of taxanes at C-10 and C-13[J]. Journal of Biological Chemistry, 269(35): 22145-22149.

Hefner J, Ketchum R E B, Croteau R. 1998. Cloning and Functional Expression of a cDNA Encoding Geranylgeranyl Diphosphate Synthase fromTaxus canadensisand Assessment of the Role of this Prenyltransferase in Cells Induced for Taxol Production[J]. Archives of Biochemistry and Biophysics, 360(1): 62-74.

Heiskanen J. 2013. Effects of compost additive in sphagnum peat growing medium on Norway spruce container seedlings[J]. New Forests, 44(1): 101-118.

Hoeffler J F, Hemmerlin A, Grosdemange-Billiard C, et al. 2002. Isoprenoid biosynthesis in higher plants and in Escherichia coli: on the branching in the methylerythritol phosphate pathway and the independent biosynthesis of isopentenyl diphosphate and dimethylallyl diphosphate[J]. Biochem J, 366(Pt 2): 573-583.

Hook I, Poupat, Ahond, et al. 1999. Seasonal variation of neutral and basic taxoid contents in shoots of European Yew (Taxus baccata)[J]. Phytochemistry, 52(6): 1041-1045.

Howat S, Park B, Oh I S, et al. 2014. Paclitaxel: biosynthesis, production and future prospects[J]. New Biotechnology, 31(3): 242-245.

Huang M, Chen L, Chen Z. 2015. Diallel analysis of combining ability and heterosis for yield and yield components in rice by using positive loci[J]. Euphytica, 205(1): 37-50.

Jarchow-Choy S K, Koppisch A T, Fox D T. 2014. Synthetic Routes to Methylerythritol Phosphate Pathway Intermediates and Downstream Isoprenoids[J]. Curr Org Chem, 18(8): 1050-1072.

Jean-Marcbouvet, Philippevigneron, Rachel-Aubainsaya, et al. 2011. Early selection of Eucalyptus clones in retrospective nursery test using growth, morphological and dry matter criteria, in Republic of Congo[J]. Journal of the South African Forestry Association, 200(1): 5-17.

Jennewein S, Long R M, Williams R M, et al. 2004. Cytochrome P450 Taxadiene 5α-Hydroxylase, a Mechanistically Unusual Monooxygenase Catalyzing the First Oxygenation Step of Taxol Biosynthesis[J]. Chemistry & Biology, 11(3): 379-387.

Jennewein S, Rithner C D, Williams R M, et al. 2001. Taxol biosynthesis: Taxane 13 -hydroxylase is a cytochrome P450-dependent monooxygenase[J]. Proceedings of the National Academy of Sciences, 98(24): 13595-13600.

Kess T, El-Kassaby Y A. 2015. Estimates of pollen contamination and selfing in a coastal Douglas-fir seed orchard[J]. Scandinavian Journal of Forest Research, 30(4): 1-10.

Kim Y S, Cho J H, Park S, et al. 2011. Gene regulation patterns in triterpene biosynthetic pathway driven by overexpression of squalene synthase and methyl jasmonate elicitation in Bupleurum falcatum[J]. Planta, 233(2): 343-355.

Kingston D G aI. 2007. The shape of things to come: Structural and synthetic studies of taxol and related compounds[J]. Phytochemistry, 68(14): 1844-1854.

Kong J Q, Wang W, Zhu P, et al. 2007. [Recent advances in the biosynthesis of Taxol][J]. Acta pharmaceutica Sinica, 42(4): 358-365.

Kuo C J, Wu Y. 2006. Optimization of the film coating process for polymer blends by the grey-based Taguchi method[J]. The International Journal of Advanced Manufacturing Technology, 27(5): 525-530.

Langer E R, Steward G A, Kimberley M O. 2008. Vegetation structure, composition and effect of pine plantation harvesting on riparian buffers in New Zealand[J]. Forest Ecology & Management, 256(5): 949-957.

Law B, Mackowski C, Schoer L, et al. 2010. Flowering phenology of myrtaceous trees and their relation to climatic, environmental and disturbance variables in northern New South Wales[J]. Austral Ecology, 25(2): 160-178.

Liao P, Hemmerlin A, Bach T J, et al. 2016. The potential of the mevalonate pathway for enhanced isoprenoid production[J]. Biotechnology Advances, 34(5): 697-713.

Luo Z X, Xiong Y X, Xia X, et al. 2017. Environmental variables affect species composition and distribution of Bryophytes[J]. Acta Ecologica Sinica, 37(7).

Luza J G, Polito V S. 1988. Cryopreservation of English walnut (Juglans regia L.) pollen[J]. Euphytica, 37 (2): 141-148.

Lv J, Lu Y, Niu Y, et al. 2013. Effect of genotype, environment, and their interaction on phytochemical compositions and antioxidant properties of soft winter wheat flour[J]. Food Chemistry, 138(1): 454-462.

Malik S, Cusidó R M, Mirjalili M H, et al. 2011. Production of the anticancer drug taxol in Taxus baccata suspension cultures: A review[J]. Process Biochemistry, 46(1): 23-34.

Mckeand S E, Li B, Grissom J E, et al. 2008. Genetic Parameter Estimates for Growth Traits from Diallel Tests of Loblolly Pine Throughout the Southeastern United States[J]. Silvae Genetica, 57(3): 101-105.

Nishimura M, Setoguchi H. 2011. Homogeneous genetic structure and variation in tree architecture of Larix kaempferi along altitudinal gradients on Mt. Fuji[J]. Journal of Plant Research, 124(2): 253-263.

Noah F, Mccain C M, Patrick M, et al. 2011. Microbes do not follow the elevational diversity patterns of plants and animals[J]. Ecology, 92(4): 797-804.

Opitz S, Nes W D, Gershenzon J. 2014. Both methylerythritol phosphate and mevalonate pathways contribute to biosynthesis of each of the major isoprenoid classes in young cotton seedlings[J]. Phytochemistry, 98: 110-119.

Oteros J, García-Mozo H, Hervás-Martínez C, et al. 2013. Year clustering analysis for modelling olive flowering phenology[J]. International Journal of Biometeorology, 57(4): 545-555.

Ran F, Zhang X, Zhang Y, et al. 2013. Altitudinal variation in growth, photosynthetic capacity and water use efficiency of Abies faxoniana Rehd. et Wils. seedlings as revealed by reciprocal transplantations[J]. Trees, 27 (5): 1405-1416.

Roberts S C. 2007. Production and engineering of terpenoids in plant cell culture[J]. Nature Chemical Biology, 3(7): 387-395.

Sacks E J, St. Clair D A. 1996. Cryogenic Storage of Tomato Pollen: Effect on Fecundity[J]. HortScience, 31 (3): 447-448.

Salifu K F, Timmer V R. 2001. Nutrient Retranslocation Response of Picea mariana Seedlings to Nitrogen Supply [J]. Soil Science Society of America Journal, 65(3): 905.

Schmidt S, Zietz M, Schreiner M, et al. 2010. Genotypic and climatic influences on the concentration and composition of flavonoids in kale (Brassica oleracea var. sabellica)[J]. Food Chemistry, 119(4): 1293-1299.

Schoendorf A, Rithner C D, Williams R M, et al. 2001. Molecular cloning of a cytochrome P450 taxane 10 − hydroxylase cDNA from Taxus and functional expression in yeast[J]. Proceedings of the National Academy of Sciences, 98(4): 1501−1506.

Shao L K, Locke D C. 1997. Determination of paclitaxel and related taxanes in bulk drug and injectable dosage forms by reversed phase liquid chromatography[J]. Anal Chem, 69(11): 2008−2016.

Song G, Guo Z, Liu Z, et al. 2014. The phenotypic predisposition of the parent in F1 hybrid is correlated with transcriptome preference of the positive general combining ability parent[J]. BMC Genomics, 15(1): 297.

Sukhvibul N, Whiley A W, Vithanage V, et al. Effect of temperature on pollen germination and pollen tube growth of four cultivars of mango (Mangifera indica L.)[J]. The Journal of Horticultural Science and Biotechnology, 75(2): 214−222.

Sung H I K U. 2011. Characteristics of Growth and Seedling Quality of 1−Year−Old Container Seedlings of Quercus myrsinaefolia by Shading and Fertilizing Treatment[J]. Journal of Korean Forestry Society.

Szakiel A, Pączkowski C, Henry M. 2011. Influence of environmental abiotic factors on the content of saponins in plants[J]. Phytochemistry Reviews, 10(4): 471−491.

Tabata H. 2016. Production of paclitaxel and the related taxanes by cell suspension cultures of Taxus species[J]. Curr Drug Targets, 7(4): 453−461.

Tosun N. 2006. Determination of optimum parameters for multi−performance characteristics in drilling by using grey relational analysis[J]. The International Journal of Advanced Manufacturing Technology, 28(5−6): 450−455.

Turner G W, Gershenzon J, Croteau R B. 2000. Distribution of Peltate Glandular Trichomes on Developing Leaves of Peppermint[J]. Plant Physiology, 124(2): 655−664.

United Nations Office On Crime. 2009. Recommended methods for the identification and analysis of cannabis and cannabis products[M]. New York, USA: United Nations Publication. 14.

Vazquez A, Williams R M. 2000. Studies on the biosynthesis of taxol. Synthesis Of taxa−4(20), 11(12)−diene−2alpha, 5alpha−diol[J]. J Org Chem, 65(23): 7865−7869.

Walker K, Croteau R. 2000. Taxol biosynthesis: Molecular cloning of a benzoyl− CoA: taxane 2alpha −O− benzoyltransferase cDNA from Taxus and functional expression in Escherichia coli[J]. Proceedings of the National Academy of Sciences, 97(25): 13591−13596.

Walker K, Croteau R. 2001. Taxol biosynthetic genes[J]. Phytochemistry, 58(1): 1−7.

Walker K, Schoendorf A, Croteau R. 2000. Molecular Cloning of a Taxa−4(20), 11(12)−dien−5α−ol−O−Acetyl Transferase cDNA from Taxus and Functional Expression in Escherichia coli[J]. Archives of Biochemistry and Biophysics, 374(2): 371−380.

Wang C. 2007. Dynamic multi−response optimization using principal component analysis and multiple criteria evaluation of the grey relation model[J]. The International Journal of Advanced Manufacturing Technology, 32(5): 617−624.

Wang S J, Li C, Wang H J, et al. 2016. Effect of elicitors, precursors and metabolic inhibitors on paclitaxel production by Taxus cuspidata cell culture[J]. Journal of Forestry Research, 27(6): 1257−1263.

Wheeler A L, Long R M, Ketchum R E B, et al. 2001. Taxol Biosynthesis: Differential Transformations of Taxadien−5α−ol and Its Acetate Ester by Cytochrome P450 Hydroxylases from Taxus Suspension Cells[J]. Archives of Biochemistry and Biophysics, 390(2): 265-278.

Wildung M R, Croteau R. 1996. A cDNA Clone for Taxadiene Synthase, the Diterpene Cyclase That Catalyzes the Committed Step of Taxol Biosynthesis[J]. Journal of Biological Chemistry, 271(16): 9201-9204.

Wilson E R, Vitols K C, Park A. 2007. Root characteristics and growth potential of container and bare-root seedlings of red oak (Quercus rubra L.) in Ontario, Canada[J]. New Forests, 34(2): 163-176.

Woodward F I, Lomas M R. 2004. Vegetation dynamics - simulating responses to climatic change[J]. Biological Reviews, 79(3): 643-670.

Xu F, Sun L, Fu S, et al. 2010. Microbial transformation of 7- epi -10-deacetylbaccatin III to 10-deacetylbaccatin III[J]. Journal of Molecular Catalysis B Enzymatic, 64(1-2): 45-47.

Yu Y, Wang Q, Kell S, et al. 2013. Crop wild relatives and their conservation strategies in China[J]. Biodiversity Science, 21(6): 750-757.

Zeng L, Meredith W R, Boykin D L. 2011. Germplasm Potential for Continuing Improvement of Fiber Quality in Upland Cotton: Combining Ability for Lint Yield and Fiber Quality[J]. Crop Science, 51(1): 60.

Zhang J T, Ru W. 2010. Population characteristics of endangered species Taxus chinensis var. mairei and its conservation strategy in Shanxi, China[J]. Population Ecology, 52(3): 407-416.